序

　　由於「 CP1E PLC可程式控制器指令應用大全(基礎篇)」之出版，為業界與客戶在應用OMRON 小型 PLC之際，提供明確的指令應用與學習，並得到廣大的回響與支持，有鑑於此，台灣歐姆龍公司再接再力地編輯大型PLC CJ/CS/NSJ系列指令應用大全(基礎篇)，期使OMRON PLC之使用客戶能夠更深入瞭解 OMRON大型PLC的相關指令與小型PLC之間其指令應用之差異性與功能性，或有相同，但進一步提供更詳實精進的指令，使得在PLC程式撰寫能力更加遊刃有餘。

　　在「CJ/CS/NSJ系列可程式控制器指令應用大全(基礎篇)」書中，同樣地以指令說明、輸出輸入時序圖或階梯圖例完整展現教導指令的撰寫與應用，使讀者能夠在極短的時間內充份瞭解PLC可程式控制器的實際運作與融會貫通於指令編寫，能夠實際有效應用於工廠自動化的現場控制，使工廠自動化控制更臻精準有效率，同時提升企業自動化競爭力量。

　　在CP1E 與CJ/CS/NSJ PLC基礎應用指令相繼出版後，台灣歐姆龍公司最終的目標乃是希望提供更進階的應用指令叢書，使客戶能夠獲得更完整的指令學習與應用參考，也讓業界充份瞭解台灣歐姆龍公司的用心經營與努力創新！

前言

感謝您購買敝公司 CS/CJ/NSJ 系列可程式控制器。

CS/CJ/NSJ 系列可程式控制器為敝公司累積多年高科技自動控制技術所研發出來的 PLC。

對象 PLC 系列及型號

本書應用指令所支援的 PLC 系列及型號如下表所示。

系列名稱	主機名稱	型號
CJ 系列	CJ2H CPU 模組	CJ2H-CPU6 □ -E1P CJ2H-CPU6 □
	CJ2M CPU 模組	CJ2M-CPU □□
	CJ1H CPU 模組	CJ1H-CPU □□ H-R
		CJ1 □ -CPU □□ H
		CJ1 □ -CPU □□ P
	CJ1M CPU 模組	CJ1M-CPU □□
	CJ1 CPU 模組	CJ1 □ -CPU □□
CS 系列	CS1-H CPU 模組	CS1G/H-CPU □□ H
	CS1 CPU 模組	CS1G/H-CPU □□ (-V1)
	CS1D CPU 模組	CS1D-CPU □□ H
		CS1D-CPU □□ S
		CS1D-CPU □□ P
NSJ 系列	NSJ 模組	NSJ5-TQ □□ (B)-G5D
		NSJ5-SQ □□ (B)-G5D
		NSJ8-TV □□ (B)-G5D
		NSJ10-TV □□ (B)-G5D
		NSJ12-TV □□ (B)-G5D
		NSJ5-TQ □□ (B)-M3D
		NSJ5-SQ □□ (B)-M3D
		NSJ5-TV □□ (B)-M3D

關於「可程式控制器」名稱

在歐洲及美國，「可程式控制器」的英文名稱為" Programmerable Logic Controller"，簡稱 PLC，在日本，「可程式控制器」的英文名稱為" Programmerable Controller"，簡稱 PC，由於此簡稱與個人電腦的簡稱 PC 容易混淆不清，本書中，一律使用 PLC 為「可程式控制器」的簡稱，而 PC 為個人電腦的簡稱。

適合閱讀本書的人

具備基本電器知識的下列人士。
· 導入 FA 設備的擔當者。
· FA 系統的設計人員。
· FA 現場的管理者。

注意事項

本書詳細記載 CS/CJ/NSJ 系列可程式控制器的基本指令說明。

相關使用 CS/CJ/NSJ 時之必要資訊，請至 OMRON 官網 http://www.omron.com.tw 查詢。請仔細閱讀本書並確實瞭解內容後再行使用。

目錄

指令的基本認識

■ 指令的構造

眾多指令組成一個程式。
指令與輸入/輸出信號間的關係如下圖所示。

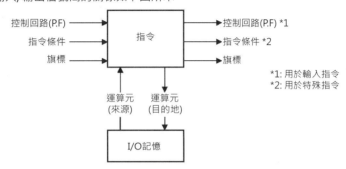

*1: 用於輸入指令
*2: 用於特殊指令

● 控制回路(P.F)
使用於輸入時，控制回路導通的話，接下來的指令才可執行。
使用於輸出時，前端的輸入條件ON的話，接下來的控制回路才可執行。

• a) 使用於輸出時
 • LD型：前端的輸入接點ON的話，接下來的控制回路才可執行

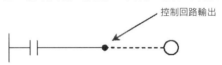

 • AND型：前端的輸入條件成立的話，接下來的控制回路才可執行。

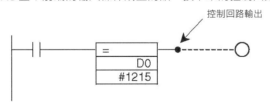

• b) 使用於輸入時
以控制回路當成輸入條件來控制所連接的回路。

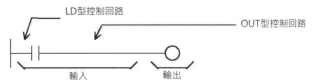

● 指令條件

如下表，有某些特定的指令可左右全體程式或部分程式的執行或不執行，此為指令條件。
上一頁的控制回路用來接受前端的控制條件或控制後端的控制回路，控制回路只對單一回路有效，因此，「指令條件」優先於「控制回路」。
「指令條件」於Task一開始執行時被解除。(Task被切換執行時也會解除)

有一些「指令條件」用的指令，必須與解除指令配對使用。
此種配對指令也必須寫在同一個Task裡。

指令條件	內容	設定的指令	解除的指令
互鎖中	某一部分程式互鎖中。(輸出線圈OFF、計時器復歸、計數器計數直保持等特殊狀態)	IL 指令	ILC 指令
BREAK中	自FOR~NEXT迴圈中跳脫。(跳脫當時的位址至NEXT指令為止不被執行)	BREAK	NEXT
	JMP0~JME0的回路跳躍執行中	JMP0	JME0
程式執行中	BPRG~BEND間的程式執行中	BPRG	BEND

● 旗標

如下表，旗標反應指令的執行狀態，旗標被用來與有關的指令作互鎖用。

輸入旗標		輸出旗標	
旗標名稱	內容	旗標名稱	內容
進位旗標(CY)	反應資料位移、加減算指令執行結果的旗標，為條件旗標的一種。	條件旗標	反應各指令的執行結果，例: 異常旗標P_ER、相等旗標P_EQ等。
指令專用的輸入旗標	FPD指令用的教導旗標、網路通信執行可旗標等。	指令專用的輸出旗標	記憶卡指令執行中旗標、MSG執行完成旗標等。

● 運算元
運算元被用來指定I/O記憶體區域的資料或常數。
運算元可分成來源運算元S、目的地運算元D及數值N等3個分類。
例:

運算元的分類		運算元的記號	內容	
來源運算元	指令所指定的來源資料	S	來源運算元	控制資料(C)以外的來源運算元
		C	控制資料	掌管指令的各種設定
目的地運算元	存放運算結果的目的地	D	–	
數值	跳躍、呼叫副程式的編號	N	–	

注:指令裡若是使用多個運算元的時候,從上到下,以第1運算元、第2運算元來稱呼。

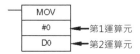

■ 指令的位置及輸入條件

指令可使用的位置如下所示。
指令可分成需要輸入條件及不需要輸入條件的兩種指令。
每個指令的內容請參考第2章「指令一覽表」。

	分類	可使用的位置	輸入條件	圖	指令例
輸入	母線開始型	與左母線直接連接或從新的區塊開始連接	不要		LD、LD TST、LD＞等
	串接型	與上一個指令串接的中間位置	必要		AND、OR、AND TST、AND＞等
輸出		與右母線直接連接	必要		OUT、MOV等
			不要		END、JME、FOR、ILC等

■ 指令的執行分類

指令可使用的位置如下所示。
指令可附加下列符號讓指令只執行一次循環時間及執行資料的「立即更新」動作。

動作選擇		附加符號	內容
微分動作	上微分	@	上微分型指令
	下微分	%	下微分型指令
資料立即更新		!	指令所指定的資料立即執行更新動作

! @ MOV

　　　　　指令 (記號)

　　　微分信號

　立即更新

■ 指令的執行條件

基本指令及應用指令於執行條件上可分成下列兩種。
- 每次循環都執行。
- 輸入微分型(只執行一次循環)。

● 每次循環都執行
- 輸出指令的時候
  當輸入條件成立時，指令於每次循環中都執行。

- 輸入指令的時候
  接點ON或比較條件成立時，被當輸入條件，之後的回路於每次循環時都執行。

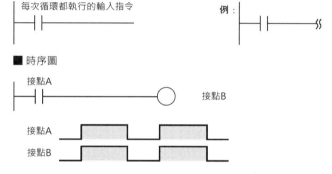

■ 時序圖

● 輸入微分型
- 輸入上微分型指令 (指令前加入@符號)
  - 輸出指令的時候
    當輸入條件於OFF→ON變化時，指令於該次循環中被執行，下一次的循環就不被執行。

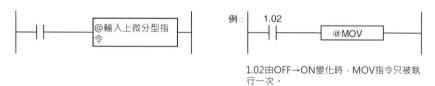

例：1.02由OFF→ON變化時，MOV指令只被執行一次。

■ 時序圖

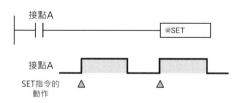

- 輸入指令a接點的時候
  輸入接點OFF時、輸出也OFF，輸入接點由OFF→ON變化時，該輸出呈現只ON一次循環時間，即使接點繼續保持ON，於下一次循環開始，輸出回復OFF。

例：

1.03由OFF→ON變化時，輸入條件ON、一次循環後就回復OFF。

■ 時序圖

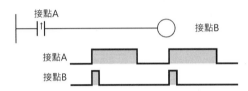

- 輸輸入指令b接點的時候

  輸入接點OFF時、輸出ON，輸入接點由OFF→ON變化時，該輸出呈現只OFF一次循環時間，即使接點繼續保持ON，於下一次循環開始，輸出回復ON。

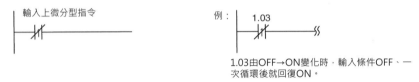

例：

1.03由OFF→ON變化時，輸入條件OFF、一次循環後就回復ON。

■ 時序圖

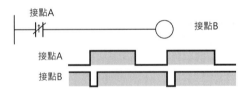

- 輸入下微分型指令 (指令前加入%符號)
  - 輸出指令的時候

    當輸入條件於ON→OFF變化時，指令於該次循環中被執行，下一次的循環就不被執行。

1.02由ON→OFF變化時，SET指令只被執行一次。

■ 時序圖

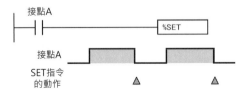

- 輸入指令a接點的時候

  輸入接點OFF時、輸出也OFF，輸入接點由ON→OFF變化時，該輸出呈現只ON一次循環時間，即使接點繼續保持OFF，於下一次循環開始，輸出回復OFF。

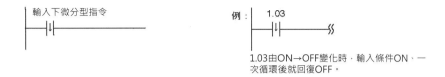

例： 1.03

1.03由ON→OFF變化時，輸入條件ON、一次循環後就回復OFF。

■ 時序圖

接點A ──┤↓├────────◯ 接點B

注：輸入下微分型動作(%)只可附加於LD、AND、OR、SET、RSET指令，其餘的指令要使用輸入下微分型動作(%)時，請與DIFD指令或DOWN指令作組合。

• 輸入指令b接點的時候
　輸入接點OFF時、輸出ON，輸入接點由ON→OFF變化時，該輸出呈現只OFF一次循環時間，即使接點繼續保持ON，於下一次循環開始，輸出回復ON。

輸入下微分型指令

例： 1.03

■ 時序圖

接點A ──┤↓├────────◯ 接點B

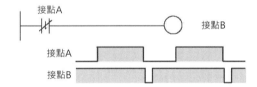

■ 各輸入輸出指令的動作時序圖

　　LD指令與OUT指令的組合下，有無附加各種動作的動作時序圖如下所示。

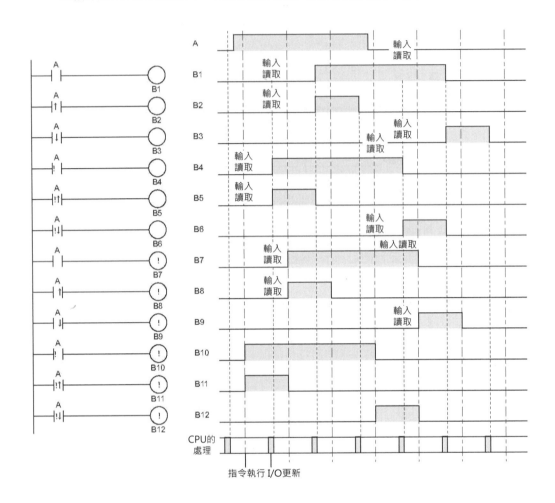

● 微分指令

- 微分指令會記憶之前運算結果旗標的ON/OFF。
  開始運轉時，上微分指令(DIFU或附加@符號)之前運算結果旗標必須ON著、下微分指令(DIFD或附加%符號) 之前運算結果旗標必須OFF著，如此，一開始運轉時，才不會出現突如其來的微分信號。

- 上微分指令 (DIFU或附加@符號) 只有在之前運算結果旗標OFF的狀態下，輸入ON的時候，輸出才會ON。

- 使用於IL-ILC指令裡

  下圖中微分指令的運算結果旗標狀態會保持在IL指令前的ON/OFF狀態，回路互鎖中，旗標不會被更新、A點的微分指令不會輸出。

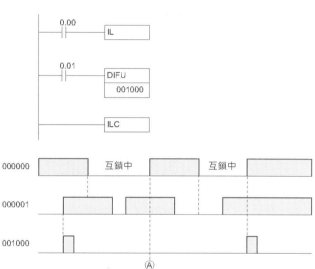

- 使用於JMP-JME指令裡

  與IL指令一樣，微分指令的運算結果旗標狀態會保持在JMP指令前的ON/OFF狀態，回路被跳過的情況下，旗標不會被更新。

- 下微分指令(DIFD或附加%符號) 只有在之前運算結果旗標ON的狀態下，輸入變成ON的時候，輸出才會ON。

- 上微分指令與下微分指令一樣，下一次的循環時間裡，輸出變成OFF。

參 考　上微分指令請勿指定P_On(常時ON旗標)及A200.11(初始脈波)。

下微分指令請勿指定P_Off(常時OFF旗標)。

上述兩種情況下，指令不會執行。

運算元的指定方法

■ I/O記憶體區域的指定方法

● 位元位址的指定方法

例：輸入/輸出繼電器
1CH位元03的表現方式

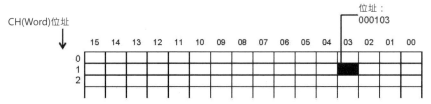

CJ2 CPU有支援資料暫存器DM及擴充資料暫存器EM。

例：DM區域
D1001位元03的表現方式

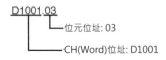

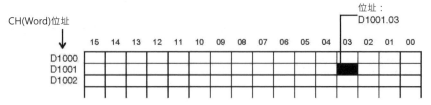

● CH(Word)位址的指定方法

例：輸入/輸出繼電器
10CH (位元00~15)的表現方式

10 CH
└─┘─── CH(Word)位址

資料記憶體以D□□□□□或E□□□□□來表現。

例：資料暫存器 (DM)
　　D200的表現方式

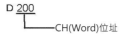

D 200
　　└────CH(Word)位址

例：擴充資料暫存器 (EM)
　　Current Bank 200CH的表現方式

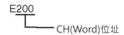

E200
　　└────CH(Word)位址

　　Bank No.1 200CH的表現方式

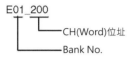

E01_200
　　│　└────CH(Word)位址
　　└───────Bank No.

■ 資料的指定方法

資料的指定方法	內容	例	使用例
直接指定位元位址	指定對象為1個位元，直接指定CH位址 + 位元位址。 □□□□.□□ 　　　└位元位址 00~15 　└CH位址 注：計時到旗標、計數到旗標、Task旗標並無CH位址與位元位址的區別。	1.02 　└位元位址02 └CH位址1CH	1.02 ─┤├─
直接指定CH位址	指定對象為16個位元，直接指定CH位址。 □□□□ 　└CH位址	3 └CH位址3CH D200 └CH位址D200CH	MOV 3 D200
Offset指定位元位址(*1)	指定帶頭的位元位址，再從[ ]中指定Offset值。 □□□□ [□□] 　　　└Offset位址0~15或使用CH的內容來指定。 　└帶頭位元位址 帶頭位元位址亦可使用變數來指定，此中情況下，只可指定H/W/DM/EM區域。Offset若是指定CH的話，以CH內的數值來間接指定位元位址。	10.00[2] 　└Offset值 → 10.02 　└帶頭位元位址 10.00[W 0] 　└Offset值 W0 = &2時 → 10.02 　└帶頭位元位址	10.00[2] ─┤├─
Offset指定CH位址(*1)	□□□□ [□□] 　　　└指定帶頭的CH位址，再從[ ]中指定Offset值。 　└帶頭CH位址 帶頭CH位址亦可使用變數來指定，此中情況下，只可指定H/W/DM/EM區域。Offset若是指定CH的話，以CH內的數值來間接指定CH位址。	D0[2] 　└Offset值 → D2 　└帶頭CH值位址 D0[W 0] 　└Offset值 W0 = &2時 → D2 　└帶頭CH位址	MOV 3 D0[200]

■ 資料的指定方法

資料的指定方法	內容	例	使用例
DM/EM 間接指定BIN模態	D的前面附加@符號，D的內容(BIN值: 0~32767)可被用來指定另一個D的位址作運算，此為間接指定作業。 @D□□□□□ ↓ 內容 [____] 10進&0~32767 ↓ (16進 D [____] #0000~7FFF) 1) @D□□□□□的內容設定10進&0~32767(16進#0000~7FFF)時，即間接指定D0~D32767。	@D300 10進&256 內容 (16進#0100) ↓ 指定D00256 附加@符號	MOV #0001 @D300
	2) @D□□□□□的內容設定10進&32768~65535(16進#8000~FFFF)時，即間接指定擴充資料暫存器(EM)Bank No.0的E0_0~E0_32767。	@D300 10進&32769 內容 (16進#8001) ↓ 指定E0_1	
	3) @E□_□□□□□的內容設定10進&0~32767(16進#0000~7FFF)時，即間接指定擴充資料暫存器(EM)Bank No.□的E□_0~E□_32767。	@E1_200 10進&257 內容 (16進#0101) ↓ 指定E1_257	MOV #0001 @E1_200
	4) @E□_□□□□□的內容設定10進&32768~65535(16進#8000~FFFF)時，即間接指定擴充資料暫存器(EM)Bank No. □的下一個Bank No.的E(□+1)_0~E(□+1)_32767。	@E1_200 10進&32770 內容 (16進#8002) ↓ 指定E2_2	
	注：BIN模態下的間接指定，資料暫存器(DM)及擴充資料暫存器(EM、Bank 0~18Hex)的位址為連續編號， 當@D的內容超過32767的時候，間接指定的位址變成EM Bank No.0的位址。 例：@D的內容為32768時，間接指定EM Bank No.0的第1點E0_0。 當Bank No.n @E的內容超過32767的時候，間接指定的位址變成EM Bank No.n+1的位址。 例: Bank No.2 @E的內容為32768時，間接指定EM Bank No.3的第1點E3_0。		

資料的指定方法	內容	例	使用例
DM/EM 間接指定BCD模態	D的前面附加 * 符號，D的內容(BCD值: 0000~9999)可被用來指定另一個D的位址作運算，此為間接指定作業。 ＊D□□□□ ↓ 內容 □□□□ 0000~9999 (BCD) ↓ D □□□□	＊D200 □□□□ 內容 ↓ 指定D100 附加 * 符號	MOV #0001 ＊D200

資料的指定方法	內容		例	使用例
暫存器直接指定	直接指定Index暫存器(IR0~15)或資料暫存器(DR0~15)。		IR0	MOVR 1.02 IR0 　將I/O位址1.02傳送至IR0當中。
			IR1	MOVR 10 IR1 　將I/O位址10CH傳送至IR1當中。
暫存器間接指定	間接指定(無Offset)	以IR□的內容來間接指定位元位址或CH位址。	,IR0	LD ,IR0 　LD IR0內容所指定的I/O位址。
			,IR1	MOVR #0001 ,IR1 　將#0001傳送至IR1所指定的I/O位址當中。
	指定常數當成Offset值	以IR□的內容加或減一個Offset值來間接指定位元位址或CH位址。 Offset值範圍: -2048~+2047 (10進BIN值)	+ 5 ,IR0	LD + 5 ,IR0 　LD (IR0內容 + 5)所指定的I/O位址。
			31 ,IR1	MOVR #0001 + 31,IR1 　將#0001傳送至(IR1內容 + 31)所指定的I/O位址當中。
	以DR的內容當成Offset值	DR□的內容當成Offset值,以IR□的內容加Offset值來間接指定位元位址或CH位址。	DR0 ,IR0	LD DR0 ,IR0 　LD (IR0內容 + DR0內容)所指定的I/O位址。
			DR0 ,IR1	MOVR #0001 DR0 ,IR1 　將#0001傳送至(IR1內容 + DR0內容)所指定的I/O位址當中。
	自動加算	IR□的內容自動加1或加2來指定位元位址或CH位址。 , IR□ + 代表加1 , IR□ + + 代表加2	,IR0 + +	LD ,IR0 + + 　LD (IR0內容 + 2)所指定的I/O位址。
			,IR1 +	MOVR #0001 ,IR1 + 　將#0001傳送至(IR1內容 + 1)所指定的I/O位址當中。
	自動減算	IR□的內容自動減1或減2來指定位元位址或CH位址。 , - IR□代表減1 , - - IR□代表減2	, - - IR0	LD , - - IR0 　LD (IR0內容 - 2)所指定的I/O位址。
			, - IR1	MOVR #0001 , - IR1 　將#0001傳送至(IR1內容 - 1)所指定的I/O位址當中。

資料的指定方法	使用的運算元	資料格式	記號	範圍	使用例
常數 (16位元資料)	全範圍或規定範圍的BIN值	無符號BIN	#	#0000 ～ #FFFF	MOV #0100 D0 將16進值#0100傳送至D0當中。 ＋ #0009 #0001 D1 #000A被存入至D1當中。
		附符號10進數	±	－ 32768 ～ ＋32767	MOV － 100 D0 將10進值－100傳送至D0當中。 ＋ － 9 － 1 D1 －10被存入至D1當中。
		無符號10進數	&	&0 ～ &65535	MOV &256 D0 將10進值256傳送至D0當中。 ＋ &9 &1 D1 10進值&10被存入至D1當中。
	全範圍或規定範圍的BCD值	BCD	#	#0000 ～ #9999	MOV #0100 D0 將BCD值#0100傳送至D0當中。 ＋B #0009 #0001 D1 #0010(BCD)被存入至D1當中。
常數 (32位元資料)	全範圍或規定範圍的BIN值	無符號BIN	#	#00000000 ～ #FFFFFFFF	MOVL #12345678 D0 將16進值#12345678傳送至D1、D0當中。 D1　　　D0 1234　　5678
		附符號10進數	＋	－ 2147483648 ～ ＋ 2147483647	MOVL － 12345678 D0 將10進值-12345678傳送至D1、D0當中。
		無符號10進數	&	&0 ～ &4294967295	MOVL &12345678 D0 將10進值&12345678傳送至D1、D0當中。
	全範圍或規定範圍的BCD值	BCD	#	#00000000 ～ #99999999	MOVL #12345678 D0 將BCD值#12345678傳送至D1、D0當中。

文字列資料	內容	記號	例	—
	將ASCII碼(1個byte, 特殊字元除外)以上位byte→下位byte、下位CH→上位CH的順序存放至暫存器當中。 文字字數為奇數時，最後一個CH的下位byte寫入00Hex(NUL碼)。 文字字數為偶數時，最後一個CH+1的上位byte/下位byte寫入00Hex(NUL碼)。	↓	'ABCDE' ↓ 詳見下方表格	MOV\$ D100 D200 詳見下方表格

'ABCDE'
↓

'A'	'B'
'C'	'D'
'E'	NUL

‖

41	42
43	44
45	00

'ABCD'
↓

'A'	'B'
'C'	'D'
NUL	NUL

‖

41	42
43	44
00	00

MOV\$ D100 D200

D100	41	42
D101	43	44
D102	45	00

↓

D200	41	42
D201	43	44
D202	45	00

可使用的文字除了特殊文字外，包含英文、數字、片假名及符號，各文字的ASCII碼如下表所示。

		上位 4 個位元															
		0	1	2	3	4	5	6	7	8	9	A	B	C	D	E	F
下位 4 個位元	0			S_P	0	@	P	`	p				―	タ	ミ		
	1			!	1	A	Q	a	q			。	ア	チ	ム		
	2			"	2	B	R	b	r			「	イ	ツ	メ		
	3			#	3	C	S	c	s			」	ウ	テ	モ		
	4			$	4	D	T	d	t			、	エ	ト	ヤ		
	5			%	5	E	U	e	u			・	オ	ナ	ユ		
	6			&	6	F	V	f	v			ヲ	カ	ニ	ヨ		
	7			'	7	G	W	g	w			ア	キ	ヌ	ラ		
	8			(	8	H	X	h	x			ィ	ク	ネ	リ		
	9			)	9	I	Y	i	y			ゥ	ケ	ノ	ル		
	A			*	:	J	Z	j	z			ェ	コ	ハ	レ		
	B			+	;	K	[	k	{			ォ	サ	ヒ	ロ		
	C			,	<	L	¥	l	|			ャ	シ	フ	ワ		
	D			-	=	M	]	m	}			ュ	ス	ヘ	ン		
	E			.	>	N	‾	n	~			ョ	セ	ホ	゛		
	F			/	?	O	_	o				ッ	ソ	マ	゜		

*1 只有CJ2 CPU模組有支援

資料格式

CJ系列使用的資料格式如下表所示。

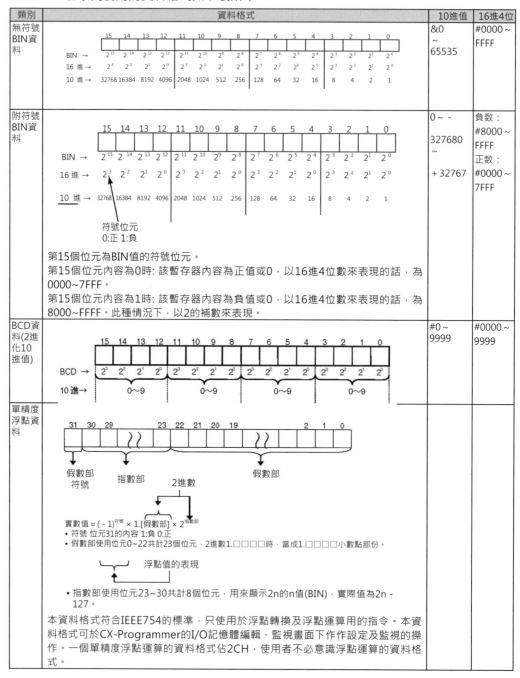

類別	資料格式	10進值	16進4位
無符號BIN資料	BIN資料格式表 (位元15~0：2^{15}~2^0；16進：2^3 2^2 2^1 2^0；10進：32768 16384 8192 4096 2048 1024 512 256 128 64 32 16 8 4 2 1)	&0 ~ 65535	#0000 ~ FFFF
附符號BIN資料	附符號BIN資料格式表 (第15位元為符號位元 0:正 1:負)	0~ -327680 ~ +32767	負數：#8000~FFFF 正數：#0000~7FFF

第15個位元為BIN值的符號位元。

第15個位元內容為0時：該暫存器內容為正值或0，以16進4位數來表現的話，為0000~7FFF。

第15個位元內容為1時：該暫存器內容為負值或0，以16進4位數來表現的話，為8000~FFFF。此種情況下，以2的補數來表現。

類別	資料格式	10進值	16進4位
BCD資料(2進化10進值)	BCD資料格式表 (BCD：2^3 2^2 2^1 2^0；10進：0~9 0~9 0~9 0~9)	#0 ~ 9999	#0000 ~ 9999

單精度浮點資料

浮點資料格式圖 (位元31：假數部符號；位元30~23：指數部；位元22~0：假數部；2進數)

實數值 = $(-1)^{符號} \times 1.[假數部] \times 2^{指數部}$

• 符號 位元31的內容 1:負 0:正

• 假數部使用位元0~22共計23個位元，2進數1.□□□□時，當成1.□□□□小數點部份。

浮點值的表現

• 指數部使用位元23~30共計8個位元，用來顯示2n的n值(BIN)，實際值為2n-127。

本資料格式符合IEEE754的標準，只使用於浮點轉換及浮點運算用的指令。本資料格式可於CX-Programmer的I/O記憶體編輯、監視畫面下作設定及監視的操作。一個單精度浮點運算的資料格式佔2CH，使用者不必意識浮點運算的資料格式。

類別	資料格式	10進值	16進4位
倍精度浮點資料			

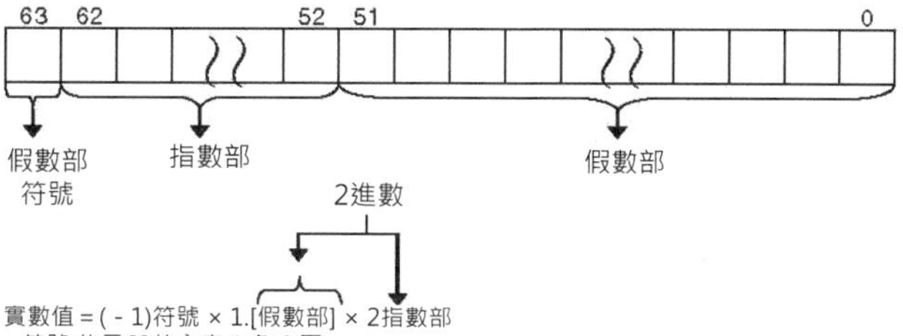

本資料格式符合IEEE754的標準，只使用於浮點轉換及浮點運算用的指令。本資料格式可於CX-Programmer的I/O記憶體編輯、監視畫面下作作設定及監視的操作。一個倍精度浮點運算的資料格式佔4CH，使用者不必意識浮點運算的資料格式。

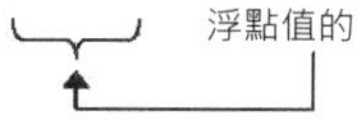

參考

- 關於10的補數

  要求出10的補數時，以9999減掉真數，減算結果再加1，即為的補數。(例: 7556的10的補數，9999 - 7556 + 1 = 2444)

- 關於2的補數

  要求出2的補數時，各位數以1減掉真數，減算結果再加1，即為2的補數。(例: 2進數1101(CHex)的2的補數，1111 - 1101 + 1 = 0011(3Hex))。16進4位數表現的時候，如下所示。

  a Hex的2的補數bHex，FFFFHex - a Hex + 0001 Hex = b Hex。

  從真數a Hex來求出2的補數bHex的話，b Hex = 10000Hex - a Hex。

  例) 求出真數3039的2的補數時，10000Hex - 3039Hex = CFC7HEX。

  從2的補數bHex來求出真數a Hex的話，a Hex = 10000Hex - b Hex。

  例) 以2的補數CFC7HEX來求出真數時，10000Hex - CFC7HEX = 3039Hex。

  CJ系列PLC內建NEG(2的補數轉換)/NEGL(2的補數倍長轉換)指令，可求出真數的2的補數或者是以2的補數來反算真數。

● 1CH資料可表現的數值

數值 (10進)	BIN值			BCD值 (BCD資料)
	10進數格式		16進數格式	
	無符號BIN資料	附符號BIN資料		
1	&1	+1	#0001	#0001
2	&2	+2	#0002	#0002
3	&3	+3	#0003	#0003
4	&4	+4	#0004	#0004
5	&5	+5	#0005	#0005
6	&6	+6	#0006	#0006
7	&7	+7	#0007	#0007
8	&8	+8	#0008	#0008
9	&9	+9	#0009	#0009
10	&10	+10	#000A	#0010
11	&11	+11	#000B	#0011
12	&12	+12	#000C	#0012
13	&13	+13	#000D	#0013
14	&14	+14	#000E	#0014
15	&15	+15	#000F	#0015
16	&16	+16	#0010	#0016
:	:	:	:	:
9999	&9999	+9999	#270F	#9999
10000	&10000	+10000	#2710	無法表現
:	:	:	:	
32767	&32767	+32767	#7FFF	
32768	&32768	無法表現	#8000	
:	:		:	
65535	&65535		#FFFF	
-1	無法表現	-1	#FFFF	無法表現
:		:	:	
-32768		-32768	#8000	
-32769		無法表現	無法表現	

指令一覽表(支援的CPU模組)

指令類別	指令名稱	指令記號	FUN No.	功能	CJ2H	CJ2M	CJ1-H/CS1-H	CJ1M -CPU1□	CJ1M -CPU2□	CS1D -S	CS1D -H	CJ1/CS1	頁
順序控制輸入指令	LOAD	LD	-	母線開始的第一個a接點	○	○	○	○	○	○	○	○	44
		@LD	-		○	○	○	○	○	○	○	○	
		%LD	-		○	○	○	○	○	○	○	○	
		!LD	-		○	○	○	○	○	○	×	○	
		!@LD	-		○	○	○	○	○	○	×	○	
		!%LD	-		○	○	○	○	○	○	×	○	
	LOAD NOT	LD NOT	-	母線開始的第一個b接點	○	○	○	○	○	○	○	○	44
		@LD NOT	-		○	○	○	○	○	○	○	×	
		%LD NOT	-		○	○	○	○	○	○	○	×	
		!LD NOT	-		○	○	○	○	○	○	×	○	
		!@LD NOT	-		○	○	○	○	○	○	×	×	
		!%LD NOT	-		○	○	○	○	○	○	×	×	
	AND	AND	-	串接a接點	○	○	○	○	○	○	○	○	46
		@AND	-		○	○	○	○	○	○	○	○	
		%AND	-		○	○	○	○	○	○	○	○	
		!AND	-		○	○	○	○	○	○	×	○	
		!@AND	-		○	○	○	○	○	○	×	○	
		!%AND	-		○	○	○	○	○	○	×	○	
	AND NOT	AND NOT	-	串接b接點	○	○	○	○	○	○	○	○	46
		@AND NOT	-		○	○	○	○	○	○	○	×	
		%AND NOT	-		○	○	○	○	○	○	○	×	
		!AND NOT	-		○	○	○	○	○	○	×	○	
		!@AND NOT	-		○	○	○	○	○	○	×	×	
		!%AND NOT	-		○	○	○	○	○	○	×	×	
	OR	OR	-	並接a接點	○	○	○	○	○	○	○	○	48
		@OR	-		○	○	○	○	○	○	○	○	
		%OR	-		○	○	○	○	○	○	○	○	
		!OR	-		○	○	○	○	○	○	×	○	
		!@OR	-		○	○	○	○	○	○	×	○	
		!%OR	-		○	○	○	○	○	○	×	○	
	OR NOT	OR NOT	-	並接b接點	○	○	○	○	○	○	○	○	48
		@OR NOT	-		○	○	○	○	○	○	○	×	
		%OR NOT	-		○	○	○	○	○	○	○	×	
		!OR NOT	-		○	○	○	○	○	○	×	○	
		!@OR NOT	-		○	○	○	○	○	○	×	×	
		!%OR NOT	-		○	○	○	○	○	○	×	×	
	AND LD	AND LD	-	兩個回路串接	○	○	○	○	○	○	○	○	50
	OR LOAD	OR LD	-	兩個回路並接	○	○	○	○	○	○	○	○	50
	NOT	NOT	520	輸入條件反相輸出	○	○	○	○	○	○	○	○	53
	輸入條件上微分	UP	521	輸入條件OFF→ON變化時,ON一次掃描週期	○	○	○	○	○	○	○	○	54
	輸入條件下微分	DOWN	522	輸入條件ON→OFF變化時,ON一次掃描週期	○	○	○	○	○	○	○	○	54
	LD接點ON偵測	LD TST	350	指定的位元為1時ON (LD位置)	○	○	○	○	○	○	○	○	56
	LD接點OFF偵測	LD TSTN	351	指定的位元為0時ON (LD位置)	○	○	○	○	○	○	○	○	56
	AND接點ON偵測	AND TST	350	指定的位元為1時ON (AND位置)	○	○	○	○	○	○	○	○	58
	AND接點OFF偵測	AND TSTN	351	指定的位元為0時ON (AND位置)	○	○	○	○	○	○	○	○	58
	OR接點ON偵測	OR TST	350	指定的暫存器位元為1時ON (OR位置)	○	○	○	○	○	○	○'	○	60

指令類別	指令名稱	記號	FUN No.	功能	CJ2H	CJ2M	CJ1-H/CS1-H	CJ1M -CPU 1□	CJ1M -CPU 2□	CS1D -S	CS1D -H	CJ1/CS1	頁
順序控制輸入指令	OR接點OFF偵測	OR TSTN	351	指定的位元為0時ON (OR位置)	○	○	○	○	○	○	○	○	60
順序控制輸出指令	OUT	OUT	-	繼電器輸出指令	○	○	○	○	○	○	○	○	64
		!OUT	-		○	○	○	○	○	○	×	○	
	OUT NOT	OUT NOT	-	反相輸出指令	○	○	○	○	○	○	○	○	64
		!OUT NOT	-		○	○	○	○	○	○	×	○	
	暫時記憶繼電器	TR	-	TR可用來記憶回路當中的ON/OFF狀態。	○	○	○	○	○	○	○	○	66
	保持	KEEP	011	動作ON並保持	○	○	○	○	○	○	○	○	68
		!KEEP			○	○	○	○	○	○	×	○	
	上微分	DIFU	013	輸入條件由OFF→ON變化時,指令所指定的元件編號ON一次掃描週期	○	○	○	○	○	○	○	○	72
		!DIFU			○	○	○	○	○	○	×	○	
	下微分	DIFD	014	輸入條件由ON→OFF變化時,指令所指定的元件編號ON一次掃描週期	○	○	○	○	○	○	○	○	74
		!DIFD			○	○	○	○	○	○	×	○	
	強制ON	SET	-	輸入條件ON的時候,指定的輸出點ON,之後,無論輸入條件ON或OFF,輸出點保持ON。	○	○	○	○	○	○	○	○	76
		@SET	-		○	○	○	○	○	○	○	○	
		%SET	-		○	○	○	○	○	○	○	○	
		!SET	-		○	○	○	○	○	○	×	○	
		!@SET	-		○	○	○	○	○	○	×	○	
		!%SET	-		○	○	○	○	○	○	×	○	
	強制OFF	RSET	-	輸入條件ON的時候,指定的輸出點OFF,之後,無論輸入條件ON或OFF,輸出點保持OFF。	○	○	○	○	○	○	○	○	76
		@RSET	-		○	○	○	○	○	○	○	○	
		%RSET	-		○	○	○	○	○	○	○	○	
		!RSET	-		○	○	○	○	○	○	×	○	
		!@RSET	-		○	○	○	○	○	○	×	○	
		!%RSET	-		○	○	○	○	○	○	×	○	
	多個位元強制ON	SETA	530	指定連續的多個位元ON	○	○	○	○	○	○	○	○	78
		@SETA			○	○	○	○	○	○	○	○	
	多個位元強制OFF	RSTA	531	指定連續的多個位元OFF	○	○	○	○	○	○	○	○	78
		@RSTA			○	○	○	○	○	○	○	○	
	1個位元強制ON	SETB	532	指定CH當中的1個位元ON	○	○	○	○	○	○	×	×	80
		@SETB			○	○	○	○	○	○	×	×	
		!SETB			○	○	○	○	○	○	×	×	
		!@SETB			○	○	○	○	○	○	×	×	
	1個位元強制OFF	RSTB	533	指定CH當中的1個位元OFF	○	○	○	○	○	○	○	×	80
		@RSTB			○	○	○	○	○	○	○	×	
		!RSTB			○	○	○	○	○	○	○	×	
		!@RSTB			○	○	○	○	○	○	○	×	
	1個位元輸出	OUTB	534	輸入條件的ON/OFF狀態被輸出至指定CH中的1個位元	○	○	○	○	○	○	○	×	82
		@OUTB			○	○	○	○	○	○	○	×	
		!OUTB			○	○	○	○	○	○	×	×	
順序控制指令	END	END	001	代表一個程式結束	○	○	○	○	○	○	○	○	88
	無處裡	NOP	000	沒有任何功能的指令	○	○	○	○	○	○	○	○	89
	互鎖	IL	002	互鎖回路的開始	○	○	○	○	○	○	○	○	90
	互鎖結束	ILC	003	互鎖回路的結束	○	○	○	○	○	○	○	○	90
	多重互鎖 (微分旗標保持型)	MILH	517	輸入條件OFF時,MILH-MILC指令間的回路處於互鎖狀態(不執行狀態)。	○	○	Ver 2.0 之後	Ver 2.0 之後	Ver 2.0 之後	Ver 2.0 之後	×	×	93
	多重互鎖 (微分旗標非保持型)	MILR	518	輸入條件OFF時,MILR-MILC指令間的回路處於互鎖狀態(不執行狀態)。	○	○	Ver 2.0 之後	Ver 2.0 之後	Ver 2.0 之後	Ver 2.0 之後	×	×	93
	多重互鎖結束	MILC	519	互鎖回路結束	○	○	Ver 2.0 之後	Ver 2.0 之後	Ver 2.0 之後	Ver 2.0 之後	×	×	93
	跳躍	JMP	004	輸入條件OFF時,直接跳躍至JME指令。	○	○	○	○	○	○	○	○	102

指令類別	指令名稱	記號	FUN No.	功能	CJ2H	CJ2M	CJ1-H/CS1-H	CJ1M -CPU 1□	CJ1M -CPU 2□	CS1D -S	CS1D -H	CJ1/CS1	頁
順序控制指令	跳躍結束	JME	005	JMP或CJP指令跳躍的終點。	○	○	○	○	○	○	○	○	102
	有條件跳躍	CJP	510	輸入條件ON時，直接跳躍至JME指令。	○	○	○	○	○	○	○	○	105
	反相條件跳躍結束	CJPN	511	輸入條件OFF時，直接跳躍至JME指令。	○	○	○	○	○	○	○	○	105
	複數跳躍	JMP0	515	輸入條件OFF時，JMP0的下一個指令到JME0指令為止被當成NOP指令處理。	○	○	○	○	○	○	○	○	108
	複數跳躍結束	JME0	516	JMP0指令跳躍的終點	○	○	○	○	○	○	○	○	108
	迴圈開始	FOR	512	指定FOR~NEXT之間的程式被來回執行數次，之後往下執行。	○	○	○	○	○	○	○	○	110
	迴圈結束	NEXT	513	FOR~NEXT迴圈結束。	○	○	○	○	○	○	○	○	110
	迴圈跳脫	BREAK	514	中斷FOR~NEXT迴圈，至NEXT間以NOP來處理。	○	○	○	○	○	○	○	○	113
計時器/計數器指令	100ms計時器(一般計時器)	TIM	-	0.1秒為單位、減算型計時器。	○	○	○	○	○	○	○	○	124
		TIMX	550		○	○	○	○	○	○	○	×	124
	10ms計時器(高速計時器)	TIMH	015	0.01秒為單位、減算型計時器。	○	○	○	○	○	○	○	○	127
		TIMHX	551		○	○	○	○	○	○	○	×	127
	1ms計時器(超高速計時器)	TMHH	540	0.001秒為單位、減算型計時器。	○	○	○	○	○	○	○	○	130
		TMHHX	552		○	○	○	○	○	○	○	×	130
	0.1ms計時器	TIMU	541	0.0001秒為單位、減算型計時器。	○	○	CJ1-H	×	×	×	×	×	132
		TIMUX	556		○	○	CJ1-H	×	×	×	×	×	132
	0.01ms計時器	TMUH	544	0.00001秒為單位、減算型計時器。	○	○	CJ1-H	×	×	×	×	×	134
		TMUHX	557		○	○	CJ1-H	×	×	×	×	×	134
	累加計時器	TTIM	087	0.1秒為單位、累加型計時器。	○	○	○	○	○	○	○	○	136
		TTIMX	555		○	○	○	○	○	○	○	×	136
	長時間計時器	TIML	542	0.01秒為單位、減算型ON延遲計時器。	○	○	○	○	○	○	○	○	139
		TIMLX	553		○	○	○	○	○	○	○	×	139
	多段輸出計時器	MTIM	543	8點輸出，0.1秒為單位、累加型ON延遲計時器。	○	○	○	○	○	○	○	○	142
		MTIMX	554		○	○	○	○	○	○	○	×	142
	計數器	CNT	-	減算型計數器。	○	○	○	○	○	○	○	○	145
		CNTX	546		○	○	○	○	○	○	○	×	145
	正反計數器	CNTR	012	加減算型計數器。	○	○	○	○	○	○	○	○	148
		CNTRX	548		○	○	○	○	○	○	○	×	148
	計時器/計數器復歸	CNR/@CNR	545	指定範圍內的計時器/計數器被復歸。	○	○	○	○	○	○	○	○	151
		CNRX/@CNRX	547		○	○	○	○	○	○	○	×	151
	計時器復歸	TRSET/@TRSET	549	指定的計時器被復歸。	○	○	×	×	×	×	×	×	153
資料比較指令	記號比較	=,<>,<,<=,>,>=	300~328	CH資料與CH資料或常數作比較。	○	○	○	○	○	○	○	○	156
	PLC時鐘比較	LD，AND，OR+=DT	341	兩個時鐘資料(BCD值)作比較。	○	○	Ver 2.0 之後	Ver 2.0 之後	Ver 2.0 之後	Ver 2.0 之後	×	×	160
		LD，AND，OR+<>DT	342		○	○	Ver 2.0 之後	Ver 2.0 之後	Ver 2.0 之後	Ver 2.0 之後	×	×	

指令類別	指令名稱	記號	FUN No.	功能	CJ2H	CJ2M	CJ1-H/CS1-H	CJ1M -CPU1□	CJ1M -CPU2□	CS1D -S	CS1D -H	CJ1/CS1	頁
資料比較指令	PLC時鐘比較	LD, AND, OR+<DT	343	兩個時鐘資料(BCD值)作比較。	○	○	Ver 2.0 之後	Ver 2.0 之後	Ver 2.0 之後	Ver 2.0 之後	×	×	160
		LD, AND, OR+<=DT	344		○	○	Ver 2.0 之後	Ver 2.0 之後	Ver 2.0 之後	Ver 2.0 之後	×	×	
		LD, AND, OR+>DT	345		○	○	Ver 2.0 之後	Ver 2.0 之後	Ver 2.0 之後	Ver 2.0 之後	×	×	
		LD, AND, OR+>=DT	346		○	○	Ver 2.0 之後	Ver 2.0 之後	Ver 2.0 之後	Ver 2.0 之後	×	×	
	無±符號比較	CMP	020	與1個CH資料(16位元無±符號BIN值)或常數作比較，比較結果反應至相關的旗標當中。	○	○	○	○	○	○	○	○	164
		!CMP			○	○	○	○	○	×	○	○	
	無±符號倍長比較	CMPL	060	與2個2CH資料(32位元無±符號BIN值)或常數作比較，比較結果反應至相關的旗標當中。	○	○	○	○	○	○	○	○	164
	帶±符號BIN比較	CPS	114	與1個CH資料(16位元帶±符號BIN值)或常數作比較，比較結果反應至相關的旗標當中。	○	○	○	○	○	○	○	○	167
		!CPS			○	○	○	○	○	×	○	○	
	帶±符號倍長BIN比較	CPSL	115	與2個2CH資料(32位元帶±符號BIN值)或常數作比較，比較結果反應至相關的旗標當中。	○	○	○	○	○	○	○	○	167
	多CH比較	MCMP	019	16個CH資料與16個CH資料比較，比較結果輸出至16個位元當中。	○	○	○	○	○	○	○	○	170
		@MCMP			○	○	○	○	○	○	○	○	
	表單比較	TCMP	085	1個CH資料與16個CH資料比較，比較結果輸出至16個位元當中。	○	○	○	○	○	○	○	○	172
		@TCMP			○	○	○	○	○	○	○	○	
	無±符號表單範圍比較	BCMP	068	1個CH的比較資料與16組上下限值比較，比較結果輸出至指定CH的16個位元當中。	○	○	○	○	○	○	○	○	174
		@BCMP			○	○	○	○	○	○	○	○	
	擴充表單範圍比較	BCMP2	502	1個CH與最多256組上下限值比較，比較結果輸出至D~D+15最多16CH的各16個位元當中。	○	○	Ver 2.0 之後	Ver 2.0 之後	Ver 2.0 之後	Ver 2.0 之後	×	×	176
	區域比較	ZCP	088	1個CH資料(16位元無±符號BIN值)或常數與指定的上下限值作比較，比較結果反應至相關的旗標當中。	○	○	○	○	○	○	○	×	179
	倍長區域比較	ZCPL	116	2個CH資料(32位元無±符號BIN值)或常數與指定的上下限值作比較，比較結果反應至相關的旗標當中。	○	○	○	○	○	○	○	×	179

指令類別	指令名稱	記號	FUN No.	功能	CJ2H	CJ2M	CJ1-H/ CS1-H	CJ1M -CPU 1□	CJ1M -CPU 2□	CS1D -S	CS1D -H	CJ1/ CS1	頁
資料比較指令	帶±符號區域比較	ZCPS	117	1個CH資料(16位元帶±符號BIN值)或常數與指定的上下限值作比較，比較結果反應至相關的旗標當中。	Ver 1.3 之後	○	×	×	×	×	×	×	183
	帶±符號倍長區域比較	ZCPSL	118	2個CH資料(32位元帶±符號BIN值)或常數與指定的上下限值作比較，比較結果反應至相關的旗標當中。	Ver 1.3 之後	○	×	×	×	×	×	×	183
資料傳送指令	傳送	MOV	021	CH資料或常數被傳送至指定的CH。	○	○	○	○	○	○	○	○	188
		@MOV			○	○	○	○	○	○	○	○	
		!MOV			○	○	○	○	○	○	×	○	
		!@MOV			○	○	○	○	○	○	×	○	
	倍長位元傳送	MOVL/ @MOVL	498	2CH 32位元資料或常數被傳送至指定的CH。	○	○	○	○	○	○	○	○	188
	反相傳送	MVN/ @MVN	022	CH資料或常數的反相資料被傳送至指定的CH。	○	○	○	○	○	○	○	○	190
	反相倍長位元傳送	MVNL/ @MVNL	499	2CH 32位元資料或常數的反相資料被傳送至指定的CH。	○	○	○	○	○	○	○	○	190
	位元傳送	MOVB/ @MOVB	082	指定的位元內容被傳送。	○	○	○	○	○	○	○	○	192
	位數傳送	MOVD/ @MOVD	083	以位數(4個位元)為單位的傳送。	○	○	○	○	○	○	○	○	194
	多位元傳送	XFRB/ @XFRB	062	指定的多個位元內容被傳送。	○	○	○	○	○	○	○	○	196
	區塊傳送	XFER/ @XFER	070	指定連續多個CH內容被傳送至指定的CH。	○	○	○	○	○	○	○	○	198
	區塊設定	BSET/ @BSET	071	傳送同一個數值至連續的多個CH當中。	○	○	○	○	○	○	○	○	200
	資料交換	XCHG/ @XCHG	073	CH間的資料交換。	○	○	○	○	○	○	○	○	202
	倍長位元資料交換	XCGL/ @XCGL	562	2CH的資料交換。	○	○	○	○	○	○	○	○	202
	資料分配	DIST/ @DIST	080	將資料傳送至偏移指定的CH當中。	○	○	○	○	○	○	○	○	204
	資料擷取	COLL/ @COLL	081	以傳送端為基準，將位移後的CH內容傳送到指定的CH。	○	○	○	○	○	○	○	○	206
	索引暫存器的設定	MOVR/ @MOVR	560	將CH編號或接點編號的I/O實際位址寫入至索引暫存器當中。	○	○	○	○	○	○	○	○	208
	索引暫存器的設定	MOVRW/ @MOVRW	561	將計時器或計數器現在值的I/O實際位址寫入至索引暫存器當中。	○	○	○	○	○	○	○	○	208
資料位移指令	位移暫存器	SFT	010	執行位移暫存器的單方向位移動作。	○	○	○	○	○	○	○	○	212
	左右位移暫存器	SFTR/ @SFTR	084	執行位移暫存器的雙向位移動作。	○	○	○	○	○	○	○	○	214
	非同步位移暫存器	ASFT/ @ASFT	017	16進制#0000以外的資料往上或往下位移1個CH，位移後，16進制#0000的位置被鄰近的資料取代。	○	○	○	○	○	○	○	○	216
	字元位移	WSFT/ @WSFT	016	以CH為單位的位移指令。	○	○	○	○	○	○	○	○	218
	位元左移	ASL/ @ASL	025	1個CH的資料每次往左位移1個位元。	○	○	○	○	○	○	○	○	220
	位元倍長左移	ASLL/ @ASLL	570	2個CH的資料每次往左位移1個位元。	○	○	○	○	○	○	○	○	220
	位元右移	ASR/ @ASR	026	1個CH的資料每次往右位移1個位元	○	○	○	○	○	○	○	○	222

指令類別	指令名稱	記號	FUN No.	功能	CJ2H	CJ2M	CJ1-H/CS1-H	CJ1M -CPU1□	CJ1M -CPU2□	CS1D -S	CS1D -H	CJ1/CS1	頁
資料位移指令	位元倍長右移	ASRL/@ASRL	571	2個CH的資料每次往右位移1個位元。	○	○	○	○	○	○	○	○	222
	附CY位元左旋	ROL/@ROL	027	16位元資料連同進位旗標，每次左旋轉1個位元。	○	○	○	○	○	○	○	○	224
	附CY位元倍長左旋	ROLL/@ROLL	572	32位元資料連同進位旗標，每次左旋轉1個位元。	○	○	○	○	○	○	○	○	224
	無CY位元左旋	RLNC/@RLNC	574	16位元資料不含進位旗標，每次左旋轉1個位元。	○	○	○	○	○	○	○	○	226
	無CY位元倍長左旋	RLNL/@RLNL	576	32位元資料不含進位旗標，每次左旋轉1個位元。	○	○	○	○	○	○	○	○	226
	附CY位元右旋	ROR/@ROR	028	16位元資料連同進位旗標，每次右旋轉1個位元。	○	○	○	○	○	○	○	○	228
	附CY位元倍長右旋	RORL/@RORL	573	32位元資料連同進位旗標，每次右旋轉1個位元。	○	○	○	○	○	○	○	○	228
	無CY位元右旋	RRNC/@RRNC	575	16位元資料不含進位旗標，每次右旋轉1個位元。	○	○	○	○	○	○	○	○	230
	無CY位元倍長右旋	RRNL/@RRNL	577	32位元資料不含進位旗標，每次右旋轉1個位元。	○	○	○	○	○	○	○	○	230
	位數左移	SLD/@SLD	074	連續CH的資料每次往左位移1位數(4位元)。	○	○	○	○	○	○	○	○	232
	位數右移	SRD/@SRD	075	連續CH的資料每次往右位移1位數(4位元)。	○	○	○	○	○	○	○	○	232
	N位元資料左移	NSFL/@NSFL	578	指定的N位元資料往左位移1個位元。	○	○	○	○	○	○	○	○	234
	N位元資料右移	NSFR/@NSFR	579	指定的N位元資料往右位移1個位元。	○	○	○	○	○	○	○	○	234
	N位元數左移	NASL/@NASL	580	於16位元CH資料中指定的N位元數往左位移。	○	○	○	○	○	○	○	○	236
	N位元數倍長左移	NSLL/@NSLL	582	於32位元CH資料中指定的N位元數往左位移。	○	○	○	○	○	○	○	○	236
	N位元數右移	NASR/@NASR	581	於16位元CH資料中指定的N位元數往右位移。	○	○	○	○	○	○	○	○	239
	N位元數倍長右移	NSRL/@NSRL	583	於32位元CH資料中指定的N位元數往右位移。	○	○	○	○	○	○	○	○	239
加一減一指令	BIN加1	++/@++	590	1CH的BIN值執行加1的動作。	○	○	○	○	○	○	○	○	244
	BIN倍長加1	++L/@++L	591	2CH的BIN值執行加1的動作。	○	○	○	○	○	○	○	○	244
	BIN減1	--/@--	592	1CH的BIN值執行減1的動作。	○	○	○	○	○	○	○	○	247
	BIN倍長減1	--L/@--L	593	2CH的BIN值執行減1的動作。	○	○	○	○	○	○	○	○	247
	BCD加1	++B/@++B	594	1CH的BCD值執行加1的動作。	○	○	○	○	○	○	○	○	250
	BCD倍長加1	++BL/@++BL	595	2CH的BCD值執行加1的動作。	○	○	○	○	○	○	○	○	250
	BCD減1	--B/@--B	596	1CH的BCD值執行減1的動作。	○	○	○	○	○	○	○	○	253
	BCD倍長減1	--BL/@--BL	597	2CH的BCD值執行減1的動作。	○	○	○	○	○	○	○	○	253
四則運算指令	帶±符號·無CY的BIN加算	+/@+	400	兩個帶±符號的4位數16進數值相加。	○	○	○	○	○	○	○	○	258
	帶±符號·無CY的BIN倍長加算	+L/@+L	401	兩個帶±符號的8位數16進數值相加。	○	○	○	○	○	○	○	○	258
	帶±符號·附CY的BIN加算	+C/@+C	402	兩個含進位旗標帶±符號的4位數16進數值相加。	○	○	○	○	○	○	○	○	260
	帶±符號·附CY的BIN倍長加算	+CL/@+CL	403	兩個含進位旗標帶±符號的8位數16進數值相加。	○	○	○	○	○	○	○	○	260

指令類別	指令名稱	記號	FUN No.	功能	CJ2H	CJ2M	CJ1-H/CS1-H	CJ1M -CPU 1□	CJ1M -CPU 2□	CS1D -S	CS1D -H	CJ1/CS1	頁
四則運算指令	無CY的BCD加算	+ B/ @ + B	404	CH或常數的4位數BCD值相加。	○	○	○	○	○	○	○	○	263
	無CY的BCD倍長加算	+ BL/ @ + BL	405	2CH或常數的8位數BCD值相加。	○	○	○	○	○	○	○	○	263
	帶CY的BCD加算	+ BC/ @ + BC	406	CH或常數(含進位旗標)的4位數BCD值相加。	○	○	○	○	○	○	○	○	265
	帶CY的BCD倍長加算	+ BCL/ @ + BCL	407	2CH或常數(含進位旗標)的8位數BCD值相加。	○	○	○	○	○	○	○	○	265
	帶±符號‧無CY的BIN減算	- / @ -	410	帶±符號的4位數16進制數值相減。	○	○	○	○	○	○	○	○	267
	帶±符號‧無CY的BIN倍長減算	- L/ @ - L	411	帶±符號的8位數16進制數值相減。	○	○	○	○	○	○	○	○	267
	帶±符號‧附CY的BIN減算	- C/ @ - C	412	帶±符號(含進位旗標)的4位數16進制數值相減。	○	○	○	○	○	○	○	○	271
	帶±符號‧附CY的BIN倍長減算	- CL/ @CL	413	帶±符號(含進位旗標)的8位數16進制數值相減。	○	○	○	○	○	○	○	○	271
	無CY的BCD減算	- B/ @ - B	414	CH或常數的4位數BCD值相減。	○	○	○	○	○	○	○	○	274
	無CY的BCD倍長減算	- BL/ @ - BL	415	2CH或常數的8位數BCD值相減。	○	○	○	○	○	○	○	○	274
	附CY的BCD減算	- BC/ @ - BC	416	CH或常數(含進位旗標)的4位數BCD值相減。	○	○	○	○	○	○	○	○	277
	附CY的BCD倍長減算	- BCL/ @ - BCL	417	2CH或常數(含進位旗標)的8位數BCD值相減。	○	○	○	○	○	○	○	○	277
	帶±符號的BIN乘算	* / @ *	420	帶±符號CH或常數的4位數16進制數值相乘。	○	○	○	○	○	○	○	○	279
	帶±符號的BIN倍長乘算	* L/ @ * L	421	帶±符號CH或常數的8位數16進制數值相乘。	○	○	○	○	○	○	○	○	279
	無±符號的BIN乘算	* U/ @ * U	422	無±符號CH或常數的4位數16進制數值相乘。	○	○	○	○	○	○	○	○	281
	無±符號的BIN倍長乘算	* UL/ @ * UL	423	無±符號CH或常數的8位數16進制數值相乘。	○	○	○	○	○	○	○	○	281
	BCD乘算	* B/ @ * B	424	CH或常數的4位數BCD值相乘。	○	○	○	○	○	○	○	○	283
	BCD倍長乘算	* BL/ @ * BL	425	2CH或常數的8位數BCD值相乘。	○	○	○	○	○	○	○	○	283
	帶±符號的BIN除算	/ @ /	430	帶±符號CH或常數的4位數16進制數值相除。	○	○	○	○	○	○	○	○	285
	帶±符號的BIN倍長除算	/ L @ / L	431	帶±符號CH或常數的8位數16進制數值相除。	○	○	○	○	○	○	○	○	285
	無±符號的BIN除算	/ U @ / U	432	無±符號CH或常數的4位數16進制數值相除。	○	○	○	○	○	○	○	○	287
	無±符號的BIN倍長除算	/ UL @ / UL	433	無±符號CH或常數的8位數16進制數值相除。	○	○	○	○	○	○	○	○	287
	BCD除算	/ B @ / B	434	CH或常數的4位數BCD值相除。	○	○	○	○	○	○	○	○	289
	BCD倍長除算	/ BL @ / BL	435	2CH或常數的8位數BCD值相除。	○	○	○	○	○	○	○	○	289
資料轉換指令	BCD→BIN轉換	BIN/ @BIN	023	將4位數BCD資料轉成BIN資料。	○	○	○	○	○	○	○	○	292
	BCD→BIN倍長轉換	BINL/ @BINL	058	將8位數BCD資料轉成BIN資料。	○	○	○	○	○	○	○	○	292
	BIN→BCD轉換	BCD/ @BCD	024	將16位元BIN資料轉成BCD資料。	○	○	○	○	○	○	○	○	294
	BIN→BCD倍長轉換	BCDL/ @BCDL	059	將32位元BIN資料轉成BCD資料。	○	○	○	○	○	○	○	○	294
	2的補數轉換	NEG/ @NEG	160	16位元BIN資料換算2的補數。	○	○	○	○	○	○	○	○	297
	2的補數倍長轉換	NEGL/ @NEGL	161	32位元BIN資料換算2的補數。	○	○	○	○	○	○	○	○	297

指令類別	指令名稱	記號	FUN No.	功能	CJ2H	CJ2M	CJ1-H/CS1-H	CJ1M -CPU 1□	CJ1M -CPU 2□	CS1D -S	CS1D -H	CJ1/CS1	頁
資料轉換指令	符號擴張	SIGN/@SIGN	600	1個CH帶±符號的BIN資料擴充成2個CH。	○	○	○	○	○	○	○	○	299
	4→16/8→256解碼	MLPX/@MLPX	076	將數值解碼成位元排列順序。	○	○	○	○	○	○	○	○	301
	16→4/256→8編碼	DMPX/@DMPX	077	將位元排列順序編碼成數值。	○	○	○	○	○	○	○	○	306
	ASCII碼轉換	ASC/@ASC	086	將16位元的位數資料轉成ASCII碼。	○	○	○	○	○	○	○	○	311
	ASCII碼→HEX轉換	HEX/@HEX	162	將8位元的ASCII碼轉成16進制數值。	○	○	○	○	○	○	○	○	315
	位元列→位元行轉換	LINE/@LINE	063	將16CH當中的某一個位元順序排列至指定的CH當中。	○	○	○	○	○	○	○	○	319
	位元行→位元列轉換	COLM/@COLM	064	將1個CH內16位元的內容依照順序傳送至16CH當中的某一個位元。	○	○	○	○	○	○	○	○	321
	帶±符號BCD→BIN轉換	BINS/@BINS	470	帶±符號的4位數BCD資料轉換成BIN資料。	○	○	○	○	○	○	○	○	323
	帶±符號BCD→BIN倍長轉換	BISL/@BISL	472	帶±符號的8位數BCD資料轉換成BIN資料。	○	○	○	○	○	○	○	○	323
	帶±符號BIN→BCD轉換	BCDS/@BCDS	471	帶±符號的16位元BIN資料轉換成BCD資料。	○	○	○	○	○	○	○	○	327
	帶±符號BIN→BCD倍長轉換	BDSL/@BDSL	473	帶±符號的32位元BIN資料轉換成BCD資料。	○	○	○	○	○	○	○	○	327
	格雷碼轉換	GRY	474	CH內的格雷2進碼以指定的解析度轉成BIN、BCD或角度資料。	○	○	Ver 2.0 之後	Ver 2.0 之後	Ver 2.0 之後	Ver 2.0 之後	×	×	331
	格雷碼→BIN轉換	GRAY_BIN/@GRAY_BIN	478	1CH的格雷碼轉換成16位元的BIN資料。	○	○	×	×	×	×	×	×	334
	格雷碼→BIN倍長轉換	GRAY_BINL/@GRAY_BINL	479	2CH的格雷碼轉換成32位元的BIN資料。	○	○	×	×	×	×	×	×	334
	BIN→格雷碼轉換	BIN_GRAY/@BIN_GRAY	480	16位元的BIN資料轉換成1CH的格雷碼。	○	○	×	×	×	×	×	×	336
	BIN→格雷碼倍長轉換	BIN_GRAYL/@BIN_GRAYL	481	32位元的BIN資料轉換成2CH的格雷碼。	○	○	×	×	×	×	×	×	336
	4位數數值→ASCII碼資料轉換	STR4	601	16進制4位數資料被轉換成4個ASCII碼(文字)。	○	○	Ver 4.0 之後	Ver 4.0 之後	Ver 4.0 之後	×	×	×	338
	8位數數值→ASCII碼資料轉換	STR8	602	16進制8位數資料被轉換成8個ASCII碼(文字)。	○	○	Ver 4.0 之後	Ver 4.0 之後	Ver 4.0 之後	×	×	×	338
	16位數數值→ASCII碼資料轉換	STR16	603	16進制16位數資料被轉換成16個ASCII碼(文字)。	○	○	Ver 4.0 之後	Ver 4.0 之後	Ver 4.0 之後	×	×	×	338
	ASCII碼資料→4位數數值轉換	NUM4	604	4個ASCII碼(文字)轉換成16進制4位數資料。	○	○	Ver 4.0 之後	Ver 4.0 之後	Ver 4.0 之後	×	×	×	341

指令類別	指令名稱	記號	FUN No.	功能	CJ2H	CJ2M	CJ1-H/CS1-H	CJ1M -CPU 1□	CJ1M -CPU 2□	CS1D -S	CS1D -H	CJ1/CS1	頁
資料轉換指令	ASCII碼資料→8位數數值轉換	NUM8	605	8個ASCII碼(文字)轉換成16進制8位數資料。	○	○	Ver 4.0 之後	Ver 4.0 之後	Ver 4.0 之後	×	×	×	341
	ASCII碼資料→16位數數值轉換	NUM16	606	16個ASCII碼(文字)轉換成16進制16位數資料。	○	○	Ver 4.0 之後	Ver 4.0 之後	Ver 4.0 之後	×	×	×	341
邏輯閘指令	及閘	ANDW/@ANDW	034	16位元與16位元資料邏輯積。	○	○	○	○	○	○	○	○	346
	倍長及閘	ANDL/@ANDL	610	32位元與32位元資料邏輯積。	○	○	○	○	○	○	○	○	346
	或閘	ORW/@ORW	035	16位元與16位元資料邏輯和。	○	○	○	○	○	○	○	○	348
	倍長或閘	ORWL/@ORWL	611	32位元與32位元資料邏輯和。	○	○	○	○	○	○	○	○	348
	互斥或閘	XORW/@XORW	036	16位元與16位元資料XOR演算。	○	○	○	○	○	○	○	○	350
	倍長互斥或閘	XORL/@XORL	612	32位元與32位元資料XOR演算。	○	○	○	○	○	○	○	○	350
	位元反相互斥或閘	XNRW/@XNRW	037	16位元與16位元資料反相互斥或閘。	○	○	○	○	○	○	○	○	352
	倍長位元反相互斥或閘	XNRL/@XNRL	613	32位元與32位元資料反相互斥或閘。	○	○	○	○	○	○	○	○	352
	位元反相	COM/@COM	029	16位元資料位元反相。	○	○	○	○	○	○	○	○	354
	倍長位元反相	COML/@COML	614	32位元資料位元反相。	○	○	○	○	○	○	○	○	354

閱讀指南

指令的編排順序：以功能來排序。
各指令的說明項目，如下所示。

項目	內容
指令名稱	指令的名稱。例：位元傳送
指令記號	指令的記號。例：MOVB
指令的各種組合	指令使用上的各種組合。 微分型 　　@：指令前加入@記號的話，代表該指令為上微分型指令。 　　%：指令前加入%記號的話，代表該指令為下微分型指令。 立即更新型 　　!：指令前加入!記號的話，代表該指令為立即更新型指令。 　! 　@ 　MOV 　　　　　　　　指令 　　　　　　　微分型 　　　　　　　立即更新型
FUN No.	指令編號
功能	指令的功能
記號	於CX-Programmer下所編輯的階梯圖符號 例： ┤├────MOVB 　　　　　　S 　　　　　　C 　　　　　　D
可使用的程式	於下列型態的程式裡，是否可以使用該指令。 功能區塊(FB)、區塊程式、工程步進程式、副程式、中斷任務副程式、SFC動作點/轉移條件。 ○：可以使用　×：不可使用
運算元的說明	指令運算元的內容、資料型態及容量。 控制資料一般都是使用CH的位元來代表某方面的意義。 例： 　15　　　8 7　　　0 C│　m　│　n　│ 　　　　　傳送來源CH的位元指定： 　　　　　16進#00~0F (10進0~15) 　傳送目的地CH的位元指定： 　16進#00~0F (10進0~15)
運算元種類	各運算元可指定的位元種類。元件所指為各種元件名稱。 S(來源運算元)、C(控制資料)、D(目的地運算元)是否可以使用該項元件。 ○：可以使用　×：不可使用

「可使用的程式」表：

區域	功能區塊	區塊程式	工程步進程式	副程式	中斷插入副程式	SFC步進點/轉移條件
使用	○	○	○	○	○	○

「運算元種類」表：

元件		CH位址								間接DM/EM		常數	暫存器			TK	條件旗標	時鐘脈衝	TR
		CIO	WR	HR	AR	T	C	DM	EM	@DM@EM	*DM*EM		DR	IR直接	IR間接				
JMP	N	○	○	○	○	○	○	○	○	○	○	○	○	—	○	—	—	—	—
JME	N	—	—	—	—	—	—	—	—	—	—		—	—	—	—	—	—	—

項目	內容
相關條件旗標	本指令被執行時，相關的條件旗標ON/OFF變化的說明。 此處只針對有關的條件旗標作說明。 例： {表格}
功能	顯示指令的功能
提示	基本功能外的補充說明。
使用上的注意事項	使用時應注意的事項。
程式例	程式舉例說明。

在「相關條件旗標」欄內的表格：

名稱	標籤	內容
異常旗標	P_ER	• C的資料超出範圍時，ON。 • 除此之外，OFF。
=旗標	P_EQ	OFF
負旗標	P_N	OFF

■ 關於常數的表現方式

本章當中，運算元所使用的常數如下所示。

● 於「運算元的說明」及「資料內容」項目中
• 以位元型態來表現時(一般的情況，以16進數來輸入)
　只使用16進數來表示。例) MOV指令的來源運算元S：以常數範圍#0000~FFFF來表示。
　(但是，於周邊裝置輸入時，也可以在常數前附加&記號來輸入10進數)
• 以數值型態來表現時(一般的情況，以10進數來輸入，包含跳躍指令目的地)
　使用16進及10進數來表示。例) XFER指令的運算元W：以常數範圍#0000~FFFF及&0~65535來表示。
• 以號碼型態來表現時(除了跳躍指令目的地之外)
　使用10進數來表示。例) SBS指令的運算元N：以常數範圍0~1023來表示。
● 於「動作說明」項目中
「動作說明」是直接以CX-Programmer輸入的文字來表現。
註: 運算元直接指定數值時(一般為10進值)，在數值前附加&記號來表示輸入值為10進數。

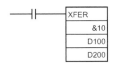

參考: 使用周邊裝置來輸入常數時，方法如下。

周邊裝置	CX-Programmer	程式書寫器
以位元型態來表現的運算元	開頭加入&記號的數值即為10進值。 開頭加入#記號的數值即為16進值。(註)	按#鍵，數入16進數值。
以數值型態來表現的運算元		按切換顯示鍵，數值以16進(開頭為#)→附正負符號的10進(開頭為+或-)→不附正負符號的10進(開頭&)順序顯示。
以號碼型態來表現的運算元	開頭加入#記號的數值即為16進值。(註)	直接以10進值輸入。 • 數值開頭自動被加入&符號時: 按切換顯示鍵，數值以上述順序切換顯示。 • 數值開頭無符號時: 10進值輸入

註: 於CX-Programmer的運算元輸入時，會顯示可以輸入的資料範圍(含數值開頭記號)。

■ 關於條件旗標

本頁針對"條件旗標"於CX-Programmer及程式書寫器的表現方式做說明。

名稱	CX-Programmer的名稱	書寫器的表現方式
異常旗標	P_ER	ER
存取異常旗標	P_AER	AER
進位旗標（carry flag)	P_CY	CY
>旗標	P_GT	>
=旗標	P_EQ	=
<旗標	P_LT	<
負旗標	P_N	N
溢位旗標(overHow flag)	P_OF	OF
欠位旗標(Underflow flag)	P_UF	UF
≥旗標	P_GE	> =
≠旗標	P_NE	< >
≤旗標	P_LE	<=
常ON旗標	P_On	ON
常OFF旗標	P_Off	OFF

■ 符號化指令

於CS/CJ系列當中新增一部份的符號指令，與C/CV系列相容的新指令如下表所示。

	C/CV系列	CS/CJ系列
順序控制	JMP #0 / JME #0	JMP0 / JME0
資料比較	EQU	AND=
資料傳送	MOVQ	MOV
加1/減1	INC	+ +B
	INCL	+ +BL
	INCB	+ +
	INBL	+ +L
	DEC	- - B
	DECL	- - BL
	DECB	- -
	DCBL	- - L
四則運算	ADB	+ C
	ADBL	+ CL
	ADD	+ BC
	ADDL	+ BCL
	SBB	- C
	SBBL	- CL
	SUB	- BC
	SUBL	- BCL
	MBS	*
	MBSL	*L
	MLB	*U
	MUL	*B
	MULL	*BL
	DBS	/
	DBSL	/L
	DVB	/U
	DIV	/B
	DIVL	/BL
中斷插入	INT	MSKS/MSKR/CLI DI/EI

40

順序控制輸入指令

指令記號	指令名稱	Fun No.	頁
LD	母線開始a接點	-	44
LD NOT	母線開始b接點	-	
AND	串接a接點	-	46
AND NOT	串接b接點	-	
OR	並接a接點	-	48
OR NOT	並接b接點	-	
AND LD	兩個回路串接	-	50
OR LD	兩個回路並接	-	
NOT	輸入條件反向輸出	520	53
UP	輸入條件上微分	521	54
DOWN	輸入條件下微分	522	
LD TST	LD接點ON偵測	350	56
LD TSTN	LD接點OFF偵測	351	
AND TST	AND接點ON偵測	350	58
AND TSTN	AND接點OFF偵測	351	
OR TST	OR接點ON偵測	350	60
OR TSTN	OR接點OFF偵測	351	

微分型指令及立即更新型指令

- LD/AND/OR指令等一般指令之外，尚有指令前加入@(上微分)或%(下微分)符號的微分型指令、指令前加入!符號的立即更新型指令，或者是組合!@或!%符號的立即更新微分型指令。
- LD NOT/AND NOT/OR NOT指令等一般指令之外，尚有指令前加入!符號的立即更新型指令。
- 一般指令、微分型指令、立即更新型指令及立即更新微分型指令等各類型的指令，其差別在於指令處理資料時的時序不同。
- 一般指令及微分型指令的執行方式是在程式被執行前，CPU會先一次讀取所有輸入端的ON/OFF狀態(輸入更新動作)，之後，程式中抓取該輸入信號的ON/OFF狀態做為指令執行的依據，而指令的執行結果也不會立刻的反應至輸出端，而是在程式執行至END指令時，指令的執行結果才一次被送至輸出端執行輸出動作(輸出更新動作)，此即為PLC的I/O更新方式。
- 但是，立即更新型的輸入指令於指令被執行前會即時的抓取當時輸入端的ON/OFF狀態來做為指令執行的依據，而立即更新型的輸出指令於指令被執行後會即時的將指令的運算結果送至輸出端執行輸出動作。
  立即更新型指令一次所抓取的輸入信號及送出的輸出信號為16點。
  立即更新型指令所指定的輸入/輸出編號若為SYSBUS遠端I/O子局時，該動作無效。

指令型式	指令記號	功能	I/O更新
一般指令	LD/AND/OR/LD NOT/AND NOT/OR NOT	指令所指定接點的ON/OFF狀態於"輸入更新動作"時被讀入，再反應至指令。	週期更新
	OUT/OUT NOT	指令的執行結果於"輸出更新動作"時，才被送至輸出端執行輸出動作。	
上微分型指令	@LD/@AND/@OR	指令指定的接點於OFF→ON變化時，指令被執行一次掃描週期。	
下微分型指令	%LD/%AND/%OR	指令指定的接點於ON→OFF變化時，指令被執行一次掃描週期。	
立即更新型指令	!LD/!AND/!OR/!LD NOT/!AND NOT/!OR NOT	指令所指定的接點即時讀取輸入端的ON/OFF狀態	指令執行前
	!OUT/!OUT NOT	指令所指定輸出線圈的ON/OFF狀態即時被反應至輸出端。	指令執行後
上微分立即更新型指令	!@LD/!@AND/!@OR	指令所指定的接點即時讀取輸入端的ON/OFF狀態，於OFF→ON變化時，指令被執行一次掃描週期。	指令執行前
下微分立即更新型指令	!%LD/!%AND/!%OR	指令所指定的接點即時讀取輸入端的ON/OFF狀態，於ON→OFF變化時，指令被執行一次掃描週期。	

■ 各輸入輸出指令的動作時序圖

以左下圖程式為例，各種型式的LD指令與OUT指令搭配的情況下，各指令的動作時序圖如下所示。

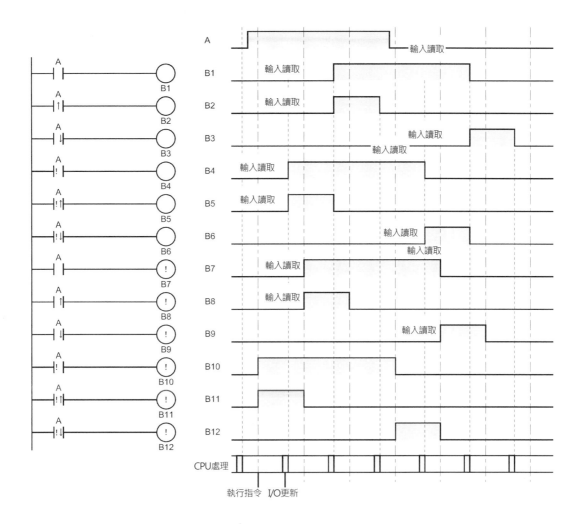

LD/LD NOT

指令名稱	指令記號	指令的各種組合	Fun No.	功能
Load	LD	@LD, %LD, !LD, !@LD, !%LD	—	母線開始的第一個a接點
Load Not	LD NOT	@LD NOT, %LD NOT, !LD NOT,!@LD NOT, !%LD NOT	—	母線開始的第一個b接點

	LD	LD NOT
記號		

可使用的程式

區域	功能區塊	區塊程式	工程步進程式	副程式	中斷任務程式	SFC動作/轉移條件
使用	○	○	○	○	○	○

運算元的說明

運算元	內容	資料型態	容量
—	—	BOOL	—

■ 運算元種類

內容	CH位址								間接DM/EM		常數	暫存器			TK	條件旗標	時鐘脈衝	TR
	CIO	WR	HR	AR	T	C	DM	EM	@DM @EM	*DM *EM		DR	IR直接	IR間接				
LD的位元運算元種類	○	○	○	○	○	○	○	○	○*1	○*1	—	—	—	—	○	○	○	○	○
LD NOT的位元運算元種類																			—

*1：只有CJ2 CPU模組有支援此項功能。

相關的條件旗標

無

功能

■ LD

母線開始的第1個a接點或者是一個回路區塊開始的第1個a接點使用LD指令。
一般指令時的LD指令讀取I/O記憶體內的ON/OFF狀態，立即更新型的!LD指令直接讀取輸入端的ON/OFF狀態。

■ LD NOT

母線開始的第1個b接點或者是一個回路區塊開始的第1個b接點使用LD NOT指令。
一般指令時的LD NOT指令讀取I/O記憶體內的ON/OFF狀態，立即更新型的!LD NOT指令直接讀取輸入端的ON/OFF狀態。

提示

- LD/ LD NOT指令的使用時機如下所示。

    1) 接點與母線直接連接時。

    2) 使用AND LD指令或OR LD指令來連接兩個回路區塊時，回路區塊的起始接點使用本指令。

- 由於輸出指令(例：OUT指令)不可直接與母線連接，因此，輸出指令與母線之間必須使用LD指令或LD NOT指令來連接。輸出指令若是直接與母線連接的話，PLC判定為「回路異常」。

- AND LD指令及OR LD指令用來串接或並接兩個回路區塊，因此，AND LD指令及OR LD指令的合計個數一定是各回路區塊所使用LD及LD NOT指令合計個數減1，合計各數不吻合此條件時，PLC判定為「回路異常」。

使用時的注意事項

- LD指令可使用微分型指令，上微分(@LD)的時候，指令所指定的接點於OFF→ON變化時，ON一次掃描週期、下微分(%LD)的時候，指令所指定的接點於ON→OFF變化時，ON一次掃描週期。

- LD/LD NOT指令可使用立即更新型指令(!LD/!LD NOT)，立即更新型指令時，指令即時讀取輸入模組輸入端的ON/OFF狀態(C200H群組2的多點輸入模組及遠端I/O模組的輸入模組除外)。

- LD指令可併用微分型及立即更新型的複合指令，上微分立即更新(!@LD)的時候，指令即時讀取輸入模組輸入端的ON/OFF狀態，指令所指定的接點於OFF→ON變化時，ON一次掃描週期、下微分立即更新(!%LD)的時候，指令即時讀取輸入模組輸入端的ON/OFF狀態，指令所指定的接點於ON→OFF變化時，ON一次掃描週期，一次掃描週期之後，該接點自動OFF。

- CJ2 CPU模組支援資料暫存器(DM)及擴充資料暫存器(EM)的位元存取功能，因此，可使用LD/LD NOT指令來指定DM及EM的位元，其他的機種則不支援此項功能，其他的機種請使用LD TST指令來取代。

程式例

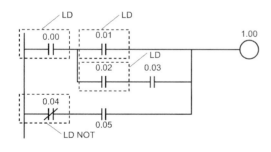

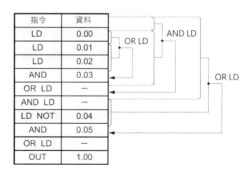

指令	資料
LD	0.00
LD	0.01
LD	0.02
AND	0.03
OR LD	—
AND LD	—
LD NOT	0.04
AND	0.05
OR LD	—
OUT	1.00

AND/AND NOT

指令名稱	指令記號	指令的各種組合	Fun No.	功能
AND	AND	@AND, % AND, ! AND, !@ AND, !% AND	—	串接a接點
AND NOT	AND NOT	@ AND NOT, % AND NOT, ! AND NOT, !@ AND NOT, !% AND NOT	—	串接b接點

	AND	AND NOT
記號	———┤├———	———┤╱├———

可使用的程式

區域	功能區塊	區塊程式	工程步進程式	副程式	中斷任務程式	SFC動作/轉移條件
使用	○	○	○	○	○	○

運算元的說明

運算元	內容	資料型態	容量
—	—	BOOL	—

■ 運算元種類

內容	CH位址								間接DM/EM		常數	暫存器			TK	條件旗標	時鐘脈衝	TR
	CIO	WR	HR	AR	T	C	DM	EM	@DM @EM	*DM *EM		DR	IR直接	IR間接				
AND的位元運算元種類 AND NOT的位元運算元種類	○	○	○	○	○	○	○*1	○*1	—	—	—	—	○	○	○	○	—

*1：只有CJ2 CPU模組有支援此項功能。

相關的條件旗標

無

功能

■ AND

串接1個a接點時，使用AND指令。
一般指令的AND指令讀取I/O記憶體內的ON/OFF狀態，立即更新型的!AND指令直接讀取輸入端的ON/OFF狀態。

■ AND NOT

串接1個b接點時，使用AND NOT指令。
一般指令的AND NOT指令讀取I/O記憶體內的ON/OFF狀態，立即更新型的! AND NOT指令直接讀取輸入端的ON/OFF狀態。

使用時的注意事項

- AND指令可使用微分型指令，上微分(@AND)的時候，指令所指定的接點於OFF→ON變化時，ON一次掃描週期、下微分(%AND)的時候，指令所指定的接點於ON→OFF變化時，ON一次掃描週期。

- AND/AND NOT指令可使用立即更新型指令(!AND/!AND NOT)，立即更新型指令時，指令即時讀取輸入模組輸入端的ON/OFF狀態(C200H群組2的多點輸入模組及遠端I/O模組的輸入模組除外)。

- AND指令可使用微分型與立即更新型的複合指令，上微分立即更新(!@AND)的時候，指令即時讀取輸入模組輸入端的ON/OFF狀態，指令所指定的接點於OFF→ON變化時， ON一次掃描週期、下微分立即更新(!%AND)的時候，指令即時讀取輸入模組輸入端的ON/OFF狀態，指令所指定的接點於ON→OFF變化時，ON一次掃描週期，一次掃描週期之後，該接點自動OFF。

- CJ2 CPU模組支援資料暫存器(DM)及擴充資料暫存器(EM)的位元存取功能，因此，可使用AND/AND NOT指令來指定DM及EM的位元，其他的機種則不支援此項功能，其他的機種請使用AND TST指令來取代。

程式例

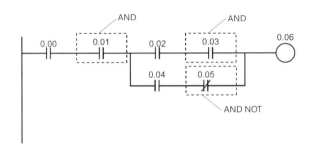

指令	資料
LD	0.00
AND	0.01
LD	0.02
AND	0.03
LD	0.04
AND NOT	0.05
OR LD	—
AND LD	—
OUT	0.06

OR/OR NOT

指令名稱	指令記號	指令的各種組合	Fun No.	功能
OR	OR	@OR, % OR, ! OR, !@ OR, !% OR	—	並接a接點
OR NOT	OR NOT	@ OR NOT, % OR NOT, ! OR NOT, !@ OR NOT, !% OR NOT	—	並接b接點

	OR	OR NOT
記號		

可使用的程式

區域	功能區塊	區塊程式	工程步進程式	副程式	中斷任務程式	SFC動作/轉移條件
使用	○	○	○	○	○	○

運算元的說明

運算元	內容	資料型態	容量
—	—	BOOL	—

■ 運算元種類

內容	CH位址								間接DM/EM		常數	暫存器			TK	條件旗標	時鐘脈衝	TR
	CIO	WR	HR	AR	T	C	DM	EM	@DM @EM	*DM *EM		DR	IR直接	IR間接				
OR的位元運算元種類	○	○	○	○	○	○	○*1	○*1	—	—	—	—	—	○	○	○	○	—
OR NOT的位元運算元種類																		

*1：只有CJ2 CPU模組有支援此項功能。

相關的條件旗標

無

功能

■ OR

並接1個a接點時，使用OR指令。
一般指令的OR指令讀取I/O記憶體內的ON/OFF狀態，立即更新型的!OR指令直接讀取輸入端的ON/OFF狀態。

■ OR NOT

並接1個b接點時，使用OR NOT指令。
一般指令的OR NOT指令讀取I/O記憶體內的ON/OFF狀態，立即更新型的! OR NOT指令直接讀取輸入端的ON/OFF狀態。

使用時的注意事項

* OR指令可使用微分型指令，上微分(@OR)的時候，指令所指定的接點於OFF→ON變化時，ON一次掃描週期、下微分(%OR)的時候，指令所指定的接點於ON→OFF變化時，ON一次掃描週期。

* OR/OR NOT指令可使用立即更新型指令(!OR/!OR NOT)，立即更新型指令時，指令即時讀取輸入模組輸入端的ON/OFF狀態(C200H群組2的多點輸入模組及遠端I/O模組的輸入模組除外)。

* OR指令可使用微分型與立即更新型的複合指令，上微分立即更新(!@OR)的時候，指令即時讀取輸入模組輸入端的ON/OFF狀態，指令所指定的接點於OFF→ON變化時，ON一次掃描週期、下微分立即更新(!%OR)的時候，指令即時讀取輸入模組輸入端的ON/OFF狀態，指令所指定的接點於ON→OFF變化時，ON一次掃描週期，一次掃描週期之後，該接點自動OFF。

* CJ2 CPU模組支援資料暫存器(DM)及擴充資料暫存器(EM)的位元存取功能，因此，可使用OR/OR NOT指令來指定DM及EM的位元，其他的機種則不支援此項功能，其他的機種請使用OR TST指令來取代。

程式例

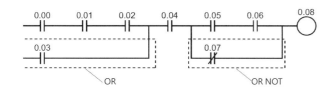

指令	資料
LD	0.00
AND	0.01
AND	0.02
OR	0.03
AND	0.04
LD	0.05
AND	0.06
OR NOT	0.07
AND LD	—
OUT	0.08

AND LD/OR LD

指令名稱	指令記號	指令的各種組合	Fun No.	功能
AND LOAD	AND LD	—	—	兩個回路串接
OR LOAD	OR LD	—	—	兩個回路並接

	AND LD	OR LD
記號	回路區塊 — 回路區塊	回路區塊 / 回路區塊

可使用的程式

區域	功能區塊	區塊程式	工程步進程式	副程式	中斷任務程式	SFC動作/轉移條件
使用	○	○	○	○	○	○

相關的條件旗標

無

功能

■ AND LD

串接2個回路區塊時，使用AND LD指令。
所謂的回路區塊是指，從一個LD/LD NOT指令
開始到下一個LD/LD NOT指令之前的回路。

```
LD
 ₹       回路區塊A
LD
 ₹       回路區塊B

AND LD.........兩個回路串接
```

■ OR LD

並接2個回路區塊時，使用OR LD指令。
所謂的回路區塊是指，從一個LD/LD NOT指令
開始到下一個LD/LD NOT指令之前的回路。

```
LD
 ₹       回路區塊A
LD
 ₹       回路區塊B

OR LD.........兩個回路並接
```

提示

■ AND LD

*   串接3個以上回路區塊時，可以在頭兩個回路區塊之後鍵入1個AND LD指令，接著於每個回路區塊之後
    再鍵入1個AND LD指令即可。此外，先鍵入所有的回路區塊，之後，再鍵入連續的AND LD指令亦可，
    AND LD指令的鍵入次數為回路區塊數減1。

■ OR LD

*   並接3個以上回路區塊時，可以在頭兩個回路區塊之後鍵入1個OR LD指令，接著於每個回路區塊之後
    再鍵入1個OR LD指令即可。此外，先鍵入所有的回路區塊，之後，再鍵入連續的OR LD指令亦可，OR
    LD指令的鍵入次數為回路區塊數減1。

使用時的注意事項

- AND LD指令及OR LD指令使用於串並接區塊回路時，AND LD指令及OR LD指令的合計次數必須是LD/LD NOT使用次數減1，次數不一致時，PLC出現「回路異常」。

■ AND LD

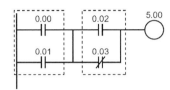

指令	資料	
LD	0.00	
OR	0.01	
LD	0.02	← 另一個區塊的開始
OR NOT	0.03	
AND LD	—	
OUT	5.00	

■ OR LD

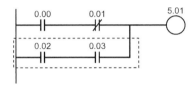

指令	資料	
LD	0.00	
AND NOT	0.01	
LD	0.02	← 另一個區塊的開始
AND	0.03	
OR LD	—	
OUT	5.01	

程式例

■ AND LD

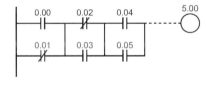

指令碼①

指令	資料
LD	0.00
OR NOT	0.01
LD NOT	0.02
OR	0.03
AND LD	—
LD	0.04
OR	0.05
AND LD	—
:	:
OUT	5.00

指令碼②

指令	資料
LD	0.00
OR NOT	0.01
LD NOT	0.02
OR	0.03
LD	0.04
OR	0.05
:	:
AND LD	—
AND LD	—
OUT	5.00

- AND LD指令使用次數沒有限制，②的情況下，AND LD指令的次數必須是LD/LD NOT的使用次數減1。
- ②的情況下，AND LD指令的連續次數最多為8次。
- AND LD指令的連續次數≥9次以上時，請使用①的指令碼。
- AND LD指令連續鍵入≥9次以上的話，於程式檢查時，PLC出現「回路異常」。

■ OR LD

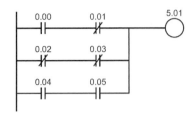

<table>
<tr><th colspan="2">指令碼①</th><th colspan="2">指令碼②</th></tr>
<tr><td>指令</td><td>資料</td><td>指令</td><td>資料</td></tr>
<tr><td>LD</td><td>0.00</td><td>LD</td><td>0.00</td></tr>
<tr><td>AND NOT</td><td>0.01</td><td>AND NOT</td><td>0.01</td></tr>
<tr><td>LD NOT</td><td>0.02</td><td>LD NOT</td><td>0.02</td></tr>
<tr><td>AND NOT</td><td>0.03</td><td>AND NOT</td><td>0.03</td></tr>
<tr><td>OR LD</td><td>—</td><td>LD</td><td>0.04</td></tr>
<tr><td>LD</td><td>0.04</td><td>AND</td><td>0.05</td></tr>
<tr><td>AND</td><td>0.05</td><td>:</td><td>:</td></tr>
<tr><td>OR LD</td><td>—</td><td>OR LD</td><td>—</td></tr>
<tr><td>:</td><td>:</td><td>OR LD</td><td>—</td></tr>
<tr><td>OUT</td><td>5.01</td><td>:</td><td>:</td></tr>
<tr><td></td><td></td><td>OUT</td><td>5.01</td></tr>
</table>

- OR LD指令使用次數沒有限制，②的情況下，OR LD指令的次數必須是LD/LD NOT的使用次數減1。
- ②的情況下，OR LD指令的連續次數最多為≤8次。
- OR LD指令的連續次數≥9以上時，請使用①的指令碼。
- OR LD指令連續鍵入≥9以上的話，於程式檢查時，PLC出現「回路異常」。

NOT

指令名稱	指令記號	指令的各種組合	Fun No.	功能
NOT	NOT	—	520	輸入條件反相輸出

記號	NOT
	─┤ NOT ├─

可使用的程式

區域	功能區塊	區塊程式	工程步進程式	副程式	中斷任務程式	SFC動作/轉移條件
使用	○	○	○	○	○	○

相關的條件旗標

無

功能

將輸入條件作反相輸出。

使用時的注意事項

* 本指令的最後面請使用輸出型態的指令(OUT指令、不可再連接其他指令的應用指令)。
* 本指令不可當成輸出指令來使用。

程式例

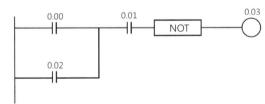

0.00、0.01、0.02的運算結果,反相輸出至0.03。

0.00	0.01	0.02	0.03
1	1	1	0
1	1	0	0
1	0	1	1
0	1	1	0
1	0	0	1
0	1	0	1
0	0	1	1
0	0	0	1

UP/DOWN

指令名稱	指令記號	指令的各種組合	Fun No.	功能
輸入條件上微分	UP	—	521	輸入條件OFF→ON時，ON一次掃描週期
輸入條件下微分	DOWN	—	522	輸入條件ON→OFF時，ON一次掃描週期

	UP	DOWN
記號	─┤ UP ├─	─┤ DOWN ├─

可使用的程式

區域	功能區塊	區塊程式	工程步進程式	副程式	中斷任務程式	SFC動作/轉移條件
使用	○	○	○	○	○	○

相關的條件旗標

無

功能

■ UP

輸入條件上微分指令。

■ DOWN

輸入條件下微分指令。

提示

* 本指令動作與上微分(DIFU)/下微分(DIFD)指令雷同，但是，上微分(DIFU)/下微分(DIFD)指令必須指定一個工作接點作輸出，UP/DOWN指令則不必指定，本指令可直接置於輸出條件與輸出的中間將輸入條件微分化，與DIFU/DIFD指令比較起來，可節省位址數。

使用上的注意事項

* 本指令的最後面請使用輸出型態的指令(OUT指令、不可再連接其他指令的應用指令)。
* 本指令不可當成輸出指令來使用。
* 於IL-ILC之間、JMP-JME之間或者是副程式裡面使用本指令的話，指令會因為輸入條件的變化而使得微分信號不穩定，此點請注意。
* 副程式於主程式不呼叫時，副程式內容呈現"不執行"狀態，因此，於副程式中使用到本指令時，請注意。

程式例

■ UP

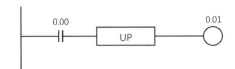

0.00於OFF→ON變化時，0.01 ON一個掃描週期。

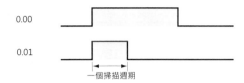

■ DOWN

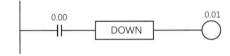

0.00於ON→OFF變化時，0.01 ON一個掃描週期。

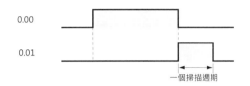

LD TST/LD TSTN

指令名稱	指令記號	指令的各種組合	Fun No.	功能
LD接點ON偵測	LD TST	—	350	指定的位元為1時ON
LD接點OFF偵測	LD TSTN	—	351	指定的位元為0時ON

		LD TST		LD TSTN
記號		TST S N — S：CH編號 N：位元位置		TSTN S N — S：CH編號 N：位元位置

可使用的程式

區域	功能區塊	區塊程式	工程步進程式	副程式	中斷任務程式	SFC動作/轉移條件
使用	○	○	○	○	○	○

運算元的說明

運算元	內容	資料型態	容量
S	CH編號	WORD	1
N	位元位置	UINT	1

N：位元位置

　　10進位的數值：#0~15、16進位的數值：#0~F

　　此處如果指定CH編號時，以該CH的下位4位元內容為準。

■ 運算元種類

內容	CH位址								間接DM/EM		常數	暫存器			TK	條件 旗標	時鐘 脈衝	TR
	CIO	WR	HR	AR	T	C	DM	EM	@DM @EM	*DM *EM		DR	IR直接	IR間接				
S	○	○	○	○	○	○	○[*1]	○[*1]	○	○	—	○	—	○	—	—	—	—
N											○							

相關條件旗標

名稱	標籤	內容
異常旗標	P_ER	內容不變[*1]
旗標	P_EQ	內容不變[*1]
負旗標	P_N	內容不變[*1]

*1：CS1/CJ1/CS1D(二重化系統) CPU模組的話，本旗標OFF。

功能

■ LD TST

S指定的CH編號內、N所指定的位元位置為1時，本指令(LD接點)ON。本指令使用方法與LD指令相同，指令後可繼續連接其他的指令。

■ LD TSTN

S指定的CH編號內、N所指定的位元位置為0時，本指令(LD接點)ON。本指令使用方法與LD指令相同，指令後可繼續連接其他的指令。

使用時的注意事項

- 本指令的最後面請使用輸出型態的指令。
- 本指令不可當成輸出指令來使用。

程式例

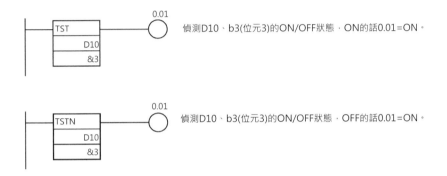

偵測D10、b3(位元3)的ON/OFF狀態，ON的話0.01=ON。

偵測D10、b3(位元3)的ON/OFF狀態，OFF的話0.01=ON。

AND TST/AND TSTN

指令名稱	指令記號	指令的各種組合	Fun No.	功能
AND接點ON偵測	AND TST	—	350	指定的位元為1時ON
AND接點OFF偵測	AND TSTN	—	351	指定的位元為0時ON

	AND TST	AND TSTN

記號	AND TST
	S
	N — S：CH編號
	    N：位元位置
		AND TSTN
		S
		N — S：CH編號
		    N：位元位置

可使用的程式

區域	功能區塊	區塊程式	工程步進程式	副程式	中斷任務程式	SFC動作/轉移條件
使用	○	○	○	○	○	○

運算元的說明

運算元	內容	資料型態	容量
S	CH編號	WORD	1
N	位元位置	UINT	1

N：位元位置
　　10進位的數值：#0~15、16進位的數值：#0~F
　　此處如果指定CH編號時，以該CH的下位4位元內容為準。

■ 運算元種類

內容	CH位址								間接DM/EM		常數	暫存器			TK	條件 旗標	時鐘 脈衝	TR
	CIO	WR	HR	AR	T	C	DM	EM	@DM @EM	*DM *EM		DR	IR直接	IR間接				
S	○	○	○	○	○	○	○[*1]	○[*1]	○	○	—	○	—	○	—	—	—	—
N											○							

相關條件旗標

名稱	標籤	內容
異常旗標	P_ER	內容不變[*1]
旗標	P_EQ	內容不變[*1]
負旗標	P_N	內容不變[*1]

*1：CS1/CJ1/CS1D(二重化系統) CPU模組的話，本旗標OFF。

功能

■ AND TST

S指定的CH編號內、N所指定的位元位置為1時，本指令(AND接點)ON。本指令使用方法與AND指令相同，指令後可繼續連接其他 的指令。

■ AND TSTN

S指定的CH編號內、N所指定的位元位置為0時，本指令(AND接點)ON。本指令使用方法與AND指令相同，指令後可繼續連接其他的指令。

使用時的注意事項

* 本指令的最後面請使用輸出型態的指令。
* 本指令不可當成輸出指令來使用。

程式例

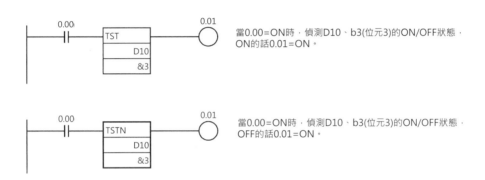

當0.00=ON時，偵測D10、b3(位元3)的ON/OFF狀態，ON的話0.01=ON。

當0.00=ON時，偵測D10、b3(位元3)的ON/OFF狀態，OFF的話0.01=ON。

OR TST/OR TSTN

指令名稱	指令記號	指令的各種組合	Fun No.	功能
OR接點ON偵測	OR TST	—	350	指定的位元為1時ON
OR接點OFF偵測	OR TSTN	—	351	指定的位元為0時ON

	OR TST	OR TSTN
記號	TST / S / N — S：CH編號 N：位元位置	TSTN / S / N — S：CH編號 N：位元位置

可使用的程式

區域	功能區塊	區塊程式	工程步進程式	副程式	中斷任務程式	SFC動作/轉移條件
使用	○	○	○	○	○	○

運算元的說明

運算元	內容	資料型態	容量
S	CH編號	WORD	1
N	位元位置	UINT	1

N：位元位置
　　10進位的數值：#0~15、16進位的數值：#0~F
　　此處如果指定CH編號時，以該CH的下位4位元內容為準。

■ 運算元種類

內容	CH位址								間接DM/EM		常數	暫存器			TK	條件旗標	時鐘脈衝	TR
	CIO	WR	HR	AR	T	C	DM	EM	@DM @EM	*DM *EM		DR	IR直接	IR間接				
S	○	○	○	○	○	○	○	○	○	○	—	○	—	○	—	—	—	—
N											○							

相關條件旗標

名稱	標籤	內容
異常旗標	P_ER	內容不變[*1]
旗標	P_EQ	內容不變[*1]
負旗標	P_N	內容不變[*1]

*1：CS1/CJ1/CS1D(二重化系統) CPU模組的話，本旗標OFF。

功能

■ OR TST

S指定的CH編號內、N所指定的位元位置為1時，本指令(OR接點)ON。本指令使用方法與OR指令相同，指令後可繼續連接其他 的指令。

■ OR TSTN

S指定的CH編號內、N所指定的位元位置為0時，本指令(OR接點)ON。本指令使用方法與OR指令相同，指令後可繼續連接其他 的指令。

使用時的注意事項

* 本指令的最後面請使用輸出型態的指令。
* 本指令不可當成輸出指令來使用。

程式例

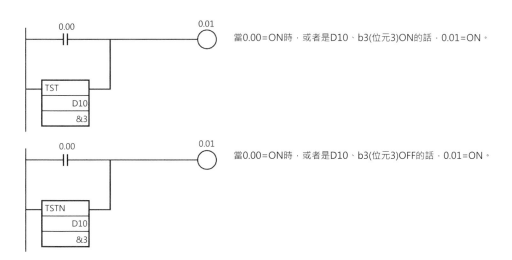

當0.00=ON時，或者是D10、b3(位元3)ON的話，0.01=ON。

當0.00=ON時，或者是D10、b3(位元3)OFF的話，0.01=ON。

順序控制輸出指令

指令記號	指令名稱	Fun No.	頁
OUT	輸出	—	64
OUT NOT	反相輸出	—	
TR	暫時記憶繼電器	—	66
KEEP	狀態保持	011	68
DIFU	上微分	013	72
DIFD	下微分	014	74
SET	強制ON	—	76
RSET	強制OFF	—	
SETA	多個位元強制ON	530	78
RSTA	多個位元強制OFF	531	
SETB	1個位元強制ON	532	80
RSTB	1個位元強制OFF	533	
OUTB	1個位元輸出	534	82

OUT/OUT NOT

指令名稱	指令記號	指令的各種組合	Fun No.	功能
輸出	OUT	!OUT	—	繼電器輸出指令
反相輸出	OUT NOT	!OUT NOT	—	反相輸出指令

記號	OUT	OUT NOT

可使用的程式

區域	功能區塊	區塊程式	工程步進程式	副程式	中斷任務程式	SFC動作/轉移條件
使用	○	X	○	○	○	○

運算元的說明

運算元	內容	資料型態	容量
—	—	BOOL	—

■ 運算元種類

內容	CH位址								間接DM/EM		常數	暫存器			TK	條件旗標	時鐘脈衝	TR
	CIO	WR	HR	AR	T	C	DM	EM	@DM @EM	*DM *EM		DR	IR直接	IR間接				
OUT OUT NOT	○	○	○	○	—	—	○[*1]	○[*1]	—	—	—	—	—	○	—	—	—	○

*1：只有CJ2 CPU模組有支援此項功能。

相關的條件旗標

無

功能

■ OUT

繼電器線圈輸出指令。
一般指令時的OUT指令將ON/OFF狀態寫入至I/O記憶體內指定的位址，立即更新型的!OUT指令將ON/OFF狀態直接反應至指定的輸出端。

■ OUT NOT

繼電器線圈反相輸出指令。
一般指令時的OUT NOT指令將ON/OFF狀態反相寫入至I/O記憶體內指定的位址，立即更新型的!OUT指令將ON/OFF狀態反相後，立即反應至指定的輸出端。

提示

- OUT/OUT NOT指令可使用立即更新型指令(!OUT/!OUT NOT)，立即更新型指令時，指令將輸入條件的運算結果寫入至I/O記憶體，同時，也立即將ON/OFF狀態更新至指定的輸出端。(C200H群組2的多點輸入輸出模組及遠端I/O模組的輸入模組除外)。

- SET/RSET指令與OUT指令的不同點
  OUT指令所指定的元件編號於輸入條件ON的時候ON、OFF的時候OFF。SET指令指定的元件編號於輸入條件ON的時候ON、輸入條件OFF時，輸出仍繼續保持ON的狀態。RSET指令指定的元件編號於輸入條件ON的時候輸出被復歸成OFF、輸入條件OFF時，輸出仍繼續保持OFF的狀態。

使用時的注意事項

- CJ2 CPU模組的OUT指令可指定資料暫存器(DM)、擴充暫存器(EM)的位元當成輸出的元件編號。CJ2以外的CPU模組則不支援此項功能，但是可使用OUTB指令來達到相同的功能。

- 本指令若是使用「間接指令功能」來指定輸出編號時，條件接點OFF的狀態下，輸出仍有可能會ON，此點請注意。

, IR0　輸入條件OFF的時候，MOVR指令不被執行。IR
暫存器所儲存的位址被OUT指令執行。

程式例

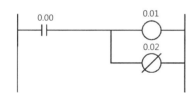

指令	資料
LD	0.00
OUT	0.01
OUT NOT	0.02

TR

指令名稱	指令記號	指令的各種組合	Fun No.	功能
暫時記憶繼電器	TR	—	—	於指令碼當中，TR被用來當成分支點的信號記憶

功能

使用指令碼來編輯程式時，暫時記憶繼電器TR可用來記憶回路當中的ON/OFF狀態。

使用CX-Programmer來編輯程式時，由於是直接使用圖形來編輯程式，不必使用TR繼電器。

TR繼電器一般都被用在回路分支點的信號記憶。

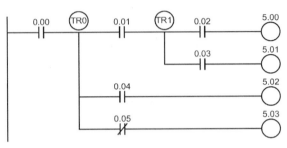

指令	資料
LD	0.00
OUT	TR0
AND	0.01
OUT	TR1
AND	0.02
OUT	5.00
LD	TR1
AND	0.03
OUT	5.01
LD	TR0
AND	0.04
OUT	5.02
LD	TR0
AND NOT	5.00
OUT	5.03

繼電器編號

暫時記憶繼電器	TR0~15

■ TR0~15的用法

- TR~15不可與LD、OUT以外的指令搭配使用。
- TR0~15不必照編號順序來使用。
- 不必使用TR的回路及必須使用TR的回路。

回路①的情況下，A點的ON/OFF狀態與輸出點2.00相同，之後的回路可使用AND 0.01、OUT 2.01來編輯，不必使用到TR繼電器。

回路②的情況下，A點與輸出點2.00之間尚串接一個0.03，因此，A點的ON/OFF狀態必須使用TR0加以記憶，之後的回路再使用AND 0.03、OUT 2.02來編輯，最後一行則是LD TR0、OUT 2.03。

回路②兩行回路的排列順序若是能上下顛倒成與①相同的話，可縮短程式的位址。

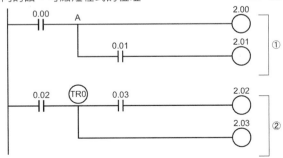

■ TR0~15的想法

於多重分歧回路當中，使用OUT TR0~15來記憶各分支點該點的ON/OFF狀態、使用LD TR0~15來連接各分支回路，因此，TR不可與AND、OR或NOT指令搭配使用。

■ TR0~15的輸出現圈重複使用

如下圖所示，同一個回路區塊中，OUT TR的編號不可重複使用，不同的回路區塊則可重複使用。

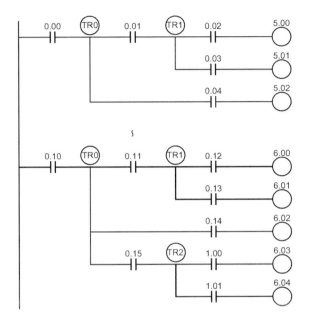

KEEP

指令名稱	指令記號	指令的各種組合	Fun No.	功能
保持	KEEP	!KEEP	011	動作ON並保持

記號	KEEP
	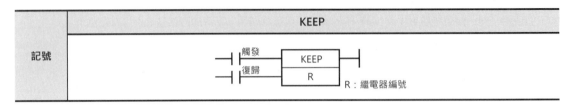

R：繼電器編號

可使用的程式

區域	功能區塊	區塊程式	工程步進程式	副程式	中斷任務程式	SFC動作/轉移條件
使用	○	X	○	○	○	○

運算元的說明

運算元	內容	資料型態	容量
R	繼電器編號	BOOL	—

■ 運算元種類

內容	CH位址								間接DM/EM		常數	暫存器			TK	條件旗標	時鐘脈衝	TR
	CIO	WR	HR	AR	T	C	DM	EM	@DM @EM	*DM *EM		DR	IR直接	IR間接				
R	○	○	○	○	—	—	○*1	○*1	—	—	—	—	—	○	—	—	—	—

*1：只有CJ2 CPU模組有支援此項功能。

相關的條件旗標

無

功能

觸發端ON的時候，R所指定的繼電器編號ON，當觸發端變成OFF時，R仍然保持ON的狀態，一直到復歸端ON的時候，R所指定的繼電器編號才會變成OFF。

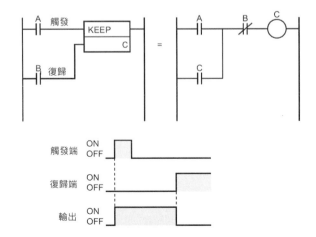

提示

- 當一個外部輸出位元已指定給!KEEP (011)指令中的R時，那麼在!KEEP (011)指令執行時，R的任何變化將被更新，並且立即反映到輸出位元。
- KEEP指令若是要當成自保持回路來使用時，請參考下列回路。

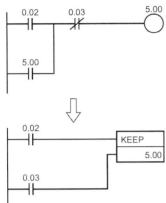

請注意，上述回路若是使用在IL-ILC之間的話，當IL條件變成OFF時，自保持回路的輸出點5.00會變成OFF，而KEEP指令的輸出5.00則是會保持原來的ON/OFF狀態。

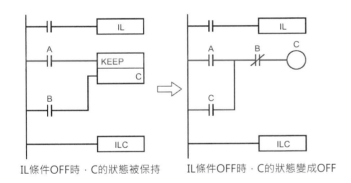

IL條件OFF時，C的狀態被保持　　IL條件OFF時，C的狀態變成OFF

- 使用KEEP指令所製作的單ON/雙OFF回路(Flip-Flop)。

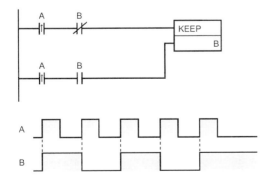

- KEEP指令的輸出如果指定保持繼電器的話，停電時，PLC可將停電前的ON/OFF狀態加以記憶。

<停電時異常提示的回路例>

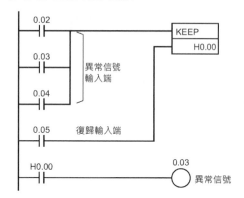

- 儘管PLC System設定"I/O記憶體保持旗標"為"保持"時(記憶停電前輸入/輸出點的ON/OFF狀態)，KEEP指令只要指定一般的輸入/輸出點，功能與指定停電保持繼電器一樣，可將停電前的ON/OFF狀態加以記憶。另外，需要特別注意的一點，就是當PLC系統設定完成後，本指令就會從下次開啟電源開始執行動作。

使用時的注意事項

- 觸發信號與復歸信號同時ON的時候，以復歸信號優先。

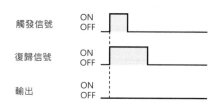

- 當復歸信號ON的時候，觸發信號不被理會。

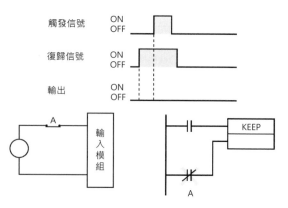

- 請勿直接使用PLC外部信號的b接點來當成KEEP指令的復歸端信號。當PLC的AC電源斷電或瞬時停電時，PLC的內部電源並不會立即OFF，反而是輸入模組的電源先OFF使得輸入信號OFF。其結果，導致b接點的外部信號ON、復歸信號ON、KEEP指令的輸出變成OFF。

程式例

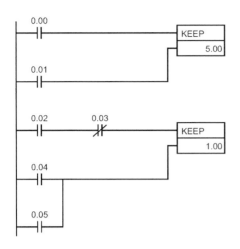

觸發端0.00由OFF→ON變化時，5.00 ON。
復歸端0.01由OFF→ON變化時，5.00 OFF。

當觸發端0.02 ON、0.03 OFF時，1.00 ON。
當復歸端0.04或0.05任何一點ON的話，1.00 OFF。

指令	資料
LD	0.00
LD	0.01
KEEP(011)	5.00
LD	0.02
AND NOT	0.03
LD	0.04
OR	0.05
KEEP(011)	1.00

注意：KEEP指令於階梯圖與指令記號的輸入順序不同。
階梯圖：觸發端 → KEEP指令 → 復歸端
指令碼：觸發端 → 復歸端 → KEEP指令

DIFU

指令名稱	指令記號	指令的各種組合	Fun No.	功能
上微分	DIFU	!DIFU	013	輸入條件由OFF→ON變化時，指令所指定的元件編號ON一次掃描週期

記號	DIFU		
	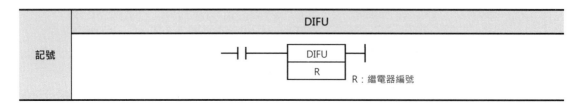 R：繼電器編號		

可使用的程式

區域	功能區塊	區塊程式	工程步進程式	副程式	中斷任務程式	SFC動作/轉移條件
使用	○	X	○	○	○	○

運算元的說明

運算元	內容	資料型態	容量
R	繼電器編號	BOOL	—

■ 運算元種類

內容	CH位址								間接DM/EM		常數	暫存器			TK	條件旗標	時鐘脈衝	TR
	CIO	WR	HR	AR	T	C	DM	EM	@DM @EM	*DM *EM		DR	IR直接	IR間接				
R	○	○	○	○	—	—	○*1	○*1	—	—	—	—	—	○	—	—	—	—

*1：只有CJ2 CPU模組有支援此項功能。

相關的條件旗標

無

功能

輸入條件由OFF→ON變化時，R指定的元件編號ON、於下次掃描執行至本指令時OFF，也就是說，R指定的元件編號ON一次掃描週期。

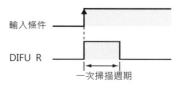

提示

- 不想透過內部補助繼電器來產生上微分信號，希望直接輸出上微分信號時，請使用UP指令。
- DIFU指令可作為立即更新型指令(!DIFU)，立即更新型指令時，R必須指定輸出端的編號。

  (C200H群組2的多點輸入輸出模組、高功能I/O模組的的多點輸入輸出模組及遠端I/O模組的模組除外)。

  所以，R指定輸出端編號的話，R=ON時，CPU執行輸出更新動作。(R=ON時，輸出繼電器也是ON一次掃描週期)

使用時的注意事項

• 於IL-ILC之間、JMP-JME之間或者是副程式裡面使用本指令的話，輸出結果並不一定會正確的隨著輸入條件的變化而變化，此點請注意。

• 副程式於主程式不呼叫時，副程式內容呈現"不執行"狀態，因此，於副程式中使用到本指令時，請注意。

• 同一次掃描週期內，多次呼叫同一個副程式時，本指令的輸出動作並不一定會正確。

程式例

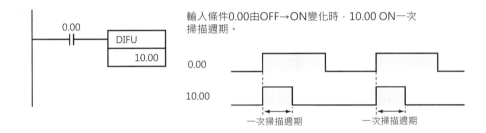

輸入條件0.00由OFF→ON變化時，10.00 ON一次掃描週期。

DIFD

指令名稱	指令記號	指令的各種組合	Fun No.	功能
下微分	DIFD	!DIFD	014	輸入條件由ON→OFF下降變化時，指令所指定的元件編號ON一次掃描週期

記號	DIFU
	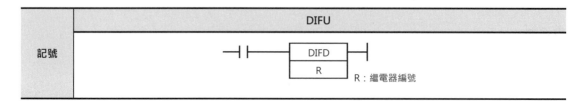 R：繼電器編號

可使用的程式

區域	功能區塊	區塊程式	工程步進程式	副程式	中斷任務程式	SFC動作/轉移條件
使用	○	X	○	○	○	○

運算元的說明

運算元	內容	資料型態	容量
R	繼電器編號	BOOL	—

■ 運算元種類

內容	CH位址								間接DM/EM		常數	暫存器			TK	條件旗標	時鐘脈衝	TR
	CIO	WR	HR	AR	T	C	DM	EM	@DM @EM	*DM *EM		DR	IR直接	IR間接				
R	○	○	○	○	—	—	○*1	○*1	—	—	—	—	—	○	—	—	—	—

*1：只有CJ2 CPU模組有支援此項功能。

相關的條件旗標

無

功能

輸入條件由ON→OFF下降變化時，R指定的元件編號ON、於下次掃描執行至本指令時OFF，也就是說，R指定的元件編號ON一次掃描週期。

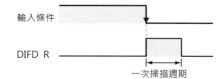

提示

* 不想透過內部補助繼電器來產生下微分信號，希望直接輸出下微分信號時，請使用DOWN指令。
* DIFD指令可使用立即更新型指令(!DIFD)，立即更新型指令時，R必須指定輸出端的編號。
  (C200H群組2的多點輸入輸出模組、高功能I/O模組的的多點輸入輸出模組及遠端I/O裝置上的模組除外)。
  所以，R指定輸出端編號的話，R=ON時，CPU執行輸出更新動作。(R=ON時，輸出繼電器也是ON一次掃描週期)。

使用時的注意事項

- 於IL-ILC之間、JMP-JME之間或者是副程式裡面使用本指令的話，輸出結果並不一定會正確的隨著輸入條件的變化而變化，此點請注意。
- 副程式於主程式不呼叫時，副程式內容呈現"不執行"狀態，因此，於副程式中使用到本指令時，請注意。
- 同一次掃描週期內，多次呼叫同一個副程式時，本指令的輸出動作並不一定會正確。

程式例

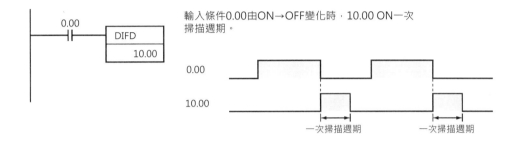

輸入條件0.00由ON→OFF變化時，10.00 ON一次
掃描週期。

SET/RSET

指令名稱	指令記號	指令的各種組合	Fun No.	功能
強制ON	SET	@SET, %SET, !SET,!@SET, !%SET	—	輸入條件ON的時候，指定的輸出點ON，之後，無論輸入條件ON或OFF，輸出點保持ON。
強制OFF	RSET	@RSET, %RSET,!RSET, !@RSET,!%RSET	—	輸入條件ON的時候，指定的輸出點OFF，之後，無論輸入條件ON或OFF，輸出點保持OFF。

	SET	RSET
記號	 SET / R　R：繼電器編號	RSET / R　R：繼電器編號

可使用的程式

區域	功能區塊	區塊程式	工程步進程式	副程式	中斷任務程式	SFC動作/轉移條件
使用	○	○	○	○	○	○

運算元的說明

運算元	內容	資料型態	容量
R	繼電器編號	BOOL	—

■ 運算元種類

內容	CH位址								間接DM/EM		常數	暫存器			TK	條件旗標	時鐘脈衝	TR
	CIO	WR	HR	AR	T	C	DM	EM	@DM @EM	*DM *EM		DR	IR直接	IR間接				
R	○	○	○	○	—	—	○*1	○*1	—	—	—	—	—	○	—	—	—	—

*1：只有CJ2 CPU模組有支援此項功能。

相關條件旗標

無

功能

■ SET

輸入條件ON的時候，R指定的輸出點ON，之後，無論輸入條件ON或OFF，輸出點保持ON，要讓它OFF的話，使用RSET指令。

■ RSET

輸入條件ON的時候，R指定的輸出點OFF，之後，無論輸入條件ON或OFF，輸出點保持OFF，要讓它ON的話，使用SET指令。

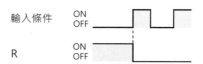

提示

- SET/RSET指令與OUT指令的不同點
  SET指令指定的元件編號於輸入條件ON的時候ON、輸入條件OFF時，輸出仍繼續保持ON的狀態。
  RSET指令指定的元件編號於輸入條件ON的時候輸出被復歸成OFF、輸入條件OFF時，輸出仍繼續保持OFF的狀態。
  OUT指令所指定的元件編號於輸入條件ON的時候ON、OFF的時候OFF。

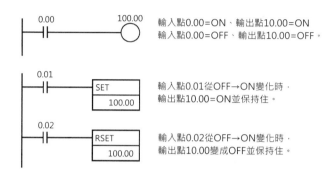

輸入點0.00=ON、輸出點10.00=ON
輸入點0.00=OFF、輸出點10.00=OFF。

輸入點0.01從OFF→ON變化時，
輸出點10.00=ON並保持住。

輸入點0.02從OFF→ON變化時，
輸出點10.00變成OFF並保持住。

- 使用KEEP指令時必須同時指定觸發端及復歸端，但是，SET/RSET指令卻可單獨使用，此外，也可以對同一個輸出點使用多個SET指令或RSET指令。

- SET/RSET指令可使用立即更新型指令(!SET/!RSET)，立即更新型指令時，R必須指定輸出端的編號。
  (C200H群組2的多點輸入輸出輸出模組、高功能I/O模組的的多點輸入輸出輸出模組及遠端I/O裝置上的模組除外)。
  所以，R指定輸出端編號的話，R=ON或OFF(指令被執行)時，CPU執行輸出更新動作。

使用時的注意事項

- CJ2 CPU模組的SET/RSET指令可指定資料暫存器(DM)、擴充暫存器(EM)的位元當成輸出的元件編號。
  CJ2以外的CPU模組則不支援此項功能，但是可使用SETB/RSETB指令來達到相同的功能。

- SET/RSET指令被使用於IL-ILE/JMP-JME迴路當中時，IL條件或JMP條件OFF的話，本指令所指定輸出點的ON/OFF狀態沒有變化。

SETA/RSTA

指令名稱	指令記號	指令的各種組合	Fun No.	功能
多個位元強制ON	SETA	@SETA	530	指定連續的多個位元ON
多個位元強制OFF	RSTA	@RSTA	531	指定連續的多個位元OFF

記號	SETA	RSTA

記號欄內容：

SETA — D：CH編號　N1：開始位元位置　N2：位元數

RSTA — D：CH編號　N1：開始位元位置　N2：位元數

可使用的程式

區域	功能區塊	區塊程式	工程步進程式	副程式	中斷任務程式	SFC動作/轉移條件
使用	○	○	○	○	○	○

運算元的說明

運算元	內容	資料型態	容量
D	CH編號	UINT	可調整
N1	開始位元位置	UINT	1
N2	位元數	UINT	1

■ 運算元種類

內容	CH位址 CIO	WR	HR	AR	T	C	DM	EM	間接DM/EM @DM @EM	*DM *EM	常數	暫存器 DR	IR直接	IR間接	TK	條件旗標	時鐘脈衝	TR
D	○	○	○	○	○	○	○	○	○		○	—	—	○	—	—	—	—
N1																		
N2												○	○					

相關條件旗標

名稱	標籤	內容
異常旗標	P_ER	• N1的內容超出&0~15(10進制時)或#0000~000F(16進制時)範圍時，本旗標ON。 • 其他的時候，本旗標OFF。

功能

■ SETA

輸入條件ON時，D所指定的CH編號、從N1指定的位元位
置開始，共N2個位元的內容全部為1。範圍外的位元內容
不變。當N2的內容為0時，全部位元內容沒有變化。使用
本指令來強制多點位元ON，強制多點位元OFF時，不只
可以使用RSTA指令，亦可使用其他的指令來執行。

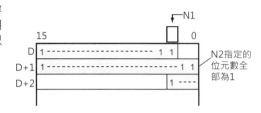

■ RSTA

輸入條件ON時，D所指定的CH編號、從N1指定的位元位
置開始，共N2個位元的內容全部為0。範圍外的位元內容
不變。當N2的內容為0時，全部位元內容沒有變化。使用
本指令來強制多點位元OFF，強制多點位元ON時，不只
可以使用SETA指令，亦可使用其他的指令來執行。

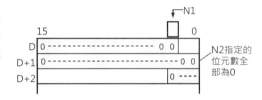

提示

■ SETA

• SETA指令亦可指定資料暫存器(DM)、擴充暫存器(EM)等字元(WORD)來執行多個位元強制ON的操作。

■ RSTA

• RSTA指令亦可指定資料暫存器(DM)、擴充暫存器(EM)等字元(WORD)來執行多個位元強制OFF的操作。

程式例

■ SETA

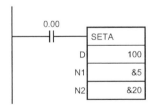

當0.00=ON時，100CH內的位元5
開始算的20(16進制#14)個位元的內容強制為1。

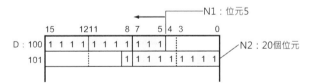

■ RSTA

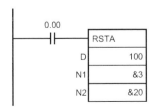

當0.00=ON時，100CH內的位元3
開始算的20(16進制#14)個位元的內容強制為0。

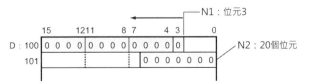

SETB/RSTB

指令名稱	指令記號	指令的各種組合	Fun No.	功能
1個位元強制ON	SETB	@SETB, !SETB, !@SETB	532	指定CH當中的1個位元ON
1個位元強制OFF	RSTB	@RSTB, !RSTB, !@RSTB	533	指定CH當中的1個位元OFF

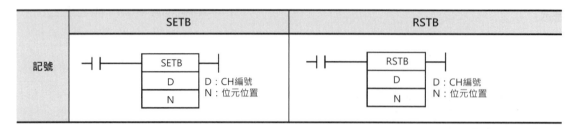

記號	SETB	RSTB

可使用的程式

區域	功能區塊	區塊程式	工程步進程式	副程式	中斷任務程式	SFC動作/轉移條件
使用	○	○	○	○	○	○

運算元的說明

運算元	內容	資料型態	容量
D	CH編號	UINT	1
N	開始位元位置	UINT	1

■ 運算元種類

內容	CH位址								間接DM/EM		常數	暫存器			TK	條件旗標	時鐘脈衝	TR
	CIO	WR	HR	AR	T	C	DM	EM	@DM @EM	*DM *EM		DR	IR直接	IR間接				
D	○	○	○	○	○	○	○	○	○	—	—	○	—	○	—	—	—
N											○							

相關條件旗標

名稱	標籤	內容
異常旗標	P_ER	• N的內容超出&0~15(10進制時)或#0000~000F(16進制的數值)範圍時，本旗標ON。 • 其他的時候，本旗標OFF。

功能

■ SETB

輸入條件ON時，D所指定的CH編號、N指定的位元位置強制為1。當輸入條件變成OFF時，該為位元內容仍然為1。不只可以使用RSTA指令，亦可使用其他的指令來執行。

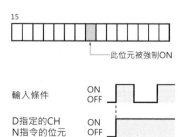

此位元被強制ON

■ RSTB

輸入條件ON時，D所指定的CH編號、N指定的位元位置強制為0。
當輸入條件變成OFF時，該為位元內容仍然為0。

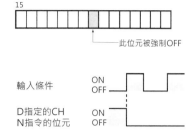

此位元被強制OFF

輸入條件　ON
　　　　　OFF

D指定的CH　ON
N指令的位元　OFF

提示

- SETB/RSTB指令與SET/RST指令的不同點
  指定的對象元件若為CIO、內部補助繼電器(W)、保持繼電器(H)、特殊補助繼電器(A)的話，兩者功能相同。
  SET/RST指令不可指定資料暫存器(DM)、擴充暫存器(EM)的位元，但是，SETB/RSTB指令可以。
- SETB/RSTB指令與OUTB指令的不同點
  SETB/RSTB指令只有在條件接點ON的時候，才會執行指定位元的ON或OFF，OUTB指令所指定位元的ON/OFF直接隨著輸入條件的ON/OFF而變化。
- 使用KEEP指令時必須同時指定觸發端及復歸端，但是，SETB/RSTB指令卻可單獨使用，此外，也可以對同一個輸出點使用多個SETB/RSTBT指令。

使用時的注意事項

- SETB/RSTB指令不需配對使用。
- SETB/RSTB指令不可指定計時器或計數器作強制ON/OFF。
- 本指令使用於IL-ILE/JMP-JME回路當中的話，若是IL條件OFF或JMP條件OFF時，本指令所指定的位元內容沒有變化。
- SETB/RSTB指令可使用立即更新型指令(!SETB/!RSTB)，立即更新型指令時，R必須指定輸出端的編號。(C200H群組2的多點輸入輸出輸出模組、高功能I/O模組的的多點輸入輸出輸出模組及遠端I/O裝置上的模組除外)。所以，R指定輸出端編號的話，R=ON或OFF(指令被執行)時，CPU執行輸出更新動作。

程式例

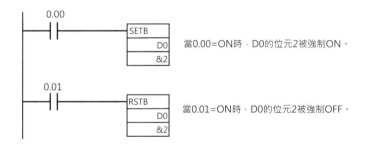

當0.00=ON時，D0的位元2被強制ON。

當0.01=ON時，D0的位元2被強制OFF。

OUTB

指令名稱	指令記號	指令的各種組合	Fun No.	功能
1個位元輸出	OUTB	!OUTB	534	輸入條件的ON/OFF狀態被輸出至指定CH中的1個位元

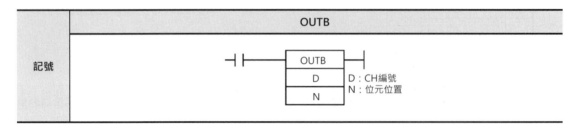

記號	OUTB

D : CH編號
N : 位元位置

可使用的程式

區域	功能區塊	區塊程式	工程步進程式	副程式	中斷任務程式	SFC動作/轉移條件
使用	○	X	○	○	○	○

運算元的說明

運算元	內容	資料型態	容量
D	CH編號	UINT	1
N	開始位元位置	UINT	1

■ 運算元種類

內容	CH位址								間接DM/EM		常數	暫存器			TK	條件旗標	時鐘脈衝	TR
	CIO	WR	HR	AR	T	C	DM	EM	@DM @EM	*DM *EM		DR	IR直接	IR間接				
D	○	○	○	○	○	○	○	○	○	○	—	○	—	○	—	—	—	—
N											○							

功能

■ OUTB

輸入條件ON時,D所指定的CH編號、N指定的位元位置ON,輸入條件OFF時,D所指定的CH編號、N指定的位元位置變成OFF。

當輸入條件變成OFF時,該為位元內容仍然為1。

OUTB指令將指定的輸出信號寫入至I/O記憶體當中,立即更新行指令(!OUTB)則是將指定的輸出信號直接傳送至實際的輸出端。

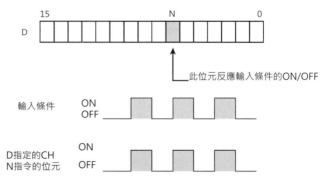

提示

• OUTB指令與SETB/RSTB指令的不同點OUTB指令所指定位元的ON/OFF直接隨著輸 入條件的ON/OFF 而變化。SETB/RSTB指令只有在條件接點ON的時候，才會執行指定位元的ON或OFF，條件接點OFF 時，指令指定的位元內容沒有變化。

當0.00=OFF時，D0的位元10=OFF。

• OUTB指令可使用立即更新型指令(!OUTB)，立即更新型指令時，DN必須指定輸出端的編號，當指令被 執行時，CPU立即將輸出的ON/OFF狀態傳送至實際的輸出端。(C200H群組2的多點輸入輸出輸出模 組、遠端I/O裝置上的輸出模組除外)。

使用時的注意事項

• 本指令使用於IL-ILE回路當中的話，若是IL條件OFF時，與OUT指令同樣的，本指令所指定的位元變成 OFF。

• 運算元種類N亦可指定CH，此種情況下，該CH的位元00~03為有效值。

  例：N所指定CH的內容為16進制#FFFA時，有效值為#A，即代表對位元10執行ON/OFF動作。

• 本指令若是指定到"間接指定暫存器"的時候，即時輸入條件OFF的狀態下，輸出位元也有可能ON， 此點請注意。

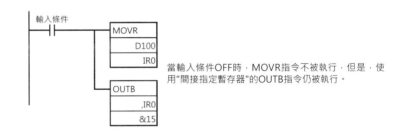

當輸入條件OFF時，MOVR指令不被執行，但是，使 用"間接指定暫存器"的OUTB指令仍被執行。

順序控制指令

指令記號	指令名稱	Fun No.	頁
END	程式結束	001	88
NOP	無處理	000	89
IL	互鎖	002	90
ILC	互鎖結束	003	
MILH	多重互鎖(微分旗標保持型)	517	
MILR	多重互鎖(微分旗標非保持型)	518	93
MILC	多重互鎖結束	519	
JMP	跳躍	004	102
JME	跳躍結束	005	
CJP	有條件跳躍	510	105
CJPN	反相條件跳躍	511	
JMP0	複數跳躍	515	108
JME0	複數跳躍結束	516	
FOR	迴圈開始	512	110
NEXT	迴圈結束	513	
BREAK	迴圈跳脫	514	113

關於INTERLOCK指令

■ INTERLOCK指令的種類

INTERLOCK指令可分成下列各種指令。

- 互鎖(IL-ILC)指令
- 多重互鎖(MILH-MILC)指令(只有CS/CJ系列Ver.2.0有支援此項功能)多重互鎖(微分旗標保持型) (MILH-MILC)指令多重互鎖(微分旗標非保持型) (MILR-MILC)指令

■ 互鎖(IL-ILC)指令與多重互鎖(MILH-MILC、或MILR-MILC)指令的不同點

互鎖(IL-ILC)指令的回路內不允許出現巢狀結構的互鎖(IL-ILC)指令，但是，多重互鎖(MILH-MILC、或MILR-MILC)指令就可以，因此，以下列回路為例，使用多重互鎖(MILH-MILC、或MILR-MILC)指令來設計程式的話，就顯得比較簡潔。

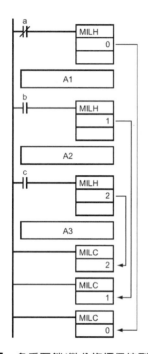 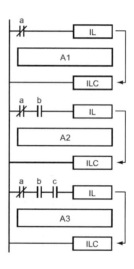

■ 多重互鎖(微分旗標保持型) (MILH-MILC)指令與多重互鎖(微分旗標非保持型) (MILR-MILC)指令的不同點

(MILH-MILC)指令間或(MILR-MILC)指令間有存在微分指令時，微分指令的動作內容不同。
詳細請參考「MILH指令與MILR指令的不同點」。

■ 使用上的限制

IL-ILC指令、MILH-MILC指令、MILR-MILC指令於同一個回路區塊中請勿混用，若是混用的話，回路動作無法確保正常。

例) IL-ILC指令間不可使用MILH指令。

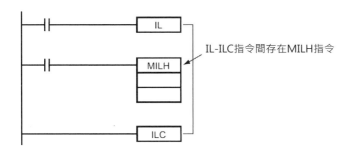

IL-ILC指令間存在MILH指令

注意：IL-ILC指令、MILH-MILC指令、MILR-MILC指令於同一個回路區塊，當互鎖程式不互相重疊時即可指定可同時使用。

例) IL-ILC指令、MILH-MILC指令、MILR-MILC指令使用於個別的回路區塊。

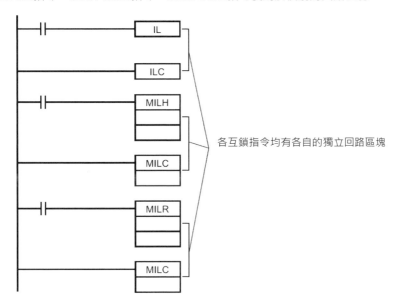

各互鎖指令均有各自的獨立回路區塊

■ **互鎖指令與跳躍指令的不同點**
互鎖指令(IL-ILC、MILH-MILC、MILR-MILC)與跳躍指令(JMP-JME)的不同點。

指令	指令的執行	各指令的輸出	OUT,OUTB,OUT NOT指定的元件	計時器指令的狀態 (TTIM/TTIMX、 MTIM/MTIMX除外)
IL-ILC、MILH-MILC、MILR-MILC指令	全部的指令都不被執行(除了OUT、OUTB、OUT NOT、計時器指令以外)	全部的指令輸出保持在之前的狀態(除了OUT、OUTB、OUT NOT、計時器指令以外)	OFF	復歸
JMP-JME指令	全部的指令都不被執行	全部的指令輸出保持在之前的狀態	保持在之前的狀態	動作中的計時器保持繼續計時，即使在JMP中條件OFF時，也會進行現在值更新處理，因此，會持續計時(只有TIM/TIMX、TIMH/TIMHX、TMHH/TMHH、TIMU/TIMUX、TMUH/TMUHX)

END

指令名稱	指令記號	指令的各種組合	Fun No.	功能
程式結束	END	—	001	表示一個程式結束

記號	END
	END

可使用的程式

區域	功能區塊	區塊程式	工程步進程式	副程式	中斷任務程式	SFC動作/轉移條件
使用	×	×	×	×	○	×

相關的條件旗標

無

功能

本指令被執行時，代表一個程式週期的結束，
END指令後的指令即不被執行。
至END指被執行時，接著，CPU執行下個較小編
號的Task。
當最大編號的Task程式的END指被執行時，代表
全部程式的結束。

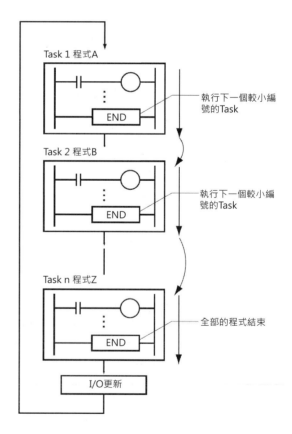

使用時的注意事項

• 一個程式的最後必須寫入END指令，找不到END的情況下，PLC判定為「程式異常」。

NOP

指令名稱	指令記號	指令的各種組合	Fun No.	功能
無處理	NOP	—	000	沒有任何功能的指令

記號	NOP
	(階梯圖當中顯示不出來。)

可使用的程式

區域	功能區塊	區塊程式	工程步進程式	副程式	中斷任務程式	SFC動作/轉移條件
使用	○	○	○	○	○	○

相關的條件旗標

無

功能

本指令不具備任何功能，本指令只有在"語句表"的模態下才被使用。

提示

- 於"語句表"的模態下，希望程式回路編號的開始點為整數位址時(10、50、100、1000等)，插入NOP指令做區隔。

IL/ILC

指令名稱	指令記號	指令的各種組合	Fun No.	功能
互鎖	IL	—	002	互鎖回路的開始
互鎖結束	ILC	—	003	互鎖回路的結束

記號	IL	ILC
	⊣├──[IL]──	├──[ILC]──

可使用的程式

區域	功能區塊	區塊程式	工程步進程式	副程式	中斷任務程式	SFC動作/轉移條件
使用	○	×	×	○	○	○

相關的條件旗標

名稱	標籤	內容
異常旗標	P_ER	沒有變化[*1]
=旗標	P_EQ	沒有變化[*1]
負旗標	P_N	沒有變化[*1]

*1：CS1/CJ1/CS1D(二重化系統) CPU模組的話，本旗標OFF。

功能

當IL輸入條件OFF時，IL-ILC指令間的互鎖回路不被執行、IL輸入條件ON時，IL-ILC指令間的互鎖回路如同一般的程式被執行。

於IL輸入條件OFF時，各指令的輸出狀態如下表所示。

各指令的輸出		狀態
OUT,OUTB,OUT NOT指令指定的繼電器		全部OFF
計時器指令 (100ms計時器TTIM/TTIMX、10ms計時器TIMH/TIMHX、1ms計時器TMHH/TMHHX及長時間計時器TIML/TIMLX指令)	現在值	計時器設定值(復歸)
	UP旗標	
0.1ms計時器TIMU/TIMUX	不可使用	OFF(復歸)
0.01ms計時器TMUH/TMUHX		
其他指令所指定的繼電器及CH		保持之前的狀態

注意：TTIM/TTIMX、MTIM/MTIMX、SET、RSET、CNT/CNTX、CNTR/CNTRX、SFT、KEEP等及其他的指令。

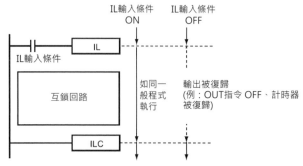

提示

- 使用IL指令可以讓回路設計更有效率，易讀性更高。
- 執行IL指令時，也能夠在IL指令前，使用SET指令，如此就能夠將您希望維持ON的指令區預先設定為ON。在相同的輸入條件下，執行多項處理動作時，只要分別將IL指令及ILC指令放在這些動作的正前方及正後方，即可精簡程式部數。
- 同一個條件下要執行多個回路時，使用該條件當成IL指令的輸入條件可節省位址數。

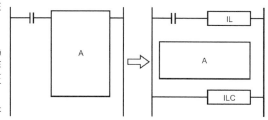

使用時的注意事項

- 儘管IL指令的輸入條件OFF時，IL-ILC指令間的回路不執行，但是，IL-ILC指令間的程式仍然是處於被執行的狀態，因此，整體的掃描週期不會因而縮短。

- IL-ILC指令必須配對使用，非一對一配對使用時，PLC判定為「IL-ILC異常」。

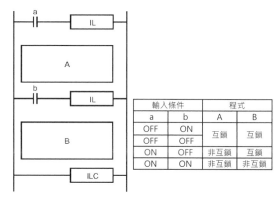

輸入條件		程式	
a	b	A	B
OFF	ON	互鎖	互鎖
OFF	OFF	互鎖	互鎖
ON	OFF	非互鎖	互鎖
ON	ON	非互鎖	非互鎖

- IL-ILC指令不可使用巢狀結構。欲使用巢狀結構時，請使用MILH-MILC或MILR-MILC指令。

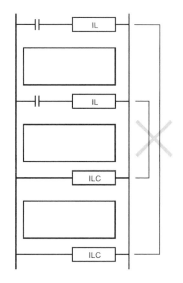

- 微分指令所對應的動作

  當IL-ILC指令之間存在微分指令(附加DIFU/DIFD/@/%指令)時，一旦微分指令的輸入條件在開始互鎖到解除互鎖的這段期間發生變化，使得微分條件成立時，只要連鎖解除，微分指令就會開始執行。

  例：執行上微分(DIFU)指令時，一旦互鎖的輸入條件OFF而且解除互鎖的輸入條件OFF，上微分(DIFU)指令會在解除互鎖時上升並且執行動作。

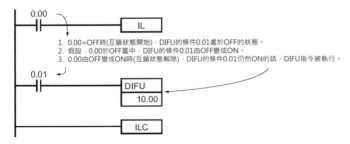

1. 0.00=OFF時(互鎖狀態開始)，DIFU的條件0.01處於OFF的狀態。
2. 假設，0.00於OFF當中，DIFU的條件0.01由OFF變成ON。
3. 0.00由OFF變成ON時(互鎖狀態解除)，DIFU的條件0.01仍然ON的話，DIFU指令被執行。

參考：MILH指令對微分指令的處理方式與IL指令相同。

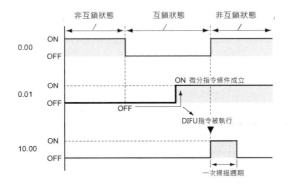

程式例

IL條件接點0.00=OFF時，IL-ILC指令間的回路不被執行。

IL條件接點0.00=ON時，IL-ILC指令間的回路如同一般回路的被執行。

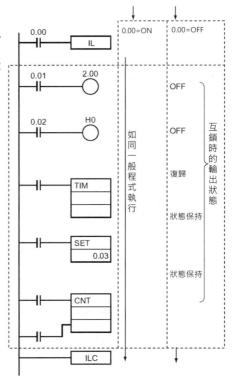

MILH/MILR/MILC

指令名稱	指令記號	指令的各種組合	Fun No.	功能
多重互鎖 (微分旗標保持型)	MILH	—	517	輸入條件OFF時,MILH-MILC指令間的回路 處於互鎖狀態(不執行狀態)。
多重互鎖 (微分旗標非保持型)	MILR	—	518	輸入條件OFF時,MILR-MILC指令間的回路 處於互鎖狀態(不執行狀態)。
多重互鎖結束	MILC	—	519	互鎖回路結束

	MILH	MILR	MILC
記號	MILH N D N:互鎖回路的編號 D:互鎖狀態輸出位元	MILR N D N:互鎖回路的編號 D:互鎖狀態輸出位元	MILC N N:互鎖回路的編號

可使用的程式

區域	功能區塊	區塊程式	工程步進程式	副程式	中斷任務程式	SFC動作/轉移條件
使用	○	×	×	○	○	○

運算元的說明

運算元	內容	資料型態	容量
N	互鎖回路的編號	—	1
D	互鎖狀態輸出位元	BOOL	—

N:互鎖回路的編號:0~15

MILH/MILR指令所指定的N與MILC指令所指定的N個數必須一致。

注意:N(互鎖回路的編號)的使用順序沒有限制。

D:互鎖狀態輸出位元

- 非互鎖狀態時,ON。
- 互鎖狀態時,OFF。

MILH/MILR指令所指定的D於互鎖狀態中被強制ON的話,互鎖回路可能變成非互鎖狀態、反之,D於非互鎖狀態中被強制OFF的話,互鎖回路可能變成互鎖狀態。

■ 運算元種類

內容	CH位址								間接DM/EM	常數	暫存器			TK	條件 旗標	時鐘 脈衝	TR
	CIO	WR	HR	AR	T	C	DM	EM	@DM @EM	*DM *EM		DR	IR直接	IR間接				
N	—	—	—	—	—	—	—	—	—		○	—	—	—*1	—	—	—	—
D	○	○	○	○	—	—	—	—	—		—	—	—	○*1	—	—	—	—

*1:請參考「1-17 使用自動加1/減1間接指定暫存器的時候」。

相關的條件旗標

名稱	標籤	內容
異常旗標	P_ER	OFF

功能

當MILH/MILR輸入條件OFF時，MILH-MILC/MILR-MILC指令間的互鎖回路不被執行、MILH/MILR輸入條件ON時，MILH-MILC/MILR-MILC指令間的互鎖回路如同一般的程式被執行。

■ 於IL輸入條件OFF時，各指令的輸出狀態如下表所示。

各指令的輸出		狀態
OUT,OUTB,OUT NOT指令指定的繼電器		全部OFF
計時器指令 (100ms計時器TTIM/TTIMX、10ms計時器TIMH/TIMHX、1ms計時器TMHH/TMHHX及長時間計時器TIML/TIMLX指令)	現在值	計時器設定值(復歸)
	UP旗標	OFF(復歸)
0.1ms計時器TIMU/TIMUX 0.01ms計時器TMUH/TMUHX	不可使用	
其他指令所指定的繼電器及CH		保持之前的狀態

注意：TTIM/TTIMX、MTIM/MTIMX、SET、RSET、CNT/CNTX、CNTR/CNTRX、SFT、KEEP等及其他的指令。

此外，MILH/MILR指令的第2個運算元D(互鎖狀態輸出位元)，於互鎖狀態下OFF、於非互鎖狀態下ON。因此，使用者可監視D(互鎖狀態輸出位元)來了解互鎖回路的運轉情況。

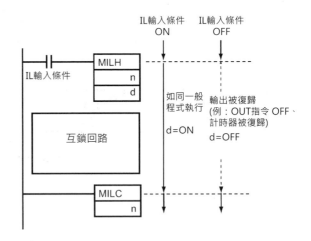

■ 巢狀結構

所謂的巢狀結構是指MILH(MILR)-MILC指令間再使用MILH(MILR)-MILC指令。
MILH(MILR)-MILC指令間的巢狀結構加入N編號作區別(例：MILH0-MILH1-MILC1-MILC0)，最多16層。

巢狀結構用途如下：

例1) 與全體回路作互鎖、與部分回路作互鎖各自獨立時。(巢狀結構1層)

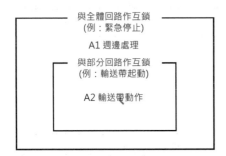

- 緊急停止開關ON的時候，A1, A2被互鎖。
- 輸送帶起動信號OFF的時候，A2被互鎖。

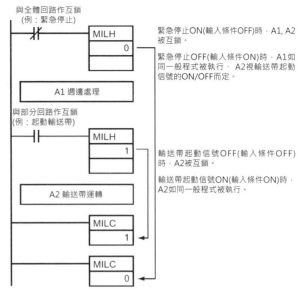

**例2)　與全體回路作互鎖又有需要部分回路作互鎖。
(巢狀結構2層)**

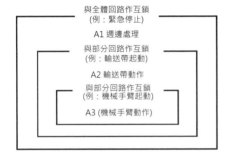

- 緊急停止開關ON的時候，A1, A2, A3被互鎖。
- 輸送帶起動信號OFF的時候，A2, A3被互鎖。
- 機械手臂OFF的時候，A3被互鎖。

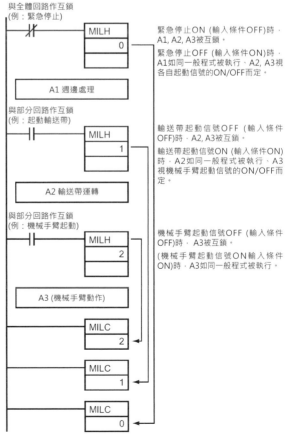

■ MILH指令與MILR指令的不同點

MILH指令/ MILR指令與MILC指令間，對於微分信號的處理動作不同。

MILR指令於互鎖中，對於微分信號輸入條件ON不予理會，微分指令不被執行。

MILH指令於互鎖中，微分信號輸入條件ON的話，微分指令不被執行，但是，當MILH指令於互鎖解除時
(非互鎖狀態)，微分信號輸入條件仍然ON的話，微分指令被執行。

指令	回路被互鎖狀態下，微分信號輸入條件ON時的處理
MILH	互鎖狀態解除時，微分指令被執行。
MILR	互鎖狀態解除時，微分指令不被執行。

■ MILH指令對微分指令的動作

雖說MILH指令於互鎖解除時(非互鎖狀態)，微分信號輸入條件仍然ON的話，微分指令被執行。

但是，於互鎖狀況下，若是程式中的諸多因素造成微分信號輸入條件不ON的話，於互鎖解除時(非互鎖狀
態)，微分指令不被執行。

例：上微分指令DIFU的輸入條件於回路互鎖時OFF，回路互鎖解除時ON，微分指令於非互鎖狀況下被執
行。

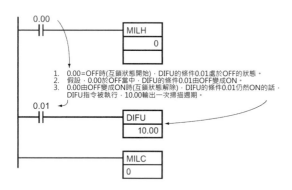

1. 0.00=OFF時(互鎖狀態開始)，DIFU的條件0.01處於OFF的狀態。
2. 假設，0.00於OFF當中，DIFU的條件0.01由OFF變成ON。
3. 0.00由OFF變成ON時(互鎖狀態解除)，DIFU的條件0.01仍然ON的話，DIFU指令被執行，10.00輸出一次掃描週期。

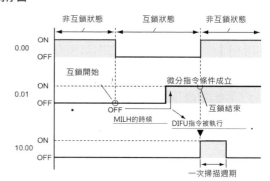

時序圖

■ MILR指令對微分指令的動作

MILR-MILC指令間存在微分指令時，於回路互鎖狀態下，微分信號輸入條件ON的話，微分指令不被執
行、於回路互鎖解除的狀態下，微分信號輸入條件仍然ON的話，微分指令也不被執行。

例：上微分指令DIFU的輸入條件於MILR-MILC回路互鎖時ON的話，於回路互鎖解除時，微分指令不被執
行。

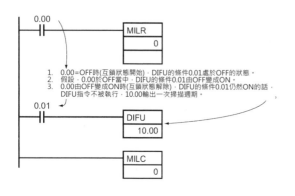

1. 0.00=OFF時(互鎖狀態開始)，DIFU的條件0.01處於OFF的狀態。
2. 假設，0.00於OFF當中，DIFU的條件0.01由OFF變成ON。
3. 0.00由OFF變成ON時(互鎖狀態解除)，DIFU的條件0.01仍然ON的話，DIFU指令不被執行，10.00輸出一次掃描週期。

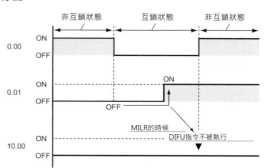

時序圖

可使用週邊裝置對MILH指令第2個運算元D所指定的暫時記憶繼電器執行強制ON/OFF的操作，藉以變更MILH-MILC指令間的互鎖或非互鎖狀態。

強制ON：變成非互鎖狀態

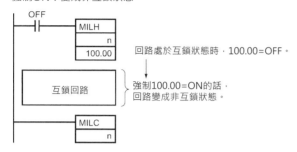

回路處於互鎖狀態時，100.00=OFF。

強制100.00=ON的話，回路變成非互鎖狀態。

強制OFF：變成互鎖狀態

回路處於非互鎖狀態時，100.00=ON。

強制100.00=OFF的話，回路變成互鎖狀態。

提示

• 儘管MILH(MILR)指令的輸入條件OFF時，MILH(MILR)-MILC指令間的回路不執行，但是，MILH(MILR)-MILC指令間的程式仍然是處於被執行的狀態，因此，整體的掃描週期不會因而縮短。

• MILH(MILR)-MILC指令必須配對使用，有巢狀結構時，MILH(MILR)指令的編號也必須遵守巢狀結構，不可互相跨越，如下圖所示。

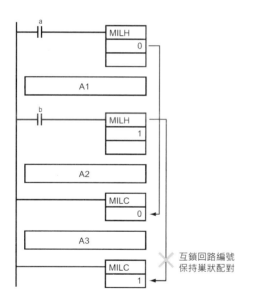

互鎖回路編號
保持巢狀配對

輸入條件		程式		
a	b	A1	A2	A3
OFF	ON	互鎖	互鎖	非互鎖
	OFF			
ON	OFF	非互鎖	互鎖	互鎖
	ON	非互鎖	非互鎖	非互鎖

- MILC指令與MILC指令間存在回路的話，該回路照樣可以執行。

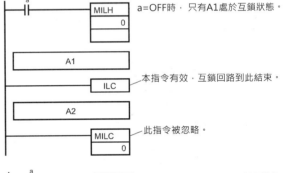

MILC指令與MILC指令間寫入回路A3的話，A3與A1都同屬外側MILH-MILC指令間的回路。當a=OFF時，A3與A1都處於互鎖狀態，與b的ON/OFF無關。

- MILH-MILC指令間若是存在ILC指令的話，MILH與ILC指令配對使用，MILC指令無效。

a=OFF時，只有A1處於互鎖狀態。

本指令有效，互鎖回路到此結束。

此指令被忽略。

- MILR-MILC指令間若是存在ILC指令的話，MILH仍然與MILC指令配對使用，ILC指令無效。

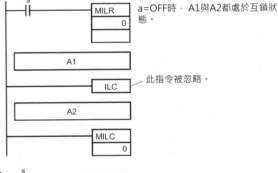

a=OFF時，A1與A2都處於互鎖狀態。

此指令被忽略。

- MILH-MILC指令間若是存在MILH(MILR)指令的話。
  - 外側的MILH-MILC指令若是處於互鎖狀態(外側MILH指令的輸入條件OFF)時，內側的MILH指令無效。
  - 當外側的MILH-MILC指令若是處於非互鎖狀態(外側MILH指令的輸入條件ON)時，內側的MILH-MILC指令間回路處於互鎖狀態。

a=OFF時，儘管b=ON、A1與A2都處於互鎖狀態。

a=ON時，如果b=OFF的話、A2處於互鎖狀態。

注意：MILR-MILC指令間若是存在MILH(MILR)指令的話，結果與本頁內容相同。

- MILC指令與MILC指令間存在不同回路編號的MILC指令時，該指令被忽略。

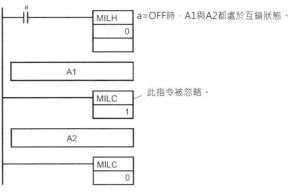

a=OFF時，A1與A2都處於互鎖狀態。

此指令被忽略。

- IL-ILC指令間若是存在MILH指令的話，當IL-ILC指令處於互鎖狀態(IL指令的輸入條件OFF)時，中間的MILH指令無意義。

  若是IL-ILC指令處於非互鎖狀態(IL指令的輸入條件ON)時，b=OFF的話，MILH指令與ILC指令間的回路互鎖。

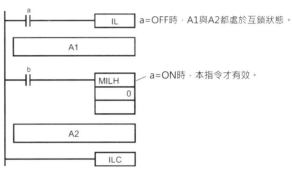

a=OFF時，A1與A2都處於互鎖狀態。

a=ON時，本指令才有效。

- IL-ILC指令間若是存在MILC指令的話，MILC指令被忽略。

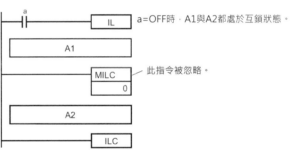

a=OFF時，A1與A2都處於互鎖狀態。

此指令被忽略。

- 複雜的分歧回路，若是使用MILH-MILC指令來取代的話，將可獲取更有效率的回路設計。

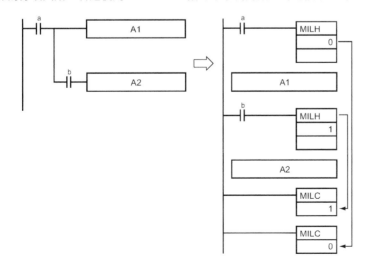

- MILH(MILR)-MILC指令可以執行巢狀結構，但是，IL-ILC指令不行，相同的回路使用兩種指令時，其差異性如下所示。
  - MILH-MILC指令

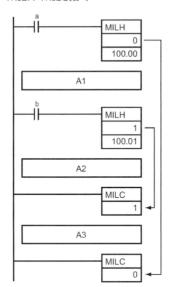

輸入條件		程式		
a	b	A1	A2	A3
OFF	ON	互鎖	互鎖	互鎖
	OFF			
ON	OFF	非互鎖	互鎖	非互鎖
ON	ON	非互鎖	非互鎖	非互鎖

- IL-ILC指令

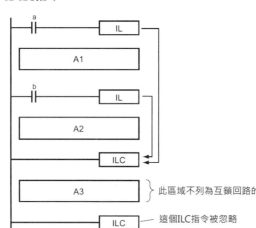

此區域不列為互鎖回路的一部分

這個ILC指令被忽略

輸入條件		程式		
a	b	A1	A2	A3
OFF	ON	互鎖	互鎖	
	OFF			
ON	OFF	非互鎖	互鎖	
ON	ON	非互鎖	非互鎖	

程式例

W0.00、W0.01兩個接點都ON時，MILH(互鎖編號0)-MILC(互鎖編號0)指令間的回路如同一般回路一樣的被執行。

當W0.00＝OFF時，MILH(互鎖編號0)-MILC(互鎖編號0)指令間的回路被互鎖。

當W0.00＝ON、W0.01＝OFF時，MILH(互鎖編號1)-MILC(互鎖編號1)指令間的回路被互鎖，其餘的回路正常。

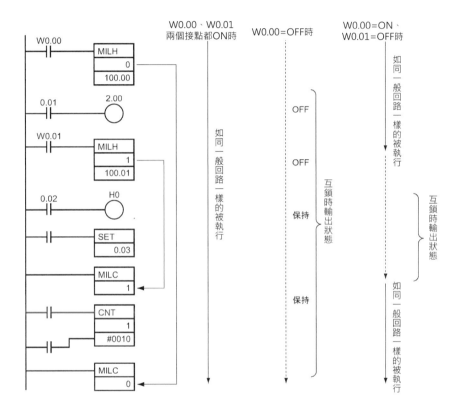

JMP/JME

指令名稱	指令記號	指令的各種組合	Fun No.	功能
跳躍	JMP	—	004	輸入條件OFF時，直接跳躍至JME指令
跳躍結束	JME	—	005	JMP或CJP指令跳躍的終點

	JMP	JME
記號	JMP N　　N：跳躍編號	JME N　　N：跳躍編號

可使用的程式

區域	功能區塊	區塊程式	工程步進程式	副程式	中斷任務程式	SFC動作/轉移條件
使用	×	○	×	○	○	×

運算元的說明

運算元	內容	資料型態	容量
N	跳躍編號	UINT	1

N：10進位的數值&0~1023或16進位的數值#0000~03FF [*1]

JME指令的N值可指定常數

 *1：CJ1M-CPU11/21時，10進位的數值&0~255或16進位的數值#0000~00FF

■ 運算元種類

內容		CH位址								間接DM/EM		常數	暫存器			TK	條件旗標	時鐘脈衝	TR
		CIO	WR	HR	AR	T	C	DM	EM	@DM @EM	*DM *EM		DR	IR直接	IR間接				
JMP	N	○	○	○	○	○	○	○	○	○	○	○ [*1]	○	—	○	—	—	—	—
JME	N	—	—	—	—	—	—	—	—	—	—		—	—	—	—	—	—	—

*1：CJ1M-CPU11/21時，10進位的數值&0~255或16進位的數值#0000~00FF

相關的條件旗標

■ JMP

名稱	標籤	內容
異常旗標	P_ER	• N的內容超出"10進位的數值&0~1023或16進位的數值#0000~0FFF" [*1]範圍時，ON。 • JMP指令找不到相同編號的JME指令時，ON。 • 相同編號的JME指令並不在同一個Task程式時，ON。 • 上述情況外，OFF。

*1：CJ1M-CPU11/21時，10進位的數值&0~255或16進位的數值#0000~00FF

■ JME

無相關旗標信號

功能

當JMP輸入條件OFF時，JMP(N)-JME(N)指令間的程式被跳過，被跳過時，代表該段程式內的指令全部不被執行，指令不被執行時，指令的輸出全保持在被跳過前的狀態。

當JMP輸入條件ON時，JMP(N)-JME(N)指令間的程式回路如同一般的程式被執行。

區塊程式內的JMP-JME指令間常時被跳過。

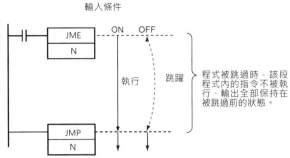

提示

- JMP/CJP/CJPN指令的跳躍條件成立時，程式直接跳至JME指令指行，由於JMP/CJP/CJPN-JME間的指令不被執行，因此，可縮短掃描週期。
- 執行JMP0指令時，JMP0-JME間的指令被當成NOP指令執行，NOP指令也是需要執行時間，因此，無法縮短掃描週期。

跳躍指令	JMP-JME	CJP-JME	CJPN-JME	JMP0-JME0
跳躍的輸入條件	OFF	ON	OFF	OFF
使用個數	合計1024個 (CJ1M-CPU11/21時，256個)			沒有限制
跳躍時的指令處理	非執行狀態			NOP處理
跳躍時的執行時間	無			NOP指令個數的處理時間
跳躍時的指令輸出	保持在跳躍前的狀態			
跳躍時計時器現在值的更新	繼續更新			
區塊區域的處理	無條件跳躍	ON跳躍	OFF跳躍	不可使用

使用時的注意事項

- 程式被跳過時，該段程式內的輸出全部保持在被跳過前的狀態。但是，對於TIM/TIMX/TIMH/TIMHX/TMHH/TMHHX/TIMU/TIMUX/TMUH/TMUHX等計時器指令，該指令一旦被起動的話，就算是指令不被執行的狀況下，計時器仍然照常計時。(TIMU/TIMUX及TMUH/TMUHX指令被跳躍指令跳過時，可能會有計時誤差產生，此點請注意)
- 程式中存在兩個同編號的JME指令時，以較小位址編號的JME指令有效、較大位址編號的JME指令無效。
- 跳躍方向從較大位址編號的JMP指令往較小位址編號的JME指令跳時，變成JME指令到JMP指令間被來回執行，此種情況下也會使得END指令被跳過，導致循環時間超過WDT設定時間。

- 區塊程式內，與JMP指令的輸入條件無關，JMP-JME指令間常時被跳過。

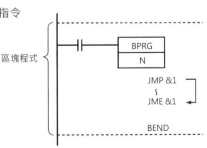

- JMP-JME指令請在同一個Task程式中配對使用，各Task程式間無法跳躍，將JMP與JME指令個別使用於不同Task程式時，PLC是為異常現象，異常旗標ON。
- JMP-JME指令間若是使用微分指令時，無法保證該微分指令會正常輸出，此點請注意。

程式例

0.00=OFF時，JMP-JME&1之間的指令不被執行，輸出保持在跳躍之前的狀態。

0.00=ON時，JMP-JME&1之間的指令正常的被執行。

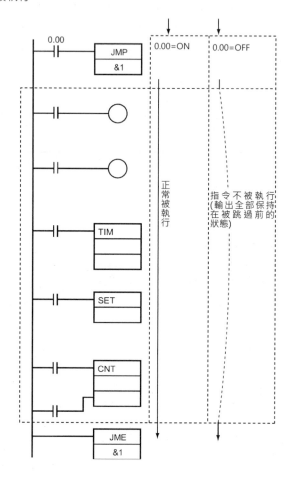

CJP/CJPN

指令名稱	指令記號	指令的各種組合	Fun No.	功能
有條件跳躍	CJP	—	510	輸入條件ON時，直接跳躍至JME指令。
反相條件跳躍	CJPN	—	511	輸入條件OFF時，直接跳躍至JME指令。

記號	CJP	CJPN
	┤├──┤ CJP │├── N：跳躍編號 　　　N	┤├──┤ CJPN │├── N：跳躍編號 　　　N

可使用的程式

區域	功能區塊	區塊程式	工程步進程式	副程式	中斷任務程式	SFC動作/轉移條件
使用	×	○	×	○	○	×

運算元的說明

運算元	內容	資料型態	容量
N	跳躍編號	UINT	1

N：10進位的數值&0~1023或16進位的數值#0000~03FF[*1]

　　JME指令的N指可指定常數

*1：CJ1M-CPU11/21時，10進位的數值&0~255或16進位的數值#0000~00FF

■ 運算元種類

內容		CH位址								間接DM/EM		常數	暫存器			TK	條件旗標	時鐘脈衝	TR
		CIO	WR	HR	AR	T	C	DM	EM	@DM @EM	*DM *EM		DR	IR直接	IR間接				
CJP	N	○	○	○	○	○	○	○	○	○	○	○[*1]	○	—	○	—	—	—	—
CJPN	N																		

*1：CJ1M-CPU11/21時，10進位的數值&0~255或16進位的數值#0000~00FF

相關的條件旗標

■ CJP/CJPN

名稱	標籤	內容
異常旗標	P_ER	• N的內容超出"10進位的數值&0~1023或16進位的數值#0000~03FF"[*1]範圍時，ON。 • 找不到相同編號的JME指令時，ON。 • 相同編號的JME指令並不在同一個Task程式時，ON。 • 上述情況外，OFF。

*1：CJ1M-CPU11/21時，10進位的數值&0~255或16進位的數值#0000~00FF

功能

■ CJP

當JMP輸入條件ON時，CJP(N)-JME(N)指令間的
程式被跳過，當JMP輸入條件OFF時，CJP (N)-
JME(N)指令間的程式回路如同一般的程式被執
行。

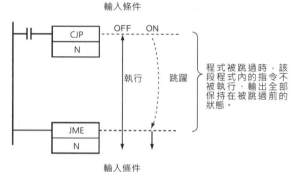

■ CJPN

當JMP輸入條件OFF時，CJP(N)-JME(N)指令間
的程式被跳過，當JMP輸入條件ON時，CJP (N)-
JME(N)指令間的程式回路如同一般的程式被執
行。

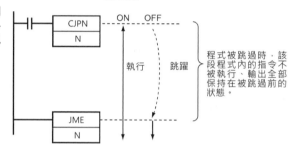

提示

• JMP/CJP/CJPN指令的跳躍條件成立時，程式直接跳至JME指令執行，由於JMP/CJP/CJPN-JME間的指
令不被執行，因此，可縮短掃描週期。

  執行JMP0指令時，JMP0-JME間的指令被當成NOP指令執行，NOP指令也是需要執行時間，因此，無
法縮短掃描週期。

跳躍指令	JMP-JME	CJP-JME	CJPN-JME	JMP0-JME0
跳躍的輸入條件	OFF	ON	OFF	OFF
使用個數	合計1024個(CJ1M-CPU11/21時，256個)			沒有限制
跳躍時的指令處理	非執行狀態			NOP處理
跳躍時的執行時間	無			NOP指令個數的處理時間
跳躍時的指令輸出	保持在跳躍前的狀態			
跳躍時計時器現在值的更新	繼續更新			
區塊程式的處理	無條件跳躍	ON跳躍	OFF跳躍	不可使用

使用時的注意事項

• CJP指令於輸入條件ON時，程式被跳過時，動作與JMP指令剛好相反。

• 程式被跳過時，該段程式內的輸出全部保持在被跳過前的狀態。但是，對於TIM/TIMX/TIMH/TIMHX/
TMHH/TMHHX/TIMU/TIMUX/TMUH/TMUHX等計時器指令，該指令一旦被起動的話，就算是指令不
被執行的狀況下，計時器仍然照常計時。(TIMU/TIMUX及TMUH/TMUHX指令被跳躍指令跳過時，可
能會有計時誤差產生，此點請注意)

• 程式中存在兩個同編號的JME指令時，以較小位址編號的JME指令有效、較大位址編號的JME指令無
效。

• 跳躍方向從較大位址編號的CJP指令往較小位址編號的JME指令跳時，變成JME指令到CJP指令間被來回
執行，此種情況下也會使得END指令被跳過，導致循環時間超過WDT設定時間。

• 區塊程式內，與CJP指令的輸入條件無關，CJP-JME指令間常時被跳過。

• CJP-JME指令請在同一個Task程式中配對使用，各Task程式間無法跳躍，將CJP與JME指令個別使用於
不同Task程式時，PLC視為異常現象，異常旗標ON。

• CJP-JME指令間若是使用微分指令時，無法保證該微分指令會正常輸出，此點請注意。

程式例

■ CJP

0.00=ON時，CJP-JME&1之間的指令不被執行，輸出保持在跳躍之前的狀態。

0.00=OFF時，CJP-JME&1之間的指令正常的被執行。

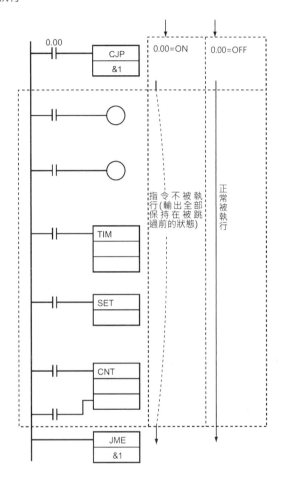

JMP0/JME0

指令名稱	指令記號	指令的各種組合	Fun No.	功能
複數跳躍	JMP0	—	515	輸入條件OFF時，JMP0的下一個指令到JME0指令為止被當成NOP指令處理。
複數跳躍結束	JME0	—	516	JMP0指令跳躍的終點

記號	JMP0	JME0
	┤├─[JMP0]─	├─[JME0]─

可使用的程式

區域	功能區塊	區塊程式	工程步進程式	副程式	中斷任務程式	SFC動作/轉移條件
使用	○	×	×	○	○	○

相關的條件旗標

無

功能

輸入條件OFF時，JMP0的下一個指令到JME0指令為止被當成NOP指令處理，當JMP0輸入條件ON時，JMP0-JME0指令間的程式正常被執行。

本指令與JMP/CJP/CJPN指令的差異性在於本指令不必指定編號，因此，可使用於程式中的任何一個地方。

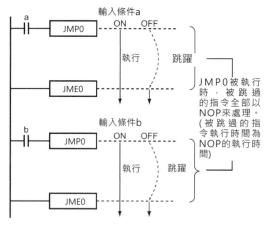

JMP0被執行時，被跳過的指令全部以NOP來處理。(被跳過的指令執行時間為NOP的執行時間)

提示

- JMP/CJP/CJPN指令的跳躍條件成立時，程式直接跳至JME指令指行，由於JMP/CJP/CJPN-JME間的指令不被執行，因此，可縮短掃描週期。
- 執行JMP0指令時，JMP0-JME間的指令被當成NOP指令執行，NOP指令也是需要執行時間，因此，無法縮短掃描週期。

跳躍指令	JMP-JME	CJP-JME	CJPN-JME	JMP0-JME0
跳躍的輸入條件	OFF	ON	OFF	OFF
使用個數	合計1024個(CJ1M-CPU11/21時，256個)			沒有限制
跳躍時的指令處理	非執行狀態			NOP處理
跳躍時的執行時間	無			NOP指令個數的處理時間
跳躍時的指令輸出	保持在跳躍前的狀態			
區塊程式的處理	無條件跳躍	ON跳躍	OFF跳躍	不可使用

使用時的注意事項

- 不同於JMP/CJP/CJPN指令直接跳躍至JME0指令，JMP0指令不被執行時，JMP0-JME0間的指令被當成NOP指令執行，NOP指令需要執行時間，因此，無法縮短掃描週期。
- 同一程式中，JMP0-JME0指令可重複使用。
- 不可使用巢狀結構的JMP0-JME0指令(例: JMP0 ~ JMP0 ~ JME0 ~ JME0)。
- JMP0-JME0指令請在同一個Task程式中配對使用，各Task程式間無法跳躍，將JMP0與JME0指令個別使用於不同Task程式時，PLC視為異常現象，異常旗標ON。
- JMP0-JME0指令間若是使用微分指令時，無法保證該微分指令會正常輸出，此點請注意。

程式例

0.00=OFF時，CJP-JME&1之間的指令不被執行，輸出保持在跳躍之前的狀態。

0.00=ON時，CJP-JME&1之間的指令正常的被執行。

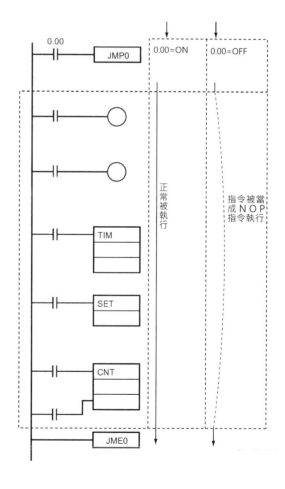

FOR/NEXT

指令名稱	指令記號	指令的各種組合	Fun No.	功能
迴圈開始	FOR	─	512	指定FOR~NEXT之間的程式被來回執行數次，之後往下執行。
迴圈結束	NEXT	─	513	FOR~NEXT迴圈結束

	FOR	NEXT
記號	FOR N　　N：迴圈次數	NEXT

可使用的程式

區域	功能區塊	區塊程式	工程步進程式	副程式	中斷任務程式	SFC動作/轉移條件
使用	○	X	○	○	○	○

運算元的說明

運算元	內容	資料型態	容量
N	迴圈次數	UINT	1

N：迴圈次數
　　10進位的數值&0~65536或16進位的數值#0000~FFFF

■ 運算元種類

內容	CH位址								間接DM/EM		常數	暫存器			TK	條件旗標	時鐘脈衝	TR
	CIO	WR	HR	AR	T	C	DM	EM	@DM @EM	*DM *EM		DR	IR直接	IR間接				
N	○	○	○	○	○	○	○	○	○	○	○	○	─	○	─	─	─	─

相關的條件旗標

名稱	標籤	內容
異常旗標	P_ER	• 巢狀結構超過15層時，ON。 • 上述情況外，OFF。
=旗標	P_EQ	OFF
負旗標	P_N	OFF

功能

FOR~NEXT之間的程式被無條件的執行N次，N次執行完畢後，往NEXT指令下面執行。

FOR~NEXT迴圈執行中欲跳脫時，請使用BREAK指令。N若是指定0的話，FOR~NEXT之間的程式被當成NOP指令來執行。

表單資料的寫入或讀出時，可使用本指令。

提示

希望有條件的情況下執行FOR~NEXT迴圈的話，下列兩種方法可供參考。

1. 於N次執行完成前，條件成立時，使用BREAK指令跳出迴圈。
2. 使用跳躍指令來取代FOR~NEXT指令，將JMP-JME指令顛倒成JME-JMP，也就是JMP指令跳過END指令後才到達JME指令，JME-JMP指令間存放一般程式，JMP-JME之間擺設迴圈的程式，當JMP輸入條件OFF時，JMP-JME之間程式被跳過，當JMP輸入條件ON時，JMP-JME之間程式被執行，亦即迴圈程式被執行，一直到條件OFF，JMP-JME之間程式又被跳過，代表迴圈程式被跳脫。此種方式必須注意JMP-JME之間程式的執行次數，因為END指令被跳過，WDT時間無法被復歸，會造成掃描週期超過WDT的設定時間而出現異常。

使用時的注意事項

* FOR~NEXT指令請配對使用，請使用在同一個Task程式裡，使用在不同Task程式裡的話，指令無法執行。
* FOR~NEXT可使用巢狀結構，如下圖所示，最多15層。

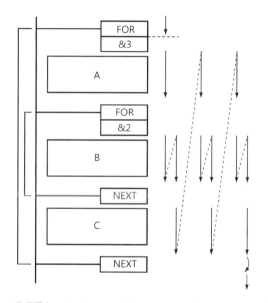

執行順序：A→B→C÷A→B→B→C÷A→B→B→C

- FOR~NEXT迴圈執行途中欲跳脫時，請使用BREAK指令，自巢狀結構的FOR~NEXT迴圈跳脫時，每一層FOR~NEXT迴圈請使用一個BREAK指令。
- 當BREAK指令被執行時，自BREAK到NEXT指令之間的程式以NOP來處理。

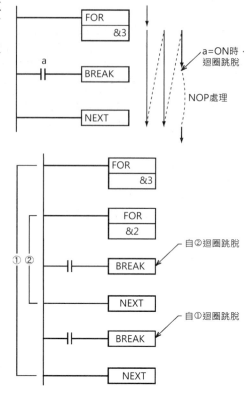

- FOR~NEXT之間執行跳躍程式(JMP等)時，請勿跳躍至FOR~NEXT以外的指令。
- FOR~NEXT指令間請勿使用下列指令。
  - 區塊程式
  - JMP0/JME0指令
  - SNXT/STEP指令
- FOR~NEXT指令間若是用到微分指令時，該微分指令只會動作一次，不會隨著迴圈來回動作。
  - UP指令、DOWN指令
  - DIFU指令、DIFD指令
  - 上微分指令(帶著@記號的指令)
  - 下微分指令(帶著%記號的指令)

程式例

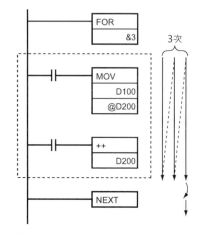

D100的內容被傳送至D200的間接指定暫存器裡。
使用++指令對D200加1，連續執行3次。

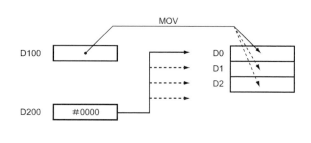

BREAK

指令名稱	指令記號	指令的各種組合	Fun No.	功能
迴圈跳脫	BREAK	—	514	中斷FOR~NEXT迴圈，至NEXT間以NOP來處理。

記號	BREAK
	┤├──[BREAK]──

可使用的程式

區域	功能區塊	區塊程式	工程步進程式	副程式	中斷任務程式	SFC動作/轉移條件
使用	○	×	○	○	○	○

相關的條件旗標

名稱	標籤	內容
異常旗標	P_ER	OFF
=旗標	P_EQ	OFF
負旗標	P_N	OFF

功能

本指令使用於FOR~NEXT之間。
當本指令的輸入條件ON的時候，FOR~NEXT迴圈的執行被強制中斷，從BREAK指令到NEXT指令間以NOP來處理。

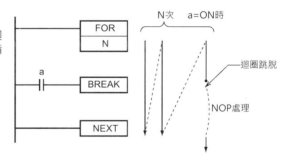

使用時的注意事項

• BREAK指令只對一個FOR~NEXT指令有效，巢狀結構迴圈時，每一個迴圈請使用一個BREAK指令。
• BREAK指令只可使用於FOR~NEXT指令當中。

計時器/計數器指令

指令記號	指令名稱	Fun No.	頁
TIM/TIMX	100ms計時器(一 般計時器)	550	124
TIMH	10ms計時器(高速計時器)	015	127
TIMHX		551	
TMHH	1ms計時器(超高速計時器)	540	130
TMHHX		552	
TIMU	0.1ms計時器	541	132
TIMUX		556	
TMUH	0.01ms計時器	544	134
TMUHX		557	
TTIM	累加計時器	087	136
TTIMX		555	
TIML	長時間計時器	542	139
TIMLX		553	
MTIM	多段輸出計時器	543	142
MTIMX		554	
CNT/CNTX	計數器	546	145
CNTR	正反計數器	012	148
CNTRX		548	
CNR	計時器/計數器復歸	545	151
CNRX		547	
TREST	計時器復歸	549	153

計時器指令

計時器/計數器的現在值更新方式。

■ 概要

計時器/計數器指令現在值的計時/計數方式分成「BCD方式」及「BIN方式」兩種。

方式	內容	設定範圍	設定值
BCD方式	計時器設定值以BCD方式來設定。	0~9,999	#0000~9999
BIN方式	計時器設定值以BIN方式來設定。	0~65,535	&0~65535或#0000~FFFF

計時器/計數器指令的設定值一般為常數外，也可以指定CH(間接方式)來取代常數。設定值指定CH時，現在值的計時/計數方式也是根據「BCD方式」或「BIN方式」的設定來做為計時/計數的依據。

■ 應用指令

指令分類	指令名稱	指令記號	
		BCD方式	BIN方式
計時器/計數器指令	100ms計時器(計時器)	TIM	TIMX(550)
	10ms計時器(高速計時器)	TIMH(015)	TIMHX(551)
	1ms計時器(超高速計時器)	TMHH(540)	TMHHX(552)
	0.1ms計時器	TIMU(541)	TIMUX(556)
	0.01ms計時器	TMUH(544)	TMUHX(557)
	累加計時器(100ms)	TTIM(087)	TTIMX(555)
	長時間計時器(100ms)	TIML(542)	TIMLX(553)
	多段輸出計時器(100ms)	MTIM(543)	MTIMX(554)
	計數器	CNT	CNTX(546)
	正反計數器	CNTR(012)	CNTRX(548)
	計時器/計數器復歸	CNR(545)	CNRX(547)
區塊程式指令	100ms計時器等待(計時器等待)	TIMW(813)	TIMWX(816)
	10ms計時器等待(高速計時器等待)	TMHW(815)	TMHWX(817)
	計數器等待	CNTW(814)	CNTWX(818)

■ 現在值計時/計數的設定方法

* CS1-H/CS1D/CJ1-H/CJ1M CPU模組

  一個專案的成立時，必須先選擇BIN或BCD。於CX-Programmer編輯軟體下，PLC屬性的「計時器/計數器以BIN執行」的選項來設定。

* CJ2 CPU模組

  一個專案內，BIN或BCD現在值可混合使用。於CX-Programmer編輯軟體下，不必設定PLC屬性的選項。

基本功能一覽表

指令名稱	指令記號	計時	單位	最大設定值	計時器點數/指令	計時器編號	時間到旗標的更新時序	計時器現在值更新時序(註)	復歸時	
									時間到旗標	現在值
100ms計時器	TIM / TIMX	減算	100ms	999.9秒 / 6553.5秒	1點	使用	指令執行時	全部的程式執行完畢時，掃描時間若是超過80ms的話，每80ms更新	OFF	設定值
10ms計時器	TIMH / TIMHX	減算	10ms	99.99秒 / 655.35秒	1點	使用	指令執行時	全部的程式執行完畢時，掃描時間若是超過10ms的話，每10ms更新	OFF	設定值
1ms計時器	TMHH / TMHHX	減算	1ms	9.999秒 / 65.535秒	1點	使用	指令執行時	每1ms更新	OFF	設定值
0.1ms計時器[*1]	TIMU / TIMUX	減算	0.1ms	0.9999秒 / 6.5535秒	1點	使用	指令執行時	—	OFF	—

指令名稱	指令記號	計時	單位	最大設定值	計時器點數/指令	計時器編號	時間到旗標的更新時序	計時器現在值更新時序	復歸時 時間到旗標	復歸時 現在值
0.01ms計時器[*1]	TMUH	減算	0.01ms	0.09999秒	1點	使用	指令執行時	—	OFF	—
	TMUHX			0.65535秒						
累加計時器	TTIM	累加	100ms	999.99秒	1點	使用	指令執行時	只有指令執行時	OFF	0
	TTIMX			6553.5秒						
長時間計時器	TIML	減算	100ms	115日	1點	不能使用	指令執行時	只有指令執行時	OFF	設定值
	TIMLX			49710日						
多段輸出計時器	MTIM	累加	100ms	999.9秒	8點	不能使用	指令執行時	只有指令執行時	OFF	0
	MTIMX			6553.5秒						

註：計時器編號不同，計時更新時序也不同，詳細請參考各指令的說明。

各種條件下的動作變化

指令名稱	指令記號	各種條件 動作模態變更時	斷電復歸時	CNR/CNRX指令執行時	JMP-JME指令跳躍時	IL-ILC指令互鎖時	強制ON時 時間到旗標	強制ON時 現在值	強制OFF時 時間到旗標	強制OFF時 現在值
100ms計時器	TIM	現在值=0、時間到旗標=OFF	現在值=0、時間到旗標=OFF	現在值=9999 時間到旗標=OFF / 現在值=OFF 時間到旗標=OFF	起動中更新	復歸 (現在值=設定值、時間到旗標=OFF)	ON	0	OFF	設定值
	TIMX									
10ms計時器	TIMH	現在值=0、時間到旗標=OFF	現在值=0、時間到旗標=OFF	現在值=9999 時間到旗標=OFF / 現在值=OFF 時間到旗標=OFF	起動中更新	復歸 (現在值=設定值、時間到旗標=OFF)	ON	0	OFF	設定值
	TIMHX									
1ms計時器	TMHH	現在值=0、時間到旗標=OFF	現在值=0、時間到旗標=OFF	現在值=9999 時間到旗標=OFF / 現在值=OFF 時間到旗標=OFF	起動中更新	復歸 (現在值=設定值、時間到旗標=OFF)	ON	0	OFF	設定值
	TMHHX									
0.1ms計時器[*1]	TIMU	現在值=0、時間到旗標=OFF	現在值=0、時間到旗標=OFF	現在值=9999 時間到旗標=OFF / 現在值=OFF 時間到旗標=OFF	起動中更新	復歸 (現在值=設定值、時間到旗標=OFF)	ON	—	OFF	—
	TIMUX									
0.01ms計時器[*1]	TMUH	現在值=0、時間到旗標=OFF	現在值=0、時間到旗標=OFF	現在值=9999 時間到旗標=OFF / 現在值=OFF 時間到旗標=OFF	起動中更新	復歸 (現在值=設定值、時間到旗標=OFF)	ON	—	OFF	—
	TMUHX									
累加計時器	TTIM	現在值=0、時間到旗標=OFF	現在值=0、時間到旗標=OFF	現在值=9999 時間到旗標=OFF / 現在值=OFF 時間到旗標=OFF	保持	保持	ON	0	OFF	0
	TTIMX									
長時間計時器	TIML	—	—	不能使用	保持	復歸 (現在值=設定值、時間到旗標=OFF)	—	—	—	—
	TIMLX									
多段輸出計時器	MTIM	—	—	不能使用	保持	保持	—	—	—	—
	MTIMX									

*1：0.1ms、0.01ms計時器的現在值無法參考。

計時器/計數器指令的程式例

(1) 長時間計時器

1) TIM + TIM (例：30分鐘延遲回路)

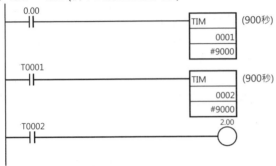

指令	資料
LD	0.00
TIM	1
	#9000
LD	T0001
TIM	2
	#9000
LD	T0002
OUT	2.00

2) TIM + CNT (例：500秒鐘延遲回路)

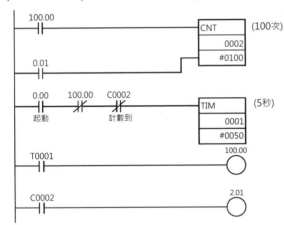

指令	資料
LD	100.00
LD	0.01
CNT	2
	#0100
LD	0.00
AND NOT	100.00
ANT NOT	C0002
TIM	1
	#0050
LD	T0001
OUT	100.00
LD	C0002
OUT	2.01

- 起動信號0.00＝ON時，TIM1每5秒鐘送出一次脈波、C2就計數1次，計數到100次，也就是(5秒X100次=500秒)時，C2時間到，2.01輸出。

- 計數器具停電保持功能，因此，計數中途就算是斷電時，計數器不會被復歸。

3) 時鐘脈衝 + 計數器 (例：700秒鐘延遲回路)

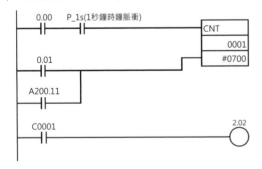

指令	資料
LD	0.00
AND	1s
LD NOT	0.01
CNT	1
	#0700
LD	C0001
OUT	2.02

- 使用PLC 內部的時鐘脈衝來當計數器的觸發端也可做成長時間的計時延遲回路。

(2) 多位數計數器 (例：20,000次)

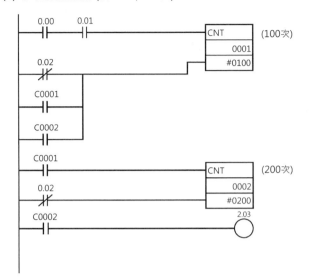

指令	資料
LD	0.00
AND	0.01
LD NOT	0.02
OR	C0001
OR	C0002
CNT	1
	#0100
LD	C0001
LD NOT	0.02
CNT	2
	#0200
LD	C0002
OUT	2.03

• 計數超過9999次的計數回路。

(3) ON/OFF延遲回路

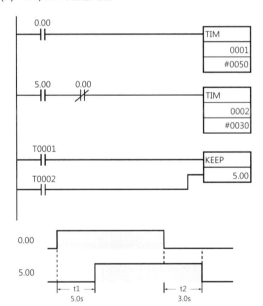

指令	資料
LD	0.00
TIM	1
	#0050
LD	5.00
AND NOT	0.00
TIM	2
	#0030
LD	T0001
LD	T0002
KEEP (011)	5.00

(4) 一次觸發回路

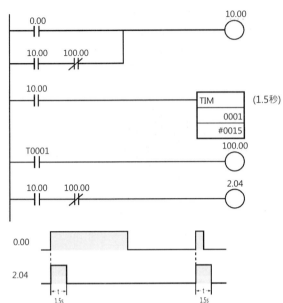

指令	資料
LD	0.00
LD	10.00
AND NOT	100.00
OR LD	—
OUT	10.00
LD	10.00
TIM	1
	#0015
LD	T0001
OUT	100.00
LD	10.00
AND NOT	100.00
OUT	2.04

- 輸入信號0.00＝ON時，輸出信號2.04只做TIM1設定時間的輸出。

(5) 閃爍回路
　1) 使用兩個計時器

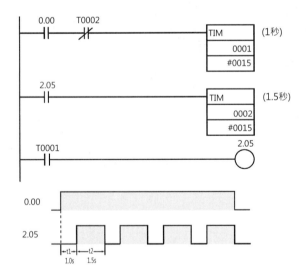

指令	資料
LD	0.00
AND NOT	T0002
TIM	1
	#0010
LD	2.05
TIM	2
	#0015
LD	T0001
OUT	2.05

　2) 使用時鐘脈衝

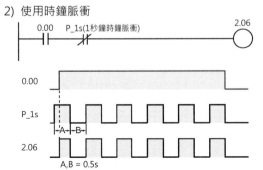

指令	資料
LD	0.00
AND	1s
OUT	2.06

- 使用PLC 內部的時鐘脈衝(0.1秒、0.2秒、1秒)即可輕易的設計出閃爍回路。

PLC 內部時鐘脈衝的種類及編號請參考「CJ系列 CJ2 CPU模組操作手冊 硬體篇」(SBCA-350)。

關於計時器/計數器編號的間接指定

- 計時器/計數器的編號可以使用間接指定暫存器來達到間接指定的目的。

  使用MOVRW指令來設定間接指定計時器/計數器編號的內容。

  只要是必須指定計時器編號的指令(TIM/TIMX、TIMH/TIMHX、TMHH/TMHHX、TIMU/TIMUX、TMUH/TMUHX、TTIM/TTIMX、CNT/CNTX、CNTR/CNTRX、TIMW/TIMWX、CNTW/CNTWX、TMHW/TMHWX)均可使用間接指定暫存器來間接指定。

- 使用間接指定暫存器來間接指定計時器/計數器的編號，該編號若是超過正常的範圍時，該指令無法執行。

- 以下回路為計時器/計數器編號間接指定的程式例，使用間接指定可節省大量的程式位址。

■ **回路例：多個TIM指令使用間接指定來起動**

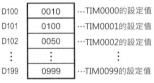

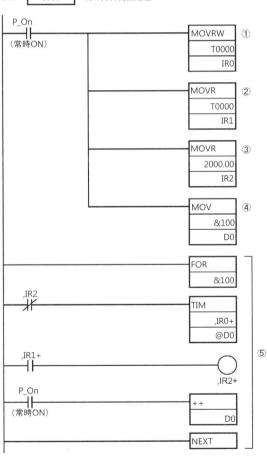

- 左邊的回路中，使用間接指定來起動100個TIM指令(T0~T99)，而100個TIM指令所使用的設定值，也是使用間接指定將D100~D199的內容寫入至T0~T99當中。

①間接指定暫存器IR0用來設定TIM0000的現在值區域的記憶位置。

②間接指定暫存器IR1用來設定TIM0000的旗標位置。

③間接指定暫存器IR2用來設定內部補助繼電器2000.00的旗標位置。

④為了間接指定D100，D0的內容被設定為100。

⑤IR0、IR1、IR2、D0的內容於FOR~NEXT迴圈中，每一次加1，FOR~NEXT迴圈被反覆執行100次，T0000~T0099被起動。

IR0　負責TIM的現在值位址

IR1　負責TIM的旗標位址

IR2　為了設定TIM指令所使用的內部補助繼電器位址。

D0　於FOR~NEXT迴圈中，內容呈現100~199變化，用來間接指定D100~D199的內容當成T0~T99的設定值。

前一頁的程式，若是不使用間接指定暫存器而使用一般指令來設計的話，程式如下。

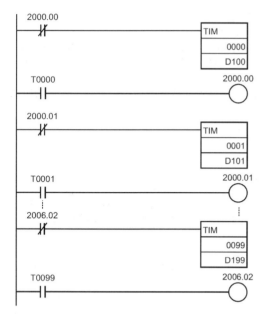

■ 計時器復歸的方法
計時器復歸的方法有下列3種。

1. 使用計時器復歸指令

計時器復歸指令TRSET被執行時，指定的計時器現在值被復歸成設定值。
TRSET指令只能指定1點計時器作復歸，計時器/計數器復歸指令CNR則是可以指定一個範圍的計時器/計數器作復歸。
對於執行中的計時器指令於一次掃描時間內強制其重新起動時，使用本指令。

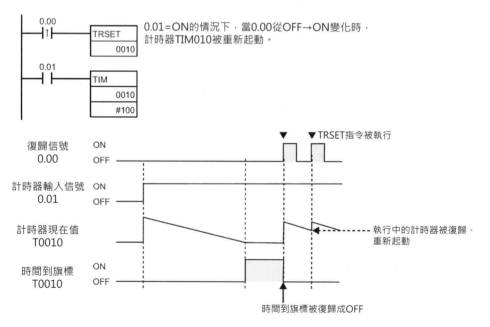

2. 將計時器指令的輸入條件OFF

計時器指令的輸入條件OFF時，計時器被復歸成設定值。
計時器指令的輸入條件ON時，計時器開始計時。
這樣的作法無法在同一個掃描時間內執行復歸及起動的操作。

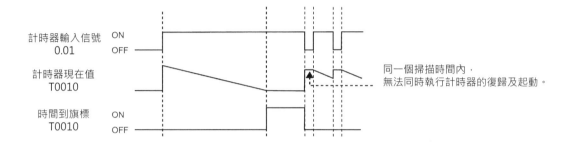

計時器輸入信號0.01=ON的時候，計時器TIM010計時。
計時器輸入信號0.01=OFF的時候，計時器TIM010被復歸。

3. 使用計時器/計數器復歸指令

計時器/計數器復歸指令(CNR/CNRX)被執行時，指定的計時器現在值被復歸成設定值。
本指令可用來指定一個範圍的計時器作復歸。
本指令的使用範圍與計時器復歸指令(TRSET)相同。

TIM/TIMX

指令名稱	指令記號	指令的各種組合	Fun No.	功能
100ms計時器 (一般計時器)	TIM/TIMX	—	550	0.1秒為單位、減算型計時器。

記號	TIM	TIMX
	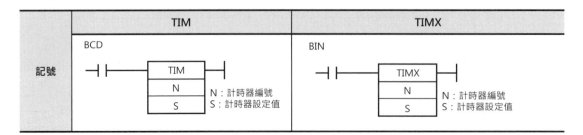	

記號欄：

BCD　TIM　N：計時器編號　S：計時器設定值

BIN　TIMX　N：計時器編號　S：計時器設定值

可使用的程式

區域	功能區塊	區塊程式	工程步進程式	副程式	中斷任務程式	SFC動作/轉移條件
使用	○	X	○	○	X	○

運算元的說明

運算元	內容	資料型態 TIM	資料型態 TIMX	容量
N	計時器編號	TIMER	TIMER	1
S	計時器設定值	WORD	UINT	1

N：計時器編號
　10進位數值0~4095

S：計時器設定值(0.1秒為單位)
　TIM (BCD)：#0000~9999
　TIMX (BIN)：10進位數值&0~65535或16進位數值#0000~FFFF

■ 運算元種類

內容	CIO	WR	HR	AR	T	C	DM	EM	@DM @EM	*DM *EM	常數	DR	IR直接	IR間接	TK	條件 旗標	時鐘 脈衝	TR
N	—	—	—	—	○	—	—	—	—	—	—	—	—	○	—	—	—	—
S	○	○	○	○		○	○	○	○	○	○	○						

相關條件旗標

名稱	標籤	內容
異常旗標	P_ER	• N的計時器編號使用IR來間接定址時，計時器的編號超出可使用範圍時，ON。 • 選擇「BCD方式」時，S的資料型態並非BCD值的時候，ON
=旗標	P_EQ	沒有變化[*1]
負旗標	P_N	沒有變化[*1]

*1：CS1/CJ1/CS1D(二重化系統)CPU模組時，OFF。

功能

- 計時器輸入信號OFF時，N所指定的計時器編號被復歸。(計時器的現在值等於設定值、時間到旗標OFF)。

- 計時器輸入信號ON時，計時器以減算的形式開始計時，當計時器的現在值等於0的時候，時間到旗標ON。

- 計時器時間到之後，時間到旗標ON狀態被保持住，一直到計時器輸入信號OFF→ON變化時，或者是現在值不等於0 (例：使用MOV指另寫入新值)的時候，計時器才會再度計時。

- 計時器的設定時間如下所示。
  - TIM (BCD)：0~999.9秒
  - TIMX (BIN)：0~6553.5秒
- 計時器的精度：-0.01~0秒

注意：CS1D CPU模組的計時器精度為±(10ms+掃描時間)。
CJ1-H-R CPU模組(Ver.4.1)的計時器精度為0.01~0秒。

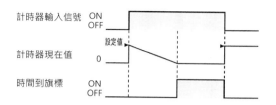

(時間到之前，計時器輸入信號變成OFF時)

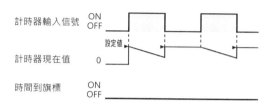

提示

TIM/ TIMX指令的現在值與時間到旗標於下列時序執行更新動作。

T0000~T2047的時候

更新時序	內容
1) 各指令執行時	• 每次指令被執行時，現在值就被更新。 • 現在值=0、時間到旗標ON，現在值≠0、時間到旗標OFF。
2) 全體指令執行完畢時	每次掃描裡，現在值就被更新一次。
3) 每80ms更新	掃描超過80ms時，現在值每80ms被更新一次

T2048~T4095的時候

更新時序	內容
各指令執行時	• 每次指令被執行時，現在值就被更新。 • 現在值=0、時間到旗標ON，現在值≠0、時間到旗標OFF。

- 電源斷電時，計時器被復歸(計時器的現在值等於設定值、時間到旗標OFF)。希望在斷電時，計時器的現在值仍獲得保持的話，請使用內部時鐘脈衝接點與計數器所組合的計時器回路，如右圖所示。

- 計時器的設定值被設定為#0000的話，指令一執行、時間到旗標馬上ON。

使用時的注意事項

- 計時器的編號不可重複使用，計時器的編號重複使用的話，可能會有誤動作產生，此點請注意。計時器的編號被重複使用時，PLC判定為「輸出線圈重複使用」。但是，若是能讓兩個同號計時器不同時被執行的話，同一程式中重複使用相同的計時器的編號也是可能。

- 掃描時間若是超過100ms時，計時器T2048~T4095無法正確的計時，此種情況下，請使用計時器T0~T2047。

- 計時器T0~T2047於Task待機中，現在值仍然會被更新、計時器T2048~T4095於Task待機中，現在值被保持。

- 計時器於下列的情況下會被復歸或保持。

	運轉模態切換時 (Program→Run或Monitor) (註1)	斷電後復歸 時(註2)	CNR/CNRX (計時器/計數器復歸) 指令被執行時(註3)	於IL-ILC 回路間互鎖時	被JMP-JME指令 跳過時
現在值	0	0	BCD方式：#9999 BIN方式：#FFFF	設定值	現在值繼續更新
時間到旗標	OFF	OFF	OFF	OFF	保持在被跳過前的 狀態

註1：I/O記憶體保持旗標(A500.12)設定為1(ON)時，運轉模態被切換時仍保持先前的狀態。
註2：I/O記憶體保持旗標(A500.12)設定為1(ON)、PLC System選項「電源ON時I/O記憶體保持旗標保持/非保持設定」設定在保
　　　持時，斷電恢復通電時仍保持先前的狀態。
註3：現在值被復歸與設定值相同。

- IL-ILC輸入條件OFF，IL-ILC回路內的計時器被復歸、現在值=設定值、時間到旗標OFF。
- JMP/CJMP/CJPN-JME之間的回路被跳過時，起動中的計時器現在值仍然會被更新[*1]。(回路被跳躍指令
  跳過時，回路內的指令處於不執行狀態，因此，只有在全體程式被執行完畢時，計時器現在值才會被更
  新)

  *1：CS1D CPU模組時，不會更新。
- 強制計時器ON的時候，時間到旗標會變成ON、計時器現在值=0，強制計時器OFF的時候，時間到旗
  標會變成OFF、計時器現在值=設定值。
- 時間到旗標的ON/OFF只有在計時器指令被執行時才會更新，因此，於程式中，計時器接點的ON/OFF
  狀態勢必比時間到旗標的ON/OFF慢一次掃描時間，使用時請注意。
- 「ON-LINE程式編輯」的狀態下欲變更計時器時，請先強制該時間到旗標OFF，否則，變更後的計時器
  無法正常動作。
- 使用「模組間同步控制功能」時，有下列的各項限制。
  - 掃描時間超過100ms時，計時器無法正確計時。
  - 停止中Task程式內的TIM/TIMX指令或者是被JMP/CJMP/CJPN-JME指令跳過的TIM/TIMX指令，計
    時器最大精度可誤差為-10ms。

程式例

計時器輸入信號0.00=ON時，計時器從設定值的數值開始減算計時。
當計時器現在值=0的時候，時間到旗標T0000=ON。
當計時器輸入信號0.00=OFF時，計時器現在值被復歸成設定值、時間到旗標T0000變成OFF。

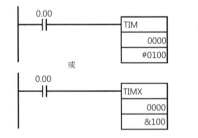

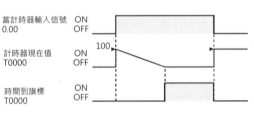

TIMH/TIMHX

指令名稱	指令記號	指令的各種組合	Fun No.	功能
10ms計時器 (高速計時器)	TIMH	—	015	0.01秒為單位、減算型計時器。
	TIMHX	—	551	

	TIMH	TIMHX
記號	BCD TIMH N S N：計時器編號 S：計時器設定值	BIN TIMXH N S N：計時器編號 S：計時器設定值

可使用的程式

區域	功能區塊	區塊程式	工程步進程式	副程式	中斷任務程式	SFC動作/轉移條件
使用	○	X	○	○	X	○

運算元的說明

運算元	內容	資料型態 TIM	資料型態 TIMX	容量
N	計時器編號	TIMER	TIMER	1
S	計時器設定值	WORD	UINT	1

N：計時器編號
　　10進位數值0~4095

S：計時器設定值(0.1秒為單位)
　　TIM (BCD)：#0000~9999
　　TIMX (BIN)：10進位數值&0~65535或16進位數值#0000~FFFF

■ 運算元種類

內容	CH位址 CIO	WR	HR	AR	T	C	DM	EM	間接DM/EM @DM @EM	*DM *EM	常數	暫存器 DR	IR直接	IR間接	TK	條件旗標	時鐘脈衝	TR
N	—	—	—	—	○	—	—	—	—	—	—	—	—	○	—	—	—	—
S	○	○	○	○		○	○	○	○	○	○	○	—	○	—	—	—	—

相關條件旗標

名稱	標籤	內容
異常旗標	P_ER	• N的計時器編號使用IR來間接定址時，計時器的編號超出可使用範圍時，ON。 • 選擇「BCD方式」時，S的資料型態並非BCD值的時候，ON
=旗標	P_EQ	沒有變化[1]
負旗標	P_N	沒有變化[1]

*1：CS1/CJ1/CS1D(二重化系統)CPU模組時，OFF。

功能

- 計時器輸入信號OFF時,N所指定的計時器編號被復歸。(計時器的現在值等於設定值、時間到旗標OFF)。

- 計時器輸入信號ON時,計時器以減算的形式開始計時,當計時器的現在值等於0的時候,時間到旗標ON。

- 計時器時間到之後,時間到旗標ON狀態被保持住,一直到計時器輸入信號OFF→ON變化時,或者是現在值不等於0 (例:使用MOV指另寫入新值)的時候,計時器才會再度計時。

- 計時器的設定時間如下所示。

  - TIM (BCD):0~99.99秒

  - TIMX (BIN):0~655.35秒

- 計時器的精度:-0.01~0秒。CS 1D CPU模組的計時器精度為±(10ms+掃描時間)。

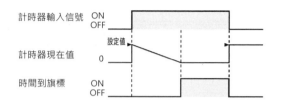

(時間到之前,計時器輸入信號變成OFF時)

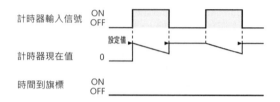

提示

TIMH/TIMHX指令的現在值與時間到旗標於下列時序執行更新動作。

T0000~T0255的時候

更新時序	內容
1) 各指令執行時	現在值=0、時間到旗標ON,現在值≠0、時間到旗標OFF。
2) 每10ms更新	每10ms,現在值就被更新

T0256~T2047的時候

更新時序	內容
1) 各指令執行時	• 每次指令被執行時,現在值就被更新。 • 現在值=0、時間到旗標ON,現在值≠0、時間到旗標OFF。
2) 全體指令 執行完畢時	每一次循環結束,現在值就被更新。
3) 每80ms更新	循環時間超過80ms的話,每80ms更新。

T2048~T4095的時候

更新時序	內容
各指令執行時	• 每次指令被執行時,現在值就被更新。 • 現在值=0、時間到旗標ON, 現在值≠0、時間到旗標OFF。

使用時的注意事項

- 計時器的編號不可重複使用,計時器的編號重複使用的話,可能會有誤動作產生,此點請注意。計時器的編號被重複使用時,PLC判定為「輸出線圈重複使用」。但是,若是能讓兩個同號計時器不同時被執行的話,同一程式中重複使用相同的計時器的編號也是可能。

- 掃描時間若是超過100ms時,計時器T2048~T4095無法正確的計時,此種情況下,請使用計時器T0~T2047。

- TIMH/TIMHX指令針對T0~T255,計時器現在值每10ms會自動更新。

- 計時器T0~T2047於Task待機中,現在值仍然會被更新、計時器T2048~T4095於Task待機中,現在值被保持。

- 計時器於下列的情況下會被復歸或保持。

- CS/CJ系列與CVM1/CV系列的不同點,CS/CJ系列的時間到旗標於指令被執行時更新。

- 計時器於下列的情況下會被復歸或保持。

	運轉模態切換時 (Program→Run或Monitor) (註1)	斷電後復歸時(註2)	CNR/CNRX (計時器/計數器復歸) 指令被執行時(註3)	於IL-ILC 回路間互鎖時	被JMP-JME指令 跳過時
現在值	0	0	BCD方式：#9999 BIN方式：#FFFF	設定值	現在值繼續更新
時間到旗標	OFF	OFF	OFF	OFF	保持在被跳過前的狀態

註1：I/O記憶體保持旗標(A500.12)設定為1(ON)時，運轉模態被切換時仍保持先前的狀態。
註2：I/O記憶體保持旗標(A500.12)設定為1(ON)、PLC System選項「電源ON時I/O記憶體保持旗標保持/非保持設定」設定在保持時，斷電恢復通電時仍保持先前的狀態。
註3：現在值被復歸與設定值相同。

- JMP/CJMP/CJPN-JME之間的回路被跳過時，起動中的計時器T0~2047現在值仍然會被更新[*1]。
  (回路被跳躍指令跳過時，回路內的指令處於不執行狀態，因此，每10ms或全體程式被執行完畢時，計時器現在值才會被更新)
  *1：CS1D CPU模組時，不會更新。
- IL-ILC輸入條件OFF，IL-ILC回路內的計時器被復歸、現在值=設定值、時間到旗標OFF。
- 強制計時器ON的時候，時間到旗標會變成ON、計時器現在值=0，強制計時器OFF的時候，時間到旗標會變成OFF、計時器現在值=設定值。
- 時間到旗標的ON/OFF只有在計時器指令被執行時才會更新，因此，於程式中，計時器接點的ON/OFF狀態勢必比時間到旗標的ON/OFF慢一次掃描時間，使用時請注意。
- 「ON-LINE程式編輯」的狀態下欲變更計時器時，請先強制該時間到旗標OFF，否則，變更後的計時器無法正常動作。
- 使用「模組間同步控制功能」時，有下列的各項限制。
- 掃描時間超過100ms時，計時器無法正確計時。
- 停止中Task程式內的TIMH/TIMHX指令或者是被JMP/CJMP/CJPN-JME指令跳過的TIMH/TIMHX指令，計時器最大精度可誤差為-10ms。

程式例

計時器輸入信號0.00=ON時，計時器從設定值的數值開始減算計時。
1秒鐘(10msx100)後，計時器現在值=0、時間到旗標T0000=ON。
當計時器輸入信號0.00=OFF時，計時器現在值被復歸成設定值、時間到旗標T0000變成OFF。

TMHH/TMHHX

指令名稱	指令記號	指令的各種組合	Fun No.	功能
1ms計時器 (超高速計時器)	TMHH	—	540	0.001秒為單位、減算型計時器。
	TMHHX	—	552	

	TMHH	TMHHX
記號	BCD ─┤├─ ┌─────┐ 　　　│ TMHH │ 　　　├─────┤ 　　　│　N　│ N：計時器編號 　　　├─────┤ 　　　│　S　│ S：計時器設定值 　　　└─────┘	BIN ─┤├─ ┌──────┐ 　　　│ TMHHX │ 　　　├──────┤ 　　　│　N　 │ N：計時器編號 　　　├──────┤ 　　　│　S　 │ S：計時器設定值 　　　└──────┘

可使用的程式

區域	功能區塊	區塊程式	工程步進程式	副程式	中斷任務程式	SFC動作/轉移條件
使用	○	X	○	○	X	X[*1]

*1：CJ1-H-R/CJ2 CPU模組時，可以。

運算元的說明

運算元	內容	資料型態 TIM	資料型態 TIMX	容量
N	計時器編號	TIMER	TIMER	1
S	計時器設定值	WORD	UINT	1

N：計時器編號
　　10進位數值0~4095 (CJ1-H-R/CJ2 CPU模組時0~4095) (10進位數值0~15(其他CPU模組))

S：計時器設定值(0.1秒為單位)
　　TMHH (BCD)：#0000~9999
　　TMHHX (BIN)：10進位數值&0~65535或16進位數值#0000~FFFF

■ 運算元種類

內容	CIO	WR	HR	AR	T	C	DM	EM	@DM @EM	*DM *EM	常數	DR	IR直接	IR間接	TK	條件旗標	時鐘脈衝	TR
N	—	—	—	—	○	—	—	—	—	—	—	—		○				—
S	○	○	○	○		○	○	○	○	○	○	○						

相關條件旗標

名稱	標籤	內容
異常旗標	P_ER	• N的計時器編號使用IR來間接定址時，計時器的編號超出可使用範圍時，ON。 • 選擇「BCD方式」時，S的資料型態並非BCD值的時候，ON
=旗標	P_EQ	沒有變化[*1]
負旗標	P_N	沒有變化[*1]

*1：CS1/CJ1/CS1D(二重化系統)CPU模組時，OFF。

功能

- 計時器輸入信號OFF時，N所指定的計時器編號被復歸。(計時器的現在值等於設定值、時間到旗標OFF)。
- 計時器輸入信號ON時，計時器以減算的形式開始計時，當計時器的現在值等於0的時候，時間到旗標ON。
- 計時器時間到之後，時間到旗標ON狀態被保持住，一直到計時器輸入信號OFF→ON變化時，或者是現在值不等於0 (例: 使用MOV指另寫入新值)的時候，計時器才會再度計時。
- 計時器的設定時間如下所示。
  - TMHH (BCD) : 0~9.999秒
  - TMHHX (BIN) : 0~65.535秒

註 : 計時器的精度 : -0.001~0秒0。CS 1D CPU模組的計時器精度為±(10ms＋掃描時間)。CJ1-H-R CPU模組(Ver.4.1)的計時器精度為-0.01~0秒。

提示

TMHH/TMHHX指令的現在值與時間到旗標於下列時序執行更新動作。

T0000~T0015的時候[*1]

更新時序	內容
1) 各指令執行時	現在值＝0、時間到旗標ON，現在值≠0、時間到旗標OFF。
2) 每1ms更新	每10ms，現在值就被更新

*1 : Ver.4.1的 CJ-H-R CPU模組不支援。

T0016~T4095的時候[*2]

更新時序	內容
各指令執行時	現在值＝0、時間到旗標ON，現在值≠0、時間到旗標OFF。

*2 : 只有CJ1-H-R/CJ2 CPU模組有支援。

使用時的注意事項

- 計時器的編號不可重複使用，計時器的編號重複使用的話，可能會有誤動作產生，此點請注意。計時器的編號被重複使用時，PLC判定為「輸出線圈重複使用」。但是，若是能讓兩個同號計時器不同時被執行的話，同一程式中重複使用相同的計時器的編號也是可能。
- 時間到旗標的ON/OFF只有在計時器指令被執行時才會更新，因此，於程式中，計時器接點的ON/OFF狀態勢必比時間到旗標的ON/OFF慢一次掃描時間，使用時請注意。
- 計時器於下列的情況下會被復歸或保持。

	運轉模態切換時 (Program→Run或Monitor) (註1)	斷電後復歸時 (註2)	CNR/CNRX (計時器/計數器復歸) 指令被執行時(註3)	於IL-ILC 回路間互鎖時	被JMP-JME指令 跳過時
現在值	0	0	BCD方式 : #9999 BIN方式 : #FFFF	設定值	現在值繼續更新
時間到旗標	OFF	OFF	OFF	OFF	保持在被跳過前的狀態

註1：I/O記憶體保持旗標(A500.12)設定為1(ON)時，運轉模態被切換時仍保持先前的狀態。
註2：I/O記憶體保持旗標(A500.12)設定為1(ON)、PLC System選項「電源ON時I/O記憶體保持旗標保持/非保持設定」設定在保持時，斷電恢復通電時仍保持先前的狀態。
註3：現在值被復歸與設定值相同。

- JMP/CJMP/CJPN-JME之間的回路被跳過時，起動中的計時器現在值仍然會被更新[*1]。(回路被跳躍指令跳過時，回路內的指令處於不執行狀態，因此，每1ms計時器現在值會被更新)
  *1: CS1D CPU模組時，不會更新。
- IL-ILC輸入條件OFF，IL-ILC回路內的計時器被復歸、現在值＝設定值、時間到旗標OFF。
- 強制計時器ON的時候，時間到旗標會變成ON、計時器現在值＝0，強制計時器OFF的時候，時間到旗標會變成OFF、計時器現在值＝設定值。
- 「ON-LINE程式編輯」的狀態下欲變更計時器指令時(TIM指令←→TIMH指令←→TMHH指令)，請先強制該時間到旗標OFF，否則，變更後的計時器無法正常動作。
- 使用「模組間同步控制功能」時，有下列的各項限制。
  - 掃描時間超過100ms時，計時器無法正確計時。
  - 停止中Task程式內的TIMH/TIMHX指令或者是被JMP/CJMP/CJPN-JME指令跳過的TIMH/TIMHX指令，計時器最大精度可誤差為-1ms。

TIMU/TIMUX

指令名稱	指令記號	指令的各種組合	Fun No.	功能
0.1ms計時器	TIMU	—	541	0.0001秒為單位、減算型計時器。
	TIMUX	—	556	

	TMHH		TMHHX	
記號	BCD ┤├──┤ TIMU ├─ N S	N：計時器編號 S：計時器設定值	BIN ┤├──┤ TIMUX ├─ N S	N：計時器編號 S：計時器設定值

可使用的程式

區域	功能區塊	區塊程式	工程步進程式	副程式	中斷任務程式	SFC動作/轉移條件
使用	○	X	○	○	X	○

運算元的說明

運算元	內容	資料型態		容量
		TIM	TIMX	
N	計時器編號	TIMER	TIMER	1
S	計時器設定值	WORD	UINT	1

N：計時器編號
　　10進位數值0~4095

S：計時器設定值(0.1秒為單位)
　　TIMU (BCD)：#0000~9999
　　TIMUX (BIN)：10進位數值&0~65535或16進位數值#0000~FFFF

■ 運算元種類

內容	CH位址								間接DM/EM		常數	暫存器			TK	條件旗標	時鐘脈衝	TR
	CIO	WR	HR	AR	T	C	DM	EM	@DM @EM	*DM *EM		DR	IR直接	IR間接				
N	—	—	—	—	○	—	—	—	—	—	—	—	—	○	—	—	—	—
S	○	○	○	○		○	○	○	○	○	○	○	—	○	—	—	—	—

相關條件旗標

名稱	標籤	內容
異常旗標	P_ER	• N的計時器編號使用IR來間接定址時，計時器的編號超出可使用範圍時，ON。 • 選擇「BCD方式」時，S的資料型態並非BCD值的時候，ON
=旗標	P_EQ	沒有變化
負旗標	P_N	沒有變化

功能

- 計時器輸入信號OFF時，N所指定的計時器編號被復歸(計時器的現在值等於設定值、時間到旗標OFF)。
- 計時器輸入信號ON時，計時器以減算的形式開始計時，當計時器的現在值等於0的時候，時間到旗標ON。
- 計時器時間到之後，時間到旗標ON狀態被保持住，一直到計時器輸入信號OFF→ON變化時，計時器才會再度計時。
- 本指令的計時過程變化快速，現在值無法目視。
- 計時器的設定時間如下所示。
  - TIMU (BCD)：0~0.9999秒
  - TIMUX (BIN)：0~6.5535秒
- 計時器的精度：-0.1~0ms。

提示

- TIMU/TIMUX指令的時間到旗標於右側時序執行更新動作。

更新時序	內容
各指令執行時	現在值=0時，時間到旗標ON、 現在值≠0時，時間到旗標OFF。

使用時的注意事項

- 計時器的編號不可重複使用，計時器的編號重複使用的話，可能會有誤動作產生，此點請注意。計時器的編號被重複使用時，PLC判定為「輸出線圈重複使用」。但是，若是能讓兩個同號計時器不同時被執行的話，同一程式中重複使用相同的計時器的編號也是可能。
- 時間到旗標的ON/OFF只有在計時器指令被執行時才會更新，因此，於程式中，計時器接點的ON/OFF狀態勢必比時間到旗標的ON/OFF慢一次掃描時間，使用時請注意。
- 掃描時間超過100ms時，計時器無法正確計時。
- 計時器於下列的情況下會被復歸或保持。

	運轉模態切換時 (Program→Run或Monitor) (註1)	斷電後復歸 時(註2)	CNR/CNRX (計時器/計數器復歸) 指令被執行時	於IL-ILC 回路間互鎖時	被JMP-JME指令 跳過時
時間到旗標	OFF	OFF	OFF	OFF	保持在被跳過前的狀態

註1：I/O記憶體保持旗標(A500.12)設定為1(ON)時，運轉模態被切換時仍保持先前的狀態。
註2：I/O記憶體保持旗標(A500.12)設定為1(ON)、PLC System選項「電源ON時I/O記憶體保持旗標保持/非保持設定」設定在保持時，斷電恢復通電時仍保持先前的狀態。

- JMP/CJMP/CJPN-JME之間的回路被跳過時，起動中的計時器現在值仍然會被更新[*1]。(回路被跳躍指令跳過時，回路內的指令處於不執行狀態，因此，每1ms計時器現在值會被更新)
  [*1]：CS1D CPU模組時，不會更新。
- IL-ILC輸入條件OFF，IL-ILC回路內的計時器被復歸、現在值=設定值、時間到旗標OFF。
- 強制計時器ON的時候，時間到旗標會變成ON、計時器現在值=0，強制計時器OFF的時候，時間到旗標會變成OFF、計時器現在值=設定值。
- 「ON-LINE程式編輯」的狀態下欲變更計時器指令時(TIM指令←→TIMH指令←→TMHH指令)，請先強制該時間到旗標OFF，否則，變更後的計時器無法正常動作。

程式例

計時器輸入信號0.00=ON時，計時器從設定值的數值開始減算計時。
12.3ms後，計時器現在值=0、時間到旗標T0000=ON。
當計時器輸入信號0.00=OFF時，計時器現在值被復歸成設定值、時間到旗標T0000變成OFF。

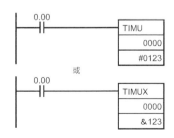

TMUH/TMUHX

指令名稱	指令記號	指令的各種組合	Fun No.	功能
0.01ms計時器	TMUH	—	544	0.00001秒為單位、減算型計時器。
	TMUHX	—	557	

	TMUH	TMUHX
記號	BCD ┤├─┬─TMUH─┬─ │ N │ │ S │ N：計時器編號 S：計時器設定值	BIN ┤├─┬─TMUHX─┬─ │ N │ │ S │ N：計時器編號 S：計時器設定值

可使用的程式

區域	功能區塊	區塊程式	工程步進程式	副程式	中斷任務程式	SFC動作/轉移條件
使用	○	X	○	○	X	○

運算元的說明

運算元	內容	資料型態 TIM	資料型態 TIMX	容量
N	計時器編號	TIMER	TIMER	1
S	計時器設定值	WORD	UINT	1

N：計時器編號
　　10進位數值0~4095

S：計時器設定值(0.1秒為單位)
　　TIMU (BCD)：#0000~9999
　　TIMUX (BIN)：10進位數值&0~65535或16進位數值#0000~FFFF

■ 運算元種類

內容	CIO	WR	HR	AR	T	C	DM	EM	@DM @EM	*DM *EM	常數	DR	IR直接	IR間接	TK	條件 旗標	時鐘 脈衝	TR
N	—	—	—	—	○	—	—	—	—	—	—		—	○	—	—	—	—
S	○	○	○	○		○	○	○	○	○	○	○			—			

相關條件旗標

名稱	標籤	內容
異常旗標	P_ER	• N的計時器編號使用IR來間接定址時，計時器的編號超出可使用範圍時，ON。 • 選擇「BCD方式」時，S的資料型態並非BCD值的時候，ON
=旗標	P_EQ	沒有變化
負旗標	P_N	沒有變化

功能

- 計時器輸入信號OFF時,N所指定的計時器編號被復歸(計時器的現在值等於設定值、時間到旗標OFF)。
- 計時器輸入信號ON時,計時器以減算的形式開始計時,當計時器的現在值等於0的時候,時間到旗標ON。
- 計時器時間到之後,時間到旗標ON狀態被保持住,一直到計時器輸入信號OFF→ON變化時,計時器才會再度計時。
- 本指令的計時過程變化快速,現在值無法目視。
- 計時器的設定時間如下所示。
  - TMUH (BCD):0~0.09999秒
  - TMUHX (BIN):0~0.09999秒
- 計時器的精度:-0.01~0ms。

提示

- TMUH/TMUHX指令的時間到旗標的更新時序。

更新時序	內容
各指令執行時	現在值=0時,時間到旗標ON、 現在值≠0時,時間到旗標OFF。

使用時的注意事項

- 計時器的編號不可重複使用,計時器的編號重複使用的話,可能會有誤動作產生,此點請注意。計時器的編號被重複使用時,PLC判定為「輸出線圈重複使用」。但是,若是能讓兩個同號計時器不同時被執行的話,同一程式中重複使用相同的計時器的編號也是可能。
- 時間到旗標的ON/OFF只有在計時器指令被執行時才會更新,因此,於程式中,計時器接點的ON/OFF狀態勢必比時間到旗標的ON/OFF慢一次掃描時間,使用時請注意。
- 掃描時間超過10ms時,計時器無法正確計時。
- 計時器於下列的情況下會被復歸或保持。

	運轉模態切換時 (Program→Run或Monitor) (註1)	斷電後復歸 時(註2)	CNR/CNRX (計時器/計數器復歸) 指令被執行時	於IL-ILC 回路間互鎖時	被JMP-JME指令 跳過時
時間到旗標	OFF	OFF	OFF	OFF	保持在被跳過前的狀態

註1:I/O記憶體保持旗標(A500.12)設定為1(ON)時,運轉模態被切換時仍保持先前的狀態。
註2:I/O記憶體保持旗標(A500.12)設定為1(ON)、PLC System選項「電源ON時I/O記憶體保持旗標保持/非保持設定」設定在保持時,斷電恢復通電時仍保持先前的狀態。

- IL-ILC輸入條件OFF,IL-ILC回路內的計時器被復歸、現在值=設定值、時間到旗標OFF。
- JMP/CJMP/CJPN-JME之間的回路被跳過時,起動中的計時器現在值仍然會被更新。(回路被跳躍指令跳過時,回路內的指令處於不執行狀態,因此,每1ms計時器現在值會被更新)
- 強制計時器ON的時候,時間到旗標會變成ON、計時器現在值=0,強制計時器OFF的時候,時間到旗標會變成OFF、計時器現在值=設定值。

程式例

計時器輸入信號0.00=ON時,計時器從設定值的數值開始減算計時。
1.23ms(0.01msx123)後,計時器現在值=0、時間到旗標T0000=ON。
當計時器輸入信號0.00=OFF時,計時器現在值被復歸成設定值、時間到旗標T0000變成OFF。

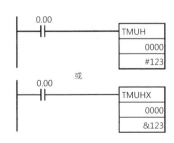

TTIM/TTIMX

指令名稱	指令記號	指令的各種組合	Fun No.	功能
累加計時器	TTIM	—	087	0.1秒為單位、累加型計時器。
	TTIMX	—	555	

	TTIM	TTIMX
記號	BCD 計時器輸入信號 ┤├ [TTIM / N / S] 復歸信號 ┤├ N：計時器編號 S：計時器設定值	BIN 計時器輸入信號 ┤├ [TTIMX / N / S] 復歸信號 ┤├ N：計時器編號 S：計時器設定值

可使用的程式

區域	功能區塊	區塊程式	工程步進程式	副程式	中斷任務程式	SFC動作/轉移條件
使用	○	X	○	○	X	○

運算元的說明

運算元	內容	資料型態 TIM	資料型態 TIMX	容量
N	計時器編號	TIMER	TIMER	1
S	計時器設定值	WORD	UINT	1

N：計時器編號
　10進位數值0~4095

S：計時器設定值(0.1秒為單位)
　TTIM (BCD)：#0000~9999
　TTIMX (BIN)：10進位數值&0~65535或16進位數值#0000~FFFF

■ 運算元種類

內容	CH位址 CIO	WR	HR	AR	T	C	DM	EM	間接DM/EM @DM @EM	*DM *EM	常數	暫存器 DR	IR直接	IR間接	TK	條件旗標	時鐘脈衝	TR
N	—	—	—	—	○	—	—	—	—	—	—	—	—	○	—	—	—	—
S	○	○	○	○		○	○	○	○	○	○	○	—	○	—	—	—	—

相關條件旗標

名稱	標籤	內容
異常旗標	P_ER	• N的計時器編號使用IR來間接定址時，計時器的編號超出可使用範圍時，ON。 • 選擇「BCD方式」時，S的資料型態並非BCD值的時候，ON

功能

- 只有在計時器輸入信號ON的時候，計時器現在值加算(計時)，輸入信號OFF時，計時器現在值停止加算、現在值被保持住，再次ON的時候現在值繼續加算，當計時器的現在值等於設定值的時候，時間到旗標ON。

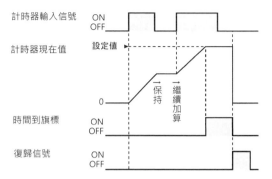

- 計時器時間到之後，時間到旗標ON狀態被保持住。要再次起動的話，使用復歸信號或CNR/CNRX指令將計時器復歸，或者是使用MOV指令傳送新值至計時器現在值，當計時器現在值不等於設定值的時候，計時器才會接受起動信號。

- 計時器的設定時間如下所示。
  - TTIM (BCD)：0~999.9秒
  - TTIMX (BIN)：0~6553.5秒

- 計時器的精度：-0.01~0秒。CS1D CPU模組的計時器精度為± (10ms+一個掃描時間)。

提示

- 一般的計時器指令TIM/TIMX使用減算型的計時方式，現在值代表時間到所需的時間，而累加計時器TTIM/TTIMX指令為加算的計時器，現在值即代表計時經過時間。

使用時的注意事項

- 計時器的編號不可重複使用，計時器的編號重複使用的話，可能會有誤動作產生，此點請注意。計時器的編號被重複使用時，PLC判定為「輸出線圈重複使用」。但是，若是能讓兩個同號計時器不同時被執行的話，同一程式中重複使用相同的計時器的編號也是可能的。
- 計時器於下列的情況下會被復歸或保持。

	運轉模態切換時 (Program→Run或Monitor) (註1)	斷電後復歸時(註2)	CNR/CNRX (計時器/計數器復歸) 指令被執行時(註3)	於IL-ILC 回路間互鎖時	被JMP-JME 指令跳過時
現在值	0	0	BCD方式：#9999 BIN方式：#FFFF	保持在被跳過前的狀態	保持在被跳過前的狀態
時間到旗標	OFF	OFF	OFF	保持在被跳過前的狀態	保持在被跳過前的狀態

註1：I/O記憶體保持旗標(A500.12)設定為1(ON)時，運轉模態被切換時仍保持先前的狀態。
註2：I/O記憶體保持旗標(A500.12)設定為1(ON)、PLC System選項「電源ON時I/O記憶體保持旗標保持/非保持設定」設定在保持時，斷電恢復通電時仍保持先前的狀態。
註3：現在值被復歸與設定值相同。

- IL-ILC輸入條件OFF，IL-ILC回路內的TTIM/TTIMX指令現在值被保持、不會復歸。
- JMP/CJMP/CJPN-JME之間的回路被跳過時，起回路內的TTIM/TTIMX指令現在值被保持。
- 強制計時器ON的時候，時間到旗標會變成ON、計時器現在值=設定值，強制計時器OFF的時候，時間到旗標會變成OFF、計時器現在值=0。又，強制設定與強制復歸輸入優先於計時器復歸輸入。
- 強制設定與強制復歸輸入優先於計時器復歸輸入。
- 掃描時間超過100ms時，計時器無法正確計時。
- 時間到旗標的ON/OFF只有在計時器指令被執行時才會更新，因此，於程式中，計時器接點的ON/OFF狀態勢必比時間到旗標的ON/OFF慢一次掃描時間，使用時請注意。

程式例

計時器輸入信號0.00=ON時，計時器的現在值從0開始加算，當現在值=設定值的時候，T0001=ON。
復歸信號0.01=ON時，計時器現在值=0、時間到旗標T0001變成OFF。
當計時器現在值到達設定值前，若是輸入信號0.00變成OFF的話，現在值停止加算、現在值被保持，輸入
信號0.00再次ON時，現在值繼續加算。

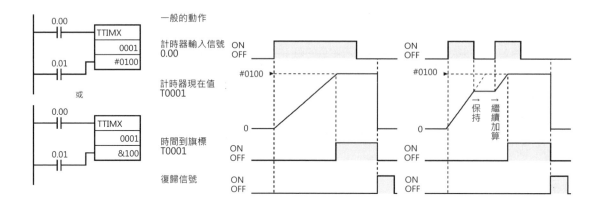

TIML/TIMLX

指令名稱	指令記號	指令的各種組合	Fun No.	功能
長時間計時器	TIML	—	542	0.01秒為單位、減算型ON延遲計時器。
	TIMLX	—	553	

	TIML	TIMLX
記號	BCD ┤├─┬─ TIML 　　　　D1 　　　　D2 　　　　S D1：時間到旗標CH D2：現在值下位CH S：設定值下位CH	BIN ┤├─┬─ TIMLX 　　　　D1 　　　　D2 　　　　S D1：時間到旗標CH D2：現在值下位CH S：設定值下位CH

可使用的程式

區域	功能區塊	區塊程式	工程步進程式	副程式	中斷任務程式	SFC動作/轉移條件
使用	○	X	○	○	X	○

運算元的說明

運算元	內容	資料型態 TIML	資料型態 TIMLX	容量
D1	時間到旗標CH	WORD	UINT	1
D2	現在值下位CH	DWORD	UDINT	2
S	設定值下位CH	DWORD	UDINT	2

D1：時間到旗標CH

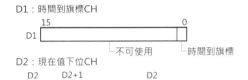

D2：現在值下位CH

D2、S的範圍
- 採用BCD方式時
  BCD #00000000~99999999
- 採用BIN方式時
  10進位&00000000~4294967294
  或16進位#00000000~FFFFFFFF

註：D2+1、D2、S+1和S必須屬於相同的運算元種類

S：設定值下位CH

■ 運算元種類

內容	CH位址 CIO	WR	HR	AR	T	C	DM	EM	間接DM/EM @DM @EM	*DM *EM	常數	暫存器 DR	IR直接	IR間接	TK	條件旗標	時鐘脈衝	TR
D1					—	—					—							
D2	○	○	○	○			○	○	○	○		—	—	○	—	—	—	—
S					○	○					○							

相關條件旗標

名稱	標籤	內容
異常旗標	P_ER	• 選擇「BCD方式」時，D2、S的資料型態並非BCD值的時候，ON

功能

- 計時器輸入信號OFF時，計時器被復歸。(計時器的現在值D2+1, D2等於設定值S+1, S、時間到旗標OFF)。

- 計時器輸入信號ON時，計時器的現在值D2+1, D2以減算的形式開始計時，當計時器的現在值等於0的時候，時間到旗標ON。

- 計時器時間到之後，時間到旗標ON狀態被保持住，一直到計時器輸入信號OFF→ON變化時，或者是使用MOV指令寫入新值至計時器的現在值D2+1, D2中，讓現在值D2+1, D2≠0，計時器才會再次計時。

- 計時器的精度：-0.01~0秒。CS1D CPU模組的計時器精度為±(10ms+掃描時間)。

- 計時器的最大設定時間如下所示。
  - TTIM (BCD)：115天
  - TTIMX (BIN)：4971天

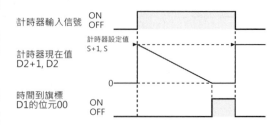

使用時的注意事項

- 不必指定計時器編號。

- 時間到旗標可被強制ON或強制OFF，但是，計時現在值沒有變化。

- 於指令被執行時，計時現在值才被更新，因此，掃描時間超過100ms時，計時器無法正確計時。

- 時間到旗標的ON/OFF只有在計時器指令被執行時才會更新，因此，於程式中，計時器接點的ON/OFF狀態勢必比時間到旗標的ON/OFF慢一次掃描時間，使用時請注意。

- IL-ILC輸入條件OFF，IL-ILC回路內的TIML/TIMLX指令被復歸，現在值=設定值、時間到旗標變成OFF。

- JMP/CJMP/CJPN-JME之間的回路被跳過時，起回路內的TIML/TIMLX指令現在值被保持。

- TIML/TIMLX指令運算元D1, D2, D2+1所指定的CH及暫存器編號，請勿重複使用於其他指令中。

程式例

計時器輸入信號0.00=ON時，計時器的現在值(D101, D100)從設定值開始減算，當現在值=0的時候，時間到旗標200.00=ON，輸入信號0.00=OFF時，時間到旗標200.00變成OFF。

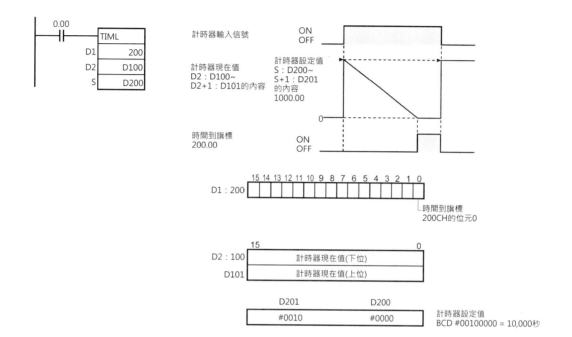

MTIM/MTIMX

指令名稱	指令記號	指令的各種組合	Fun No.	功能
多段輸出計時器	MTIM	—	543	8點輸出，0.1秒為單位、累加型ON延遲計時器。
	MTIMX	—	554	

	MTIM	MTIMX
記號	BCD ┤├─┤ MTIM ├─ 　　　 D1 　　　 D2 　　　 S D1：結果輸出CH編號 D2：現在值輸出CH編號 S：設定值帶頭CH編號	BIN ┤├─┤ MTIMX ├─ 　　　 D1 　　　 D2 　　　 S D1：結果輸出CH編號 D2：現在值輸出CH編號 S：設定值帶頭CH編號

可使用的程式

區域	功能區塊	區塊程式	工程步進程式	副程式	中斷任務程式	SFC動作/轉移條件
使用	○	X	○	○	X	○

運算元的說明

運算元	內容	資料型態 MTIM	資料型態 MTIMX	容量
D1	結果輸出CH編號	UINT	UINT	1
D2	現在值輸出CH編號	WORD	UINT	1
S	設定值帶頭CH編號	WORD	WORD	8

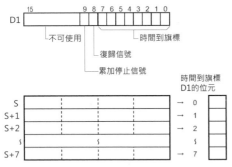

D2、S~S+7的範圍。

- BCD方式時
  BCD #0000~9999

- BIN方式時
  10進位數值：&0~65535
  或16進位數值：#0000~FFFF

■ 運算元種類

內容	CH位址 CIO	WR	HR	AR	T	C	DM	EM	間接DM/EM @DM @EM	*DM *EM	常數	暫存器 DR	IR直接	IR間接	TK	條件旗標	時鐘脈衝	TR
D1											—							
D2	○	○	○	○	○	○	○	○	○			○	—	○	—	—	—	—
S											—							

相關條件旗標

名稱	標籤	內容
異常旗標	P_ER	• 選擇「BCD方式」時，D2的資料型態並非BCD值的時候，ON。

功能

- 於累加停止信號及復歸信號都OFF的狀態下，計時器輸入信號ON時，D2所指定的現在值累加計時(加算計時)。累加停止信號ON的時候，計時器停止計時、計時現在值被保持，累加停止信號OFF的時候，計時器繼續累加計時。

- S~S+7可指定8組計時器設定值，當計時器現在值≥設定值時，相對應的時間到旗標ON。

- 當計時現在值到達BCD方式的9999或BIN方式的FFFF時，現在值歸0，時間到旗標變成OFF。

- 累加計時中途若是碰到復歸信號ON的時候，現在值歸0，時間到旗標變成OFF。

- 計時器的設定時間如下所示。

- 計時器的最大設定時間如下所示。

  - MTIM (BCD)：0~999.9秒
  - MTIMX (BIN)：0~6553.5秒

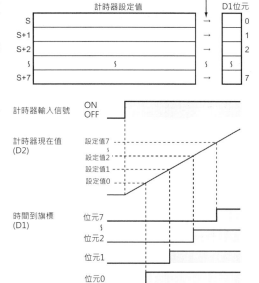

- 累加停止信號及復歸信號與MTIM/MTIMX指令的關係，如下所示。

		累加停止信號(09位元)	
		0	1
復歸信號(08位元)	0	現在值累加計時，當計時器現在值≥設定值時，相對應的時間到旗標ON。	現在值停止計時
	1	現在值被復歸為0、時間到旗標變成OFF	

- 累加停止信號及復歸信號也只有在計時器輸入信號=ON的情況下才有效。

提示

- D1(輸出結果)的CH編號若是指定繼電器區域時，現在值停止更新，現在值復歸信號可使用SET/RSET指令來強制ON/OFF。

使用時的注意事項

- 本指令不必指定計時器編號。

- 當計時現在值到達BCD方式的9999或BIN方式的FFFF時，現在值歸0，時間到旗標變成OFF。

- 設定為BCD方式的話，若是S~S+7當中存在非BCD型態的資料時，該CH資料被忽略、異常旗標不會ON。

- 時間到旗標可被強制ON或強制OFF，但是，計時現在值沒有變化。

- 計時點數少於8點時
  S~S+7當中任一CH的設定值為0000時，
  該CH以下的資料被忽略。

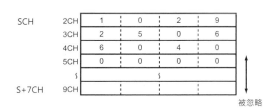

- 於指令被執行時，計時現在值才被更新，因此，掃描時間超過100ms時，計時器無法正確計時。
- 時間到旗標的ON/OFF只有在計時器指令被執行時才會更新，因此，於程式中，計時器接點的ON/OFF狀態勢必比時間到旗標的ON/OFF慢一次掃描時間，使用時請注意。
- IL-ILC輸入條件OFF，IL-ILC回路內的MTIM/MTIMX指令不會被復歸，現在值被保持。
- JMP/CJMP/CJPN-JME之間的回路被跳過時，起回路內的MTIM/MTIMX指令現在值被保持。
- MTIM/MTIMX指令運算元D1, D2,所指定的CH及暫存器編號，請勿重複使用於其他指令中。

程式例

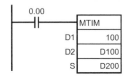

100CH的位元8(復歸信號)及位元9(累加停止信號)OFF的狀態下，當計時器輸入信號0.00=ON時，計時器的現在值(D100)從0開始往上加算。
指令指定D200開始的8個暫存器(D200~D207)當成計時器的8個設定值，當現在值≥設定值的時候，相對應的時間到旗標(100CH的位元0~7)ON。

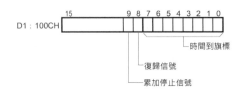

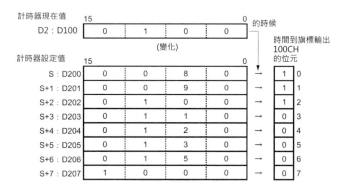

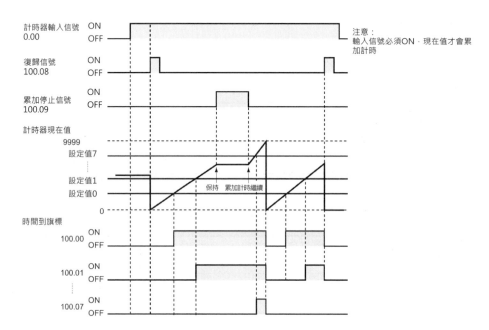

144

CNT/CNTX

指令名稱	指令記號	指令的各種組合	Fun No.	功能
計數器	CNT/CNTX	—	546	減算型計數器。

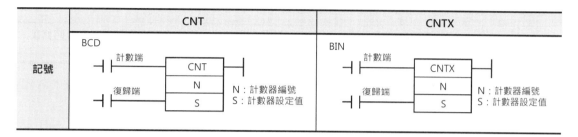

記號	CNT		CNTX	
	BCD 計數端 CNT N S	N：計數器編號 S：計數器設定值	BIN 計數端 CNTX N S	N：計數器編號 S：計數器設定值

可使用的程式

區域	功能區塊	區塊程式	工程步進程式	副程式	中斷任務程式	SFC動作/轉移條件
使用	○	X	○	○	○	○

運算元的說明

運算元	內容	資料型態		容量
		CNT	CNTX	
N	計數器編號	COUNTER	COUNTER	1
S	計數器設定值	WORD	UINT	1

N：計數器編號
　10進位數值0~4095

S：計數器設定值
　CNT (BCD)：#0000~9999
　CNTX (BIN)：10進位數值&0~65535或16進位數值#0000~FFFF

■ 運算元種類

內容	CH位址								間接DM/EM @DM @EM	*DM *EM	常數	暫存器			TK	條件旗標	時鐘脈衝	TR
	CIO	WR	HR	AR	T	C	DM	EM				DR	IR直接	IR間接				
N	—	—	—	—	○	—	—	—	—	—	—	—		○	—	—	—	—
S	○	○	○	○	○	○	○	○	○	○	○	○		○	—	—	—	—

相關條件旗標

名稱	標籤	內容
異常旗標	P_ER	• N的編號使用IR來間接定址時，計數器的編號超出可使用範圍時，ON • 選擇「BCD方式」時，S的資料型態並非BCD值的時候，ON
=旗標	P_EQ	沒有變化[*1]
負旗標	P_N	沒有變化[*1]

*1：CS1/CJ1/CS1D(二重化系統)CPU模組時，OFF。

功能

- 計數器的計數端由OFF→ON變化時，計數器的現在值減1，當計數器的現在值＝0的時候，計數到旗標ON。

- 計數器計數到之後，計數器一直保持ON的狀態，計數器不接收計數端的計數，一直到復歸信號由OFF→ON變化時，或者是使用CNR/CNRX指令來復歸時，計數到旗標變成OFF、計數現在值被復歸成設定值，此外，復歸信號＝ON時，計數信號無效。

- 計數器的設定值如下所示。
    - CNT (BCD)：0～9999次
    - CNTX (BIN)：0～65535次

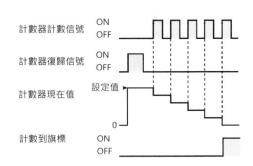

提示

- 計數器的現在值具停電保持功能，因此，希望在重開機時，計數器的現在值重頭算起的話(現在值不保持)，請在計數器的復歸端並接一個第一週期ON旗標接點A200.11。

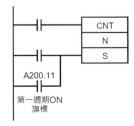

使用時的注意事項

- 計數器的編號由計數器指令，正反計數器指令及計數器等待指令所共有，計數器的編號不可重複使用，計數器的編號重複使用的話，可能會有誤動作產生，此點請注意。計數器的編號被重複使用時，PLC判定為「輸出線圈重複使用」。但是，若是能讓兩個同號計數器不同時被執行的話，同一程式中重複使用相同的計數器的編號也是可能。

計數器現在值及計數到旗標的更新時序

	更新時序
計數器現在值	計數信號由OFF→ON變化時
計數到旗標	指令被執行時 (現在值＝0時ON、≠0時OFF)

強制ON/OFF時，計數器現在值、計數到旗標的ON/OFF狀態

	強制ON時	強制OFF時
計數器現在值	0	設定值
計數到旗標	ON	OFF

- 計數器重新計數請將復歸信號ON/OFF一次。請注意，復歸信號＝ON時，計數信號無效。

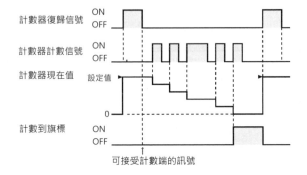

- 復歸信號與計數信號同時ON的時候，以復歸信號優先，計數器被復歸(計數器現在值=設定值、計數到旗標=OFF)。

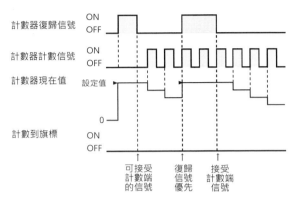

- 「ON-LINE程式編輯」的狀態下追加計數器的話，計數器使用前請先復歸一次。

CNTR/CNTRX

指令名稱	指令記號	指令的各種組合	Fun No.	功能
正反計數器	CNTR	—	012	加減算型計數器。
	CNTRX	—	548	

	CNTR	CNTRX
記號	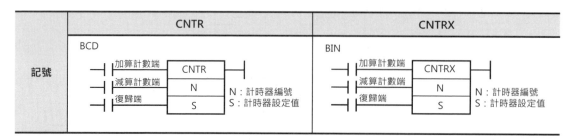	

可使用的程式

區域	功能區塊	區塊程式	工程步進程式	副程式	中斷任務程式	SFC動作/轉移條件
使用	○	X	○	○	○	○

運算元的說明

運算元	內容	資料型態 CNTR	資料型態 CNTRX	容量
N	計數器編號	COUNTER	COUNTER	1
S	計數器設定值	WORD	UINT	1

N：計數器編號
　10進位數值0~4095

S：計數器設定值(0.1秒為單位)
　CNTR (BCD)：#0000~9999
　CNTRX (BIN)：10進位數值&0~65535或16進位數值#0000~FFFF

■ 運算元種類

內容	CH位址 CIO	WR	HR	AR	T	C	DM	EM	間接DM/EM @DM @EM	*DM *EM	常數	暫存器 DR	IR直接	IR間接	TK	條件旗標	時鐘脈衝	TR
N	—	—	—	—	○	—	—	—	—	—	—	—	—	○	—	—	—	—
S	○	○	○	○		○	○	○	○	○	○	○	—	○	—	—	—	—

相關條件旗標

名稱	標籤	內容
異常旗標	P_ER	• N的編號使用IR來間接設定址時，計數器的編號超出可使用範圍時，ON • 選擇「BCD方式」時，S的資料型態並非BCD值的時候，ON

功能

計數器的加算計數端由OFF→ON變化時，計數器的現在值加1、計數器的減算計數端由OFF→ON變化時，計數器的現在值減1。加算時，當計數器的現在值=設定值，之後的計數OFF→ON變化時，時間到旗標ON、現在值歸0。減算時，當計數器的現在值=設定值，之後的計數OFF→ON變化時，時間到旗標ON、現在值歸0。

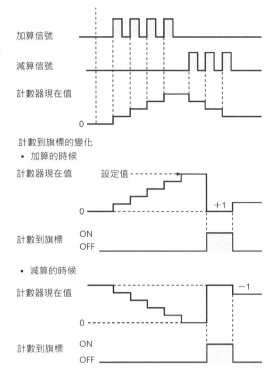

使用時的注意事項

- 計數器的編號由計數器指令、正反計數器指令及計數器等待指令所共有，計數器的編號不可重複使用，計數器的編號重複使用的話，可能會有誤動作產生，此點請注意。計數器的編號被重複使用時，PLC判定為「輸出線圈重複使用」。但是，若是能讓兩個同號計數器不同時被執行的話，同一程式中重複使用相同的計數器的編號也是可能。

- 加算、減算兩個輸入信號同時ON時，不予計數。計數器的復歸信號=ON時，計數信號無效。計數到旗標只有在計數到達設定值的下一個計數信號ON時輸出，其他的時序均不輸出。

- CNTR/CNTRX指令使用階梯圖編輯模式及指令碼編輯模式時，輸入順序不同。

  - 階梯圖編輯模式：
    加算輸入端→CNTR/CNTRX指令→減算輸入端→復歸端

  - 指令碼編輯模式：
    加算輸入端→減算輸入端→C復歸端→NTR/CNTRX指令

程式例

復歸信號0.02=ON的時候，計數器現在值歸0。

加算計數信號0.00每次由OFF→ON變化時，計數器的現在值加1，當計數現在值=3的狀態下，加算計數信號0.00由OFF→ON變化時，計數現在值變成0、計數到旗標=ON。

減算計數信號0.01每次由OFF→ON變化時，計數器的現在值減1，當計數現在值=0的狀態下，減算計數信號0.01由OFF→ON變化時，計數現在值變成3、計數到旗標=ON。

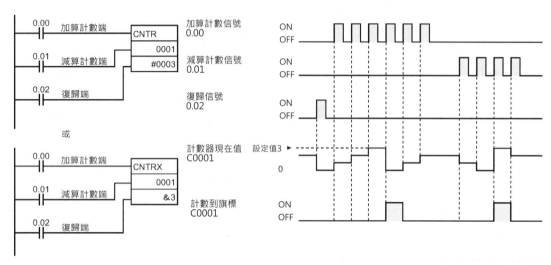

加算/減算計數信號由OFF→ON變化時計數1次，兩個信號同時ON時，不予計數。復歸信號=ON時，現在值歸0，計數信號不被接收。

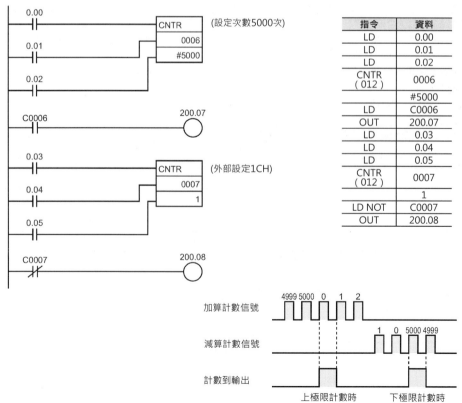

指令	資料
LD	0.00
LD	0.01
LD	0.02
CNTR (012)	0006
	#5000
LD	C0006
OUT	200.07
LD	0.03
LD	0.04
LD	0.05
CNTR (012)	0007
	1
LD NOT	C0007
OUT	200.08

150

CNR/CNRX

指令名稱	指令記號	指令的各種組合	Fun No.	功能
計時器/計數器復歸	CNR	@CNR	545	指定範圍內的計時器/計數器被復歸。
	CNRX	@CNRX	547	

	CNR	CNRX
記號	BCD ┤├─┤ CNR | D1 | D2 ├─┤├ D1：開始的計時器/計數器編號1 D2：結束的計時器/計數器編號2	BIN ┤├─┤ CNRX | D1 | D2 ├─┤├ D1：開始的計時器/計數器編號1 D2：結束的計時器/計數器編號2

可使用的程式

區域	功能區塊	區塊程式	工程步進程式	副程式	中斷任務程式	SFC動作/轉移條件
使用	○	○	○	○	○	○

運算元的說明

運算元	內容	資料型態	容量
D1	開始的計時器/計數器編號	TIMER/COUNTER[*1]	可變
D2	結束的計時器/計數器編號	TIMER/COUNTER[*1]	可變

[*1]：D1, D2必須指定同一類別才有效。

D1：開始的計時器/計數器編號
　　T0000~T4095或C000~C4095

D2：開始的計時器/計數器編號
　　T0000~T4095或C000~C4095

注意：D1, D2必須指定相同元件類別。

■ 運算元種類

內容	CH位址							間接DM/EM		常數	暫存器			TK	條件旗標	時鐘脈衝	TR
	CIO	WR	HR	AR	T	C	DM	EM	@DM @EM	*DM *EM		DR	IR直接	IR間接				
D1, D2	—	—	—	—	○	○	—	—	—	—	—	—	—	○	—	—	—	—

相關條件旗標

名稱	標籤	內容
異常旗標	P_ER	• D1, D2可使用間接指定暫存器IR來修飾，當間接指定的計數器號碼超過可使用的編號時，ON。 • D1, D2指定不同元件類別時，ON。

功能

輸入條件由OFF→ON變化時，D1, D2之間的計時器/計數器全部被復歸、計時器/計數器的現在值被設定成最大值(BCD：#9999、BIN：#FFFF)。(D1, D2之間的計時器/計數器於指令執行時，自動現在值=設定值)

使用時的注意事項

- 計時器/計數器復歸指令的對象，如下所示。

	對象指令	CNR指令執行時的動作
BCD	TIM (100ms計時器) TIMH (10ms計時器) TMHH (1ms計時器) TTIM (累加型計時器) TIMW (程式的等待時間) TMHW (程式的高速等待時間) CNT (計數器) CNTR(正反計數器) CNTW (計數器等待)	現在值被寫入最大值 (BCD#9999)、 時間到旗標變成OFF
	TIMU (0.1ms計時器) TMUH (0.01ms計時器)	時間到旗標變成OFF

	對象指令	CNRX指令執行時的動作
BIN	TIMX (100ms計時器) TIMHX (10ms計時器) TMHHX (1ms計時器) TTIMX (累加型計時器) TIMWX (程式的等待時間) TMHWX (程式的高速等待時間) CNTX (計數器) CNTRX(正反計數器) CNTWX (計數器等待)	現在值被寫入最大值 (16進#FFFF)、 時間到旗標變成OFF
	TIMUX (0.1ms計時器) TMUHX (0.01ms計時器)	時間到旗標變成OFF

但是，長時間計時器指令TIML/TIMLX及多段輸出指令MTIM/MTIMX並非本復歸指令的對象。

- 本指令不會對現在值執行復歸操作，被復歸的計時器/計數器現在值會被寫入最大值、時間到(計數到)旗標被復歸成OFF，此點請注意。(例: TIM/TIMX指令被復歸時，現在值＝設定值、時間到旗標變成OFF，如果使用CNTR/CNTRX指令來復歸時，現在值＝最大值、時間到旗標變成OFF)。
- 如果D1的編號(開始)＞ D2的編號(結束)的話，指令只對D1所指定的編號復歸。

程式例

0.00=ON時，T0002~T0005變成OFF、現在值被寫入最大值(BCD#9999)。

0.01=ON時，C0003~C0007變成OFF、現在值被寫入最大值(BCD#9999)。

0.00=ON時，T0002~T0005變成OFF、現在值被寫入最大值(16進#FFFF)。

0.01=ON時，C0003~C0007變成OFF、現在值被寫入最大值(16進#FFFF)。

TRSET

指令名稱	指令記號	指令的各種組合	Fun No.	功能
計時器復歸	TRSET	@TRSET	549	指定的計時器被復歸。

記號	TRSET
	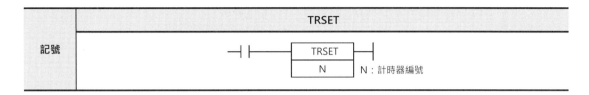

可使用的程式

區域	功能區塊	區塊程式	工程步進程式	副程式	中斷任務程式	SFC動作/轉移條件
使用	○	○	○	○	○	○

運算元的說明

運算元	內容	資料型態	容量
N	計時器編號	TIMER	1

■ 運算元種類

內容	CH位址							間接DM/EM		常數	暫存器			TK	條件旗標	時鐘脈衝	TR
	CIO	WR	HR	AR	T	DM	EM	@DM @EM	*DM *EM		DR	IR直接	IR間接				
N	—	—	—	—	○	—	—	—	—	—	—	—	○	—	—	—	—

相關條件旗標

名稱	標籤	內容
異常旗標	P_ER	• 計時器編號可使用間接指定暫存器IR來修飾,當間接指定的計時器號碼超過可使用的編號時,ON
=旗標	P_EQ	沒有變化
負旗標	P_N	沒有變化

功能

指定的計時器被復歸。

資料比較指令

指令記號	指令名稱	Fun No.	頁
= , < > , < , < = , > , > =	記號比較	300 ~ 328	156
=DT, < > DT, < DT, < = DT, > DT, > = DT	PLC時鐘比較	341 ~ 346	160
CMP	無±符號比較	020	164
CMPL	無±符號倍長比較	060	
CPS	帶±符號BIN比較	114	167
CPSL	帶±符號BIN倍長比較	115	
MCMP	多CH比較	019	170
TCMP	表單比較	085	172
BCMP	無±符號表單範圍比較	068	174
BCMP2	擴充表單範圍比較	502	176
ZCP	區域比較	088	179
ZCPL	倍長區域比較	116	
ZCPS	帶±符號區域比較	117	183
ZCPSL	帶±符號區域倍長比較	118	

= , <> , < , <= , > , >=

指令名稱	指令記號	指令的各種組合	Fun No.	功能
記號比較	= , <> , < , <= , > , > =	—	300 ~ 328	比較CH資料或常數，當比較結果為True (真)時，就會導通至下一段以後的回路，亦可比較資料格式(無±符號、帶±符號)、資料長度(一個CH、倍長)是否一致。

小數點比較指令請參考 "單精度浮點比較指令" 及 "雙精度浮點比較指令"

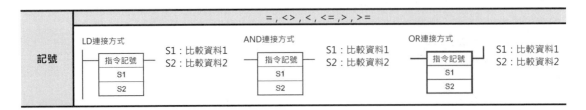

可使用的程式

區域	功能區塊	區塊程式	工程步進程式	副程式	中斷任務程式	SFC動作/轉移條件
使用	○	○	○	○	○	○

運算元的說明

運算元	內容	資料型態				容量	
S1	比較資料1	UINT	UDINT	INT	DINT	1	2
S2	比較資料2	UINT	UDINT	INT	DINT	1	2

■ 運算元種類

內容		CH位址								間接DM/EM		常數	暫存器			TK	條件旗標	時鐘脈衝	TR
		CIO	WR	HR	AR	T	C	DM	EM	@DM @EM	*DM *EM		DR	IR 直接	IR 間接				
資料長度: 1個CH	S1	○	○	○	○	○	○	○	○	○	○	○	○	—	○	—	—	—	—
	S2																		
資料長度: 2個CH	S1	○	○	○	○	○	○	○	○	○	○	○	—	○	○	—	—	—	—
	S2																		

相關條件旗標

名稱	標籤	內容	
		資料長度: 1個CH	資料長度: 2個CH
異常旗標	P_ER	• 沒有變化[*1]	• 沒有變化[*1]
> 旗標	P_GT	• 比較結果S1 > S2的時候，ON。	• 比較結果S1+1, S1 > S2+1, S2的時候，ON。
> = 旗標	P_GE	• 比較結果S1 > = S2的時候，ON。	• 比較結果S1+1, S1 > = S2+1, S2的時候，ON。
= 旗標	P_EQ	• 比較結果S1 = S2的時候，ON。	• 比較結果S1+1, S1 = S2+1, S2的時候，ON。

名稱	標籤	內容	
		資料長度: 1個CH	資料長度: 2個CH
<>旗標	P_NE	• 比較結果S1<>S2的時候，ON。	• 比較結果S1+1, S1<>S2+1, S2的時候，ON。
<旗標	P_LT	• 比較結果S1<S2的時候，ON。	• 比較結果S1+1, S1<S2+1, S2的時候，ON。
<=旗標	P_LE	• 比較結果S1<=S2的時候，ON。	• 比較結果S1+1, S1<=S2+1, S2的時候，ON。
負數旗標	P_N	沒有變化[*1]	沒有變化[*1]

*1: CS1/CJ1/CS1D(二重化系統) CPU模組時，OFF。

功能

S1與S2的內容作比較，比較結果如同一個條件接點，
控制所連接的回路是否導通。

LD、AND、OR指令的使用方法相同，指令後可繼續
連接其他的指令。

LD型指令: 可直接與母線連接。

AND型指令: 不可直接與母線連接。

OR型指令: 可直接與母線連接。

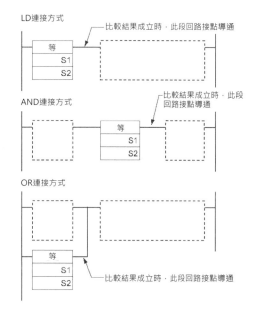

■ 指令記號

將符號及選項互相組合後，即可組合成72種指令。

選項 (LD、AND、OR)	選項 (資料格式)	選項 (資料長度)
LD=、AND=、OR=、 LD<>、AND<>、OR<> LD<、AND<、OR< LD<=、AND<=、OR<= LD>、AND>、OR> LD>=、AND>=、OR>=	無(無±符號) S(帶±符號)	無(1個CH) L(倍長)

功能	資料格式·資料長度	指令記號	名稱	FUN No.
S1=S2的時候，ON	無±符號·1個CH	LD=	LD型·相等	300
		AND=	AND型·相等	300
		OR=	OR型·相等	300
	無±符號·倍長	LD=L	LD型·倍長·相等	301
		AND=L	AND型·倍長·相等	301
		OR=L	OR型·倍長·相等	301
	帶±符號·1個CH	LD=S	LD型·帶±符號·相等	302
		AND=S	AND型·帶±符號·相等	302
		OR=S	OR型·帶±符號·相等	302
	帶±符號·倍長	LD=SL	LD型·帶±符號倍長·相等	303
		AND=SL	AND型·帶±符號倍長·相等	303
		OR=SL	OR型·帶±符號倍長·相等	303

功能	資料格式·資料長度	指令	名稱	FUN No.
S1<>S2的時候·ON	無±符號·1個CH	LD <>	LD型·不等於	305
		AND <>	AND型·不等於	305
		OR <>	OR型·不等於	305
	無±符號·倍長	LD <>L	LD型·倍長·不等於	306
		AND <>L	AND型·倍長·不等於	306
		OR <>L	OR型·倍長·不等於	306
	帶±符號·1個CH	LD <>S	LD型·帶±符號·不等於	307
		AND <>S	AND型·帶±符號·不等於	307
		OR <>S	OR型·帶±符號·不等於	307
	帶±符號·倍長	LD <>SL	LD型·帶±符號倍長·不等於	308
		AND <>SL	AND型·帶±符號倍長·不等於	308
		OR <>SL	OR型·帶±符號倍長·不等於	308
S1 < S2的時候·ON	無±符號·1個CH	LD <	LD型·小於	310
		AND <	AND型·小於	310
		OR <	OR型·小於	310
	無±符號·倍長	LD <L	LD型·倍長·小於	311
		AND <L	AND型·倍長·小於	311
		OR <L	OR型·倍長·小於	311
	帶±符號·1個CH	LD<S	LD型·帶±符號·小於	312
		AND <S	AND型·帶±符號·小於	312
		OR<S	OR型·帶±符號·小於	312
	帶±符號·倍長	LD <SL	LD型·帶±符號倍長·小於	313
		AND <SL	AND型·帶±符號倍長·小於	313
		OR <SL	OR型·帶±符號倍長·小於	313
S1 <= S2的時候·ON	無±符號·1個CH	LD <=	LD型·小於或等於	315
		AND <=	AND型·小於或等於	315
		OR <=	OR型·小於或等於	315
	無±符號·倍長	LD<=L	LD型·倍長·小於或等於	316
		AND<=L	AND型·倍長·小於或等於	316
		OR<=L	OR型·倍長·小於或等於	316
	帶±符號·1個CH	LD <=S	LD型·帶±符號·小於或等於	317
		AND <=S	AND型·帶±符號·小於或等於	317
		OR <=S	OR型·帶±符號·小於或等於	317
	帶±符號·倍長	LD <=SL	LD型·帶±符號倍長·小於或等於	318
		AND <=SL	AND型·帶±符號倍長·小於或等於	318
		OR<=SL	OR型·帶±符號倍長·小於或等於	318
S1 > S2的時候·ON	無±符號·1個CH	LD >	LD型·大於	320
		AND >	AND型·大於	320
		OR >	OR型·大於	320
	無±符號·倍長	LD >L	LD型·倍長·大於	321
		AND >L	AND型·倍長·大於	321
		OR >L	OR型·倍長·大於	321
	帶±符號·1個CH	LD >S	LD型·帶±符號·大於	322
		AND >S	AND型·帶±符號·大於	322
		OR >S	OR型·帶±符號·大於	322
	帶±符號·倍長	LD >SL	LD型·帶±符號倍長·大於	323
		AND>SL	AND型·帶±符號倍長·大於	323
		OR>SL	OR型·帶±符號倍長·大於	323
S1>=S2的時候·ON	無±符號·1個CH	LD >=	LD型·大於或等於	325
		AND>=	AND型·大於或等於	325
		OR >=	OR型·大於或等於	325
	無±符號·倍長	LD >=L	LD型·倍長·大於或等於	326
		AND >=L	AND型·倍長·大於或等於	326
		OR >=L	OR型·倍長·大於或等於	326
	帶±符號·1個CH	LD >=S	LD型·帶±符號·大於或等於	327
		AND>=S	AND型·帶±符號·大於或等於	327
		OR>=S	OR型·帶±符號·大於或等於	327
	帶±符號·倍長	LD>=SL	LD型·帶±符號倍長·大於或等於	328
		AND>=SL	AND型·帶±符號倍長·大於或等於	328
		OR >=SL	OR型·帶±符號倍長·大於或等於	328

- 無±符號的比較指令(無S記號)可使用無±符號的BIN資料(10進&0~65535或16進#0000~FFFF)及BCD資料。
- 帶±符號的比較指令(無S記號)可使用帶±符號的BIN資料(10進&-32768~+32767)。

提示

- 與CMP、CMPL指令不同的是，本指令可繼續連接一般的回路，比較結果如同一般的條件接點來指揮所連接的回路，不必使用條件旗標，於程式上的表現更為簡潔及直接。

使用時的注意事項

- 本指令的結尾請使用與輸出相關的指令。
- 本指令不可當成輸出來使用。

程式例

■ AND連接型的＜指令、＜S指令

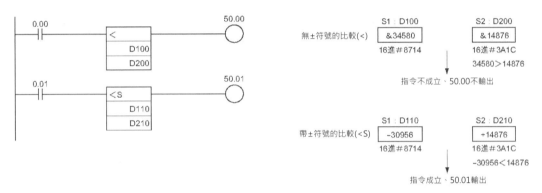

- ＜指令的動作

  0.00 = ON的時候，資料暫存器D100的內容與D200執行無±符號資料的比較。

  比較結果

  當 D100的內容 ＜ D200的內容時， 指令條件成立，輸出線圈50.00 = ON。

  當 D100的內容並非 ＜ D200的內容時， 指令條件不成立，輸出線圈50.00 = OFF。

- ＜S指令的動作

  0.01 = ON的時候，資料暫存器D110的內容與D210執行帶±符號資料的比較。

  比較結果

  當 D110的內容 ＜ D210的內容時， 指令條件成立，輸出線圈50.01 = ON。

  當 D110的內容並非 ＜ D210的內容時， 指令條件不成立，輸出線圈50.01 = OFF。

=DT , <> DT , < DT , <= DT , > DT , >= DT

指令名稱	指令記號	指令的各種組合	Fun No.	功能
PLC時鐘比較	=DT <> DT < DT <= DT > DT >= DT	—	341 342 343 344 345 346	比較2種資料時鐘時(BCD資料)，當比較結果為True (真)，就會導通至下一段以後的回路。

記號	= , <> , < , <= ,> , >=
	LD連接方式 指令記號 / C / S1 / S2 C：控制資料 S1：PLC時鐘現在值起始CH編號 S2：時鐘比較值起始CH編號 **AND連接方式** 指令記號 / C / S1 / S2 C：控制資料 S1：PLC時鐘現在值起始CH編號 S2：時鐘比較值起始CH編號 **OR連接方式** 指令記號 / C / S1 / S2 C：控制資料 S1：PLC時鐘現在值起始CH編號 S2：時鐘比較值起始CH編號

可使用的程式

區域	功能區塊	區塊程式	工程步進程式	副程式	中斷任務程式	SFC動作/轉移條件
使用	○	○	○	○	○	○

運算元的說明

運算元	內容	資料型態	容量
C	控制資料	WORD	1
S1	時鐘現在值起始CH編號	WORD	3
S2	時鐘比較值起始CH編號	WORD	3

C：控制資料

16位元當中的位元05~00用來設定年, 月, 日, 時, 分, 秒的遮罩(是否要比較)。如果位元05~00全部被設定為1(要遮罩、不比較)的話，指令不執行、所連接的回路不會輸出。

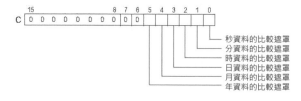

秒資料的比較遮罩
分資料的比較遮罩
時資料的比較遮罩
日資料的比較遮罩
月資料的比較遮罩
年資料的比較遮罩

S1：時鐘現在值起始CH編號

　　時鐘現在值(年, 月, 日, 時, 分, 秒)資料被顯示在 S1~S1+2當中，如下所示。

　　如果要直接指定PLC的內部時鐘 (A351~353CH)的話，S1 = A351CH。

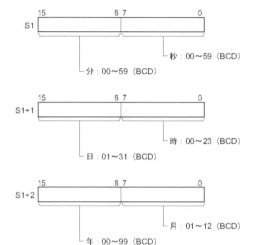

S2：時鐘比較值起始CH編號

　　時鐘比較值資料(年, 月, 日, 時, 分, 秒)被顯示在 S2~S2+2當中，如下所示。

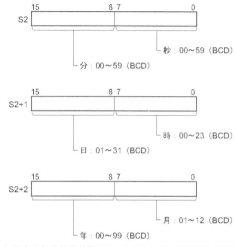

註：年的內容顯示西元後兩位數。數值00~97代表2000~2097年 數值98~99代表1998~1999年

■ 運算元種類

內容	CH位址								間接DM/EM		常數	暫存器			TK	條件旗標	時鐘脈衝	TR
	CIO	WR	HR	AR	T	C	DM	EM	@DM @EM	*DM *EM		DR	IR 直接	IR 間接				
C	○	○	○	○	○	○	—	—	—	—	○	—	—	○	—	—	—	—
S1, S2	○	○	○	○	○	○	○	○	○	○	—	—	—	○	—	—	—	—

相關條件旗標

名稱	標籤	內容
異常旗標	P_ER	• 全部被遮罩的時候，ON。
>旗標	P_GT	• 比較結果S1 > S2的時候，ON。
>=旗標	P_GE	• 比較結果S1>=S2的時候，ON。
=旗標	P_EQ	• 比較結果S1 = S2的時候，ON。
<>旗標	P_NE	• 比較結果S1<>S2的時候，ON。
<旗標	P_LT	• 比較結果S1 < S2的時候，ON。
<= 旗標	P_LE	• 比較結果S1 <= S2的時候，ON。

功能

C的內容指定0(無遮罩)的情況下，S1與S2所指定的CH執行時鐘資料(BCD碼)的比較作業，比較結果如同一個條件接點，控制所連接的回路是否導通。比較結果也會反應至條件旗標(= , < > , < , < = , > , > =)的 ON/OFF。

PLC時鐘比較指令共有18個。

C的位元05~00內容指定1(遮罩)的情況下，相對應的時鐘項目不作比較。

此外，指令執行後，比較結果與條件旗標的關係如下表所示。

比較結果	=	< >	<	< =	>	> =
S1=S2	ON	OFF	OFF	ON	OFF	ON
S1>S2	OFF	ON	OFF	OFF	ON	ON
S1<S2	OFF	ON	ON	ON	OFF	OFF

■ 時鐘資料的比較遮罩

透過遮罩功能，可設定時鐘資料當中要比較的項目及不比較的項目。如果C的位元05~00內容全部都設定為0的話，代表時鐘資料(年, 月, 日, 時, 分, 秒)等6個項目都要比較。

例: C = #39(2進值為111001，年: 1、月: 1、日: 1、時: 0、分: 0、秒: 1)，代表只有(日,時)資料作比較，其餘被設定為1的4項不作比較。

如此一來，可執行每日幾點幾分ON的時鐘控制動作。

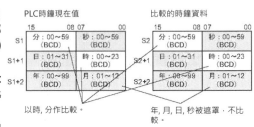

提示

- 與16位元比較指令不同的是，本指令以8位元為一個單位來儲存時鐘資料(年, 月, 日, 時, 分, 秒)，執行時鐘資料的比較。
- CPU模組內建的PLC時鐘資料，以BCD型態儲存於特殊補助繼電器當中，如右圖所示。

比較

位址		內容
CH	位元	
A351CH	00 ~ 07	秒（00～59）（BCD）
	08 ~ 15	分（00～59）（BCD）
A352CH	00 ~ 07	時（00～23）（BCD）
	08 ~ 15	日（01～31）（BCD）
A353CH	00 ~ 07	月（01～12）（BCD）
	08 ~ 15	年（00～99）（BCD）

使用時的注意事項

- 本指令的結尾請使用輸出相關的指令。
- 本指令不可當成輸出來使用。

程式例

0.00 = ON及時鐘為13點0分0秒時，輸出線圈50.00 = ON。

CPU模組內建PLC時鐘資料A351~A352的現在值與D100~D102的設定值(時, 分, 秒)作比較。

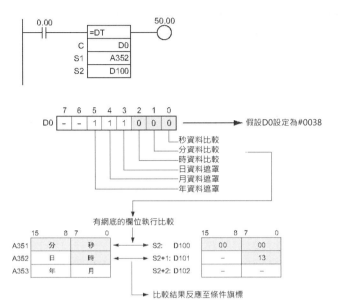

163

CMP/CMPL

指令名稱	指令記號	指令的各種組合	Fun No.	功能
無±符號比較	CMP	!CMP	020	1個CH資料(16位元無±符號BIN值)與1個CH資料或常數作比較，比較結果不會直接輸出，而是反應至相關的旗標當中。
無±符號倍長比較	CMPL	-	060	2個CH資料(32位元無±符號BIN值)與2個CH資料或常數作比較，比較結果不會直接輸出，而是反應至相關的旗標當中。

	CMP	CMPL
記號	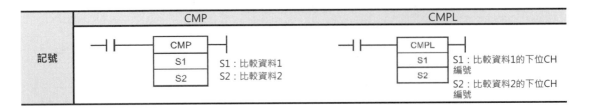 S1：比較資料1 S2：比較資料2	S1：比較資料1的下位CH編號 S2：比較資料2的下位CH編號

可使用的程式

區域	功能區塊	區塊程式	工程步進程式	副程式	中斷任務程式	SFC動作/轉移條件
使用	○	○	○	○	○	○

運算元的說明

運算元	內容	資料型態 CMP	資料型態 CMPL	容量 CMP	容量 CMPL
S1	CMP：比較資料1 CMPL：比較資料1的起始CH編號	UINT	UDINT	1	2
S2	CMP：比較資料2 CMPL：比較資料2的起始CH編號	UINT	UDINT	1	2

■ 運算元種類

內容	CIO	WR	HR	AR	T	C	DM	EM	@DM @EM	*DM *EM	常數	DR	IR 直接	IR 間接	TK	條件旗標	時鐘脈衝	TR
CMP S1,S2	○	○	○	○	○	○	○	○	○	○	○	○	—	○	—	—	—	—
CMPL S1,S2												—	○					

相關條件旗標

名稱	標籤	內容 CMP	內容 CMPL
異常旗標	P_ER	沒有變化[1]	沒有變化[1]
>旗標	P_GT	• 比較結果S1 > S2的時候，ON。	• 比較結果S1+1, S1 > S2+1, S2的時候，ON。
>=旗標	P_GE	• 比較結果S1>=S2的時候，ON。	• 比較結果S1+1, S1>=S2+1, S2的時候，ON。
=旗標	P_EQ	• 比較結果S1 = S2的時候，ON。	• 比較結果S1+1, S1 = S2+1, S2的時候，ON。
<>旗標	P_NE	• 比較結果S1<>S2的時候，ON。	• 比較結果S1+1, S1<>S2+1, S2的時候，ON。

名稱	標籤	內容	
		CMP	CMPL
< 旗標	P_LT	• 比較結果S1 < S2的時候,ON。	• 比較結果S1+1, S1 < S2+1, S2的時候,ON。
<= 旗標	P_LE	• 比較結果S1 <= S2的時候,ON。	• 比較結果S1+1, S1 <= S2+1, S2的時候,ON。
負數旗標	P_N	沒有變化[1]	沒有變化[1]

[1]: CS1/CJ1/CS1D(二重化系統) CPU模組時,OFF。

■ CMP指令執行後,> 、 >= 、 = 、 <= 、 < 、 < > 旗標的ON/OFF狀態。

比較結果	>	> =	=	< =	<	< >
S1 > S2	ON	ON	OFF	OFF	OFF	ON
S1 = S2	OFF	ON	ON	ON	OFF	OFF
S1 < S2	OFF	OFF	OFF	ON	ON	ON

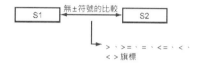

■ CMPL指令執行後,> 、 >= 、 = 、 <= 、 < 、 < > 旗標的ON/OFF狀態。

比較結果	>	> =	=	< =	<	< >
S1+1,S1 > S2+1,S2	ON	ON	OFF	OFF	OFF	ON
S1+1,S1 = S2+1,S2	OFF	ON	ON	ON	OFF	OFF
S1+1,S1 < S1+1,S1	OFF	OFF	OFF	ON	ON	ON

功能

■ CMP

S1與S2,以16位元無±符號BIN型態作比較,比較結果反應至相關的旗標(> 、 >= 、 = 、 <= 、 < 、 < >)當中。

■ CMPL

S1與S2,以32位元無±符號BIN型態作比較,比較結果反應至相關的旗標(> 、 >= 、 = 、 <= 、 < 、 < >)當中。

使用時的注意事項

• 本指令的比較結果不直接輸出,而是反應至相關的旗標當中,使用相關旗標時,請緊接在該指令之後,如右圖所示。

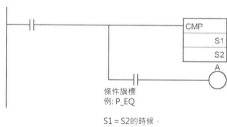

S1 = S2的時候,
P_EQ旗標 = ON、A = ON。

- 旗標若是未緊接於比較指令之後，而是連接在其他指令之後，該旗標只反應所連接指令的運轉結果，如右圖所示。

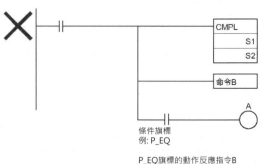

P_EQ旗標的動作反應指令B的運算結果。

- CMP指令可指定立即更新型的!CMP指令。

此種情況下，S1及S2的內容請指定輸入/輸出繼電器區域。(Group2多點輸入輸出模組、高功能I/O模組的多點輸入輸出模組、SYSBUS Remote I/O子局上的模組除外)

當!CMP指令被執行時，S1及S2會以立刻更新的內容作比較。

程式例

- 0.00 = ON的時候，11、10CH與9、8CH的內容以32位元無±符號BIN型態執行比較作業。

比較結果

當 11、10CH的內容 > 9、8CH的內容時， > 旗標ON，輸出線圈20.00 = ON。

當 11、10CH的內容 = 9、8CH的內容時， = 旗標ON，輸出線圈20.01 = ON。

當 11、10CH的內容 < 9、8CH的內容時， < 旗標ON，輸出線圈20.02 = ON。

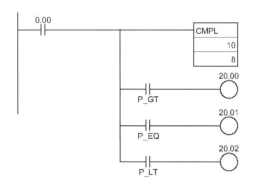

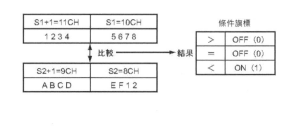

166

CPS/CPSL

指令名稱	指令記號	指令的各種組合	Fun No.	功能
帶±符號BIN比較	CPS	!CPS	114	1個CH資料(16位元帶±符號BIN值)與1個CH資料或常數作比較，比較結果不會直接輸出，而是反應至相關的旗標當中。
帶±符號BIN倍長比較	CPSL	—	115	2個CH資料(32位元帶±符號BIN值)與2個CH資料或常數作比較，比較結果不會直接輸出，而是反應至相關的旗標當中。

記號	CPS		CPSL	
	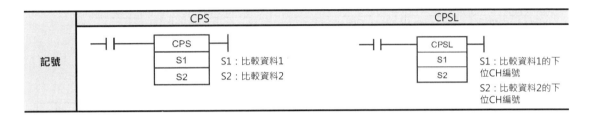	S1：比較資料1 S2：比較資料2		S1：比較資料1的下位CH編號 S2：比較資料2的下位CH編號

可使用的程式

區域	功能區塊	區塊程式	工程步進程式	副程式	中斷任務程式	SFC動作/轉移條件
使用	○	○	○	○	○	○

運算元的說明

運算元	內容	資料型態		容量	
		CPS	CPSL	CPS	CPSL
S1	CPS：比較資料1 CPSL：比較資料1的起始CH編號	INT	DINT	1	2
S2	CPS：比較資料2 CPSL：比較資料2的起始CH編號	INT	DINT	1	2

■ 運算元種類

內容	CH位址								間接DM/EM		常數	暫存器			TK	條件旗標	時鐘脈衝	TR
	CIO	WR	HR	AR	T	C	DM	EM	@DM @EM	*DM *EM		DR	IR 直接	IR 間接				
CPS S1,S2	○	○	○	○	○	○	○	○	○	○	○	○	—	○	—	—	—	—
CPSL S1,S2												—						

相關條件旗標

名稱	標籤	內容	
		CPS	CPSL
異常旗標	P_ER	沒有變化[*1]	沒有變化[*1]
> 旗標	P_GT	• 比較結果S1 > S2的時候，ON。	• 比較結果S1+1, S1 > S2+1, S2的時候，ON。
> = 旗標	P_GE	• 比較結果S1 > =S2的時候，ON。	• 比較結果S1+1, S1 > =S2+1, S2的時候，ON。
= 旗標	P_EQ	• 比較結果S1 = S2的時候，ON。	• 比較結果S1+1, S1 = S2+1, S2的時候，ON。

名稱	標籤	內容	
		CPS	CPSL
< > 旗標	P_NE	• 比較結果S1<>S2的時候，ON。	• 比較結果S1+1, S1<>S2+1, S2的時候，ON。
< 旗標	P_LT	• 比較結果S1 < S2的時候，ON。	• 比較結果S1+1, S1 < S2+1, S2的時候，ON。
<= 旗標	P_LE	• 比較結果S1 <= S2的時候，ON。	• 比較結果S1+1, S1 <= S2+1, S2的時候，ON。
負數旗標	P_N	沒有變化[1]	沒有變化[1]

*1: CS1/CJ1/CS1D(二重化系統) CPU模組時，OFF。

■ CPS指令執行後，＞、>=、=、<=、<、< >旗標的ON/OFF狀態。

比較結果	＞	>=	=	<=	<	< >
S1 > S2	ON	ON	OFF	OFF	OFF	ON
S1 = S2	OFF	ON	ON	ON	OFF	OFF
S1 < S2	OFF	OFF	OFF	ON	ON	ON

> 、>= 、= 、<= 、< 、
< > 旗標

註：比較資料1、2可指定的數值範圍: -32768~32767。

■ CPSL指令執行後，＞、>=、=、<=、<、< >旗標的ON/OFF狀態。

比較結果	＞	>=	=	<=	<	< >
S1+1,S1 > S2+1,S2	ON	ON	OFF	OFF	OFF	ON
S1+1,S1 = S2+1,S2	OFF	ON	ON	ON	OFF	OFF
S1+1,S1 < S1+1,S1	OFF	OFF	OFF	ON	ON	ON

> 、>= 、= 、<= 、< 、< > 旗標

註：比較資料1、2可指定的數值範圍: -2147483648~2147483647。

功能

■ CPS

S1與S2，以16位元帶±符號BIN型態作比較，比較結果反應至相關的旗標(＞、>= 、= 、<= 、< 、< >)當中。

■ CPSL

S1與S2，以32位元帶±符號BIN型態作比較，比較結果反應至相關的旗標(＞、>= 、= 、<= 、< 、< >)當中。

使用時的注意事項

• 本指令的比較結果不直接輸出，而是反應至相關的旗標當中，使用相關旗標時，請緊接在該指令之後，如右圖所示。

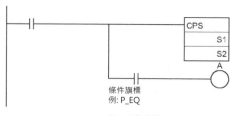

條件旗標
例: P_EQ

S1 = S2的時候，
P_EQ旗標 = ON、A = ON。

- 旗標若是未緊接於比較指令之後，而是連接在其他指令之後，該旗標只反應所連接指令的運轉結果。

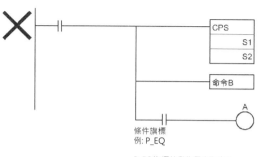

條件旗標
例: P_EQ

P_EQ旗標的動作反應指令B的運算結果。

- CPS指令可指定立即更新型的!CPS指令。

此種情況下，S1及S2的內容請指定輸入/輸出繼電器區域。(Group2多點輸入輸出模組、高功能I/O模組的多點輸入輸出模組、SYSBUS Remote I/O子局上的模組除外)

當!CPS指令被執行時，S1及S2會以立刻更新的內容作比較。

程式例

- 0.00 = ON的時候，資料暫存器D2、D1與D6、D5的內容以32位元帶±符號BIN型態執行比較作業。

比較結果

當 D2、D1的內容 > D6、D5的內容時， > 旗標ON，輸出線圈20.00 = ON。

當 D2、D1的內容 = D6、D5的內容時， = 旗標ON，輸出線圈20.01 = ON。

當 D2、D1的內容 < D6、D5的內容時， < 旗標ON，輸出線圈20.02 = ON。

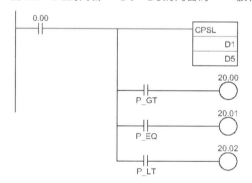

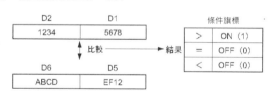

D2	D1
1234	5678

比較 → 結果

D6	D5
ABCD	EF12

條件旗標	
>	ON (1)
=	OFF (0)
<	OFF (0)

MCMP

指令名稱	指令記號	指令的各種組合	Fun No.	功能
多CH比較	MCMP	@MCMP	019	16個CH資料與16個CH資料比較，比較結果輸出至指定CH的16個位元當中。

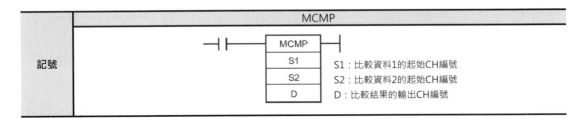

記號	MCMP

MCMP
S1
S2
D

S1：比較資料1的起始CH編號
S2：比較資料2的起始CH編號
D：比較結果的輸出CH編號

可使用的程式

區域	功能區塊	區塊程式	工程步進程式	副程式	中斷任務程式	SFC動作/轉移條件
使用	○	○	○	○	○	○

運算元的說明

運算元	內容	資料型態	容量
S1	比較資料1的起始CH編號	WORD	16
S2	比較資料2的起始CH編號	WORD	16
D	比較結果的輸出CH編號	UINT	1

S1：比較資料1的起始CH編號

S1	第0筆資料
S1+1	第1筆資料
∫	∫
S1+15	第15筆資料

S2：比較結果的輸出CH編號

S2	第0筆資料
S2+1	第1筆資料
∫	∫
S2+15	第15筆資料

D：比較資料2的起始CH編號

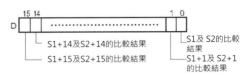

- S1+14及S2+14的比較結果
- S1+15及S2+15的比較結果
- S1及S2的比較結果
- S1+1及S2+1的比較結果

注：S1～S1+15、および S2～S2+15 は、各々同なければなりません。

■ 運算元種類

內容	CH位址								間接DM/EM		常數	暫存器			TK	條件旗標	時鐘脈衝	TR
	CIO	WR	HR	AR	T	C	DM	EM	@DM @EM	*DM *EM		DR	IR 直接	IR 間接				
S1,S2	○	○	○	○	○	○	○	○	○	○	–	–	–	○	–	–	–	–
D												○						

相關條件旗標

名稱	標籤	內容
異常旗標	P_ER	OFF
＝旗標	P_EQ	• 比較結果16位元內容全部為0時，ON。

170

功能

S1所指定的16CH資料與S2所指定的16CH資料作比較，相等為0、不等為1，比較結果輸出至D所指定CH編號的16位元當中。

S1的內容與S2作比較，相等時，DCH的位元0內容為0、不等時，DCH的位元0內容為1。

S1+1的內容與S2+1作比較，相等時，DCH的位元1內容為0、不等時，DCH的位元1內容為1。

S1+15的內容與S2+15作比較，相等時，DCH的位元15內容為0、不等時，DCH的位元15內容為1。

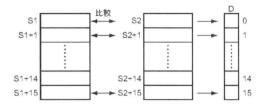

提示

• 本指令執行後，若是＝旗標ON的話，代表16筆資料的比較結果全部相等。

程式例

0.00＝ON的時候， D100~D115的內容與D200~D215的內容執行比較作業，Z相等為0、不等為1，比較結果輸出至D300的16位元當中。

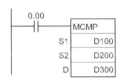

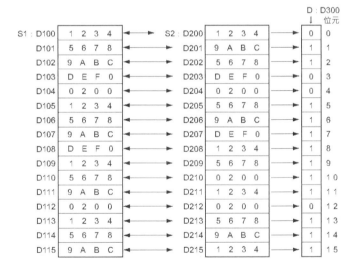

TCMP

指令名稱	指令記號	指令的各種組合	Fun No.	功能
表單比較	TCMP	@TCMP	085	1個CH資料與16個CH資料作比較，比較結果輸出至指定CH的16個位元當中。

記號	TCMP
	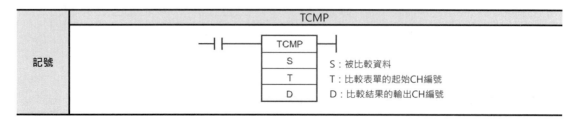 TCMP S：被比較資料 T：比較表單的起始CH編號 D：比較結果的輸出CH編號

可使用的程式

區域	功能區塊	區塊程式	工程步進程式	副程式	中斷任務程式	SFC動作/轉移條件
使用	○	○	○	○	○	○

運算元的說明

運算元	內容	資料型態	容量
S	被比較資料	WORD	1
T	比較表單的起始CH編號	WORD	16
D	比較結果的輸出CH編號	UINT	1

T：比較表單的起始CH編號

D：比較結果的輸出CH編號

■ 運算元種類

內容	CH位址								間接DM/EM		常數	暫存器			TK	條件旗標	時鐘脈衝	TR
	CIO	WR	HR	AR	T	C	DM	EM	@DM @EM	*DM *EM		DR	IR直接	IR間接				
S											○	○						
T	○	○	○	○	○	○	○	○	○	○		—	—	○	—	—	—	—
D											—	○						

相關條件旗標

名稱	標籤	內容
異常旗標	P_ER	OFF
=旗標	P_EQ	• 比較結果16位元內容全部為0時，ON。

功能

S所指定的1個CH比較資料與T~T+15所指定的16CH資料作比較，相等為1、不等為0，比較結果輸出至D所指定CH編號的16位元當中。

S的內容與T作比較，相等時，D CH的位元0內容為1、不等時，D CH的位元0內容為0。

S的內容與T+1作比較，相等時，D CH的位元1內容為1、不等時，D CH的位元1內容為0。

S的內容與T+15作比較，相等時，D CH的位元15內容為1、不等時，D CH的位元15內容為0。

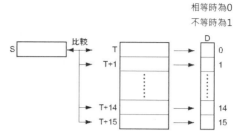

程式例

0.00＝ON的時候，D100的內容與D200~D215的內容執行比較作業，相等為1、不等為0，比較結果輸出至D300的位元0~15當中。

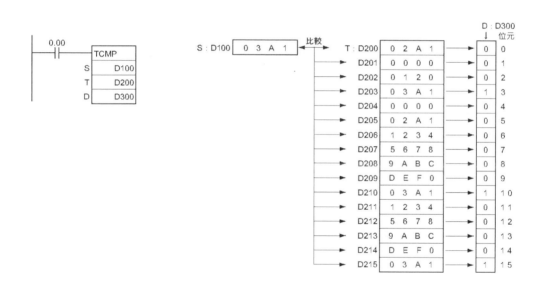

BCMP

指令名稱	指令記號	指令的各種組合	Fun No.	功能
無±符號表單範圍比較	BCMP	@BCMP	068	1個CH的比較資料與16組上下限值，執行比較作業，比較結果輸出至指定CH的16個位元當中。

記號	BCMP
	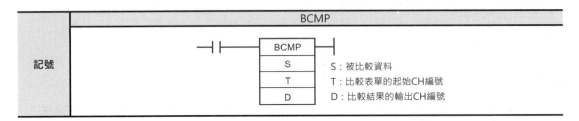

	BCMP
S	S：被比較資料
T	T：比較表單的起始CH編號
D	D：比較結果的輸出CH編號

可使用的程式

區域	功能區塊	區塊程式	工程步進程式	副程式	中斷任務程式	SFC動作/轉移條件
使用	○	○	○	○	○	○

運算元的說明

運算元	內容	資料型態	容量
S	被比較資料	WORD	1
T	比較表單的起始CH編號	WORD	32
D	比較結果的輸出CH編號	UINT	1

T：比較表單的起始CH編號

T	下限值0
T+1	上限值0
T+2	下限值1
T+3	上限值1
≀	≀
T+30	下限值15
T+31	上限值15

D：比較結果輸出CH編號

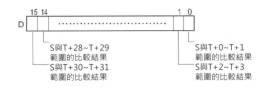

S與T+28~T+29 範圍的比較結果
S與T+30~T+31 範圍的比較結果

S與T+0~T+1 範圍的比較結果
S與T+2~T+3 範圍的比較結果

■ 運算元種類

內容	CH位址								間接DM/EM		常數	暫存器			TK	條件旗標	時鐘脈衝	TR
	CIO	WR	HR	AR	T	C	DM	EM	@DM @EM	*DM *EM		DR	IR 直接	IR 間接				
S											○	○						
T	○	○	○	○	○	○	○	○	○	○	—	—	—	○	—	—	—	—
D												○						

相關條件旗標

名稱	標籤	內容
異常旗標	P_ER	OFF
=旗標	P_EQ	• 比較結果為0時(比較資料與表單內的上下限值資料比較結果，不在16組資料範圍時ON。

174

功能

T所指定的32個CH組成16組的上下限比較值，S與T~T+31執行16組上下限範圍的比較作業，比較結果若為範圍內為1、範圍外為0，比較結果輸出至D所指定CH編號的16位元當中。

T、T+2、...、T+28、T+30為下限值。

T+1、T+3、...、T+29、T+31為上限值。

S與T、T+1範圍作比較，相等時，D CH的位元0內容為1、不等時，D CH的位元0內容為0。

S與T+2、T+3範圍作比較，相等時，D CH的位元1內容為1、不等時，D CH的位元1內容為0。

S與T+30、T+31範圍作比較，相等時，D CH的位元15內容為1、不等時，D CH的位元15內容為0。

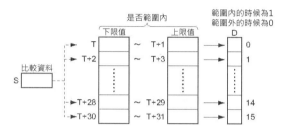

例：T <= S <= T+1的時候，D CH的位元0內容為1
T+2 <= S <= T+3的時候，D CH的位元1內容為1
相反的
S < T、T+1 < S的時候，D CH的位元0內容為0
S < T+2、T+3 < S的時候，D CH的位元1內容為0

註：當下限值的內容 > 上限值的內容時，PLC判定為異常，D相對應的位元內容為0。

程式例

當0.00變成ON時，只要D100的內容是在以D200的內容為下限值，以及以D201的內容為上限值所構成的範圍內時，就會將1儲存至D300的位元，超出範圍時，則儲存0。同樣地，當D100的內容在D202~D203、...D214~D215的範圍時，就會將1儲存至D300的位元1...15，超出範圍時則儲存0。

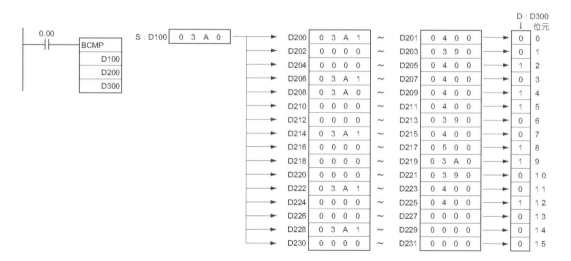

BCMP2

指令名稱	指令記號	指令的各種組合	Fun No.	功能
擴充表單範圍比較	BCMP2	@BCMP2	502	1個CH的比較資料與最多256組上下限值，執行比較作業，比較結果輸出至D~D+15最多16CH的各16個位元當中。

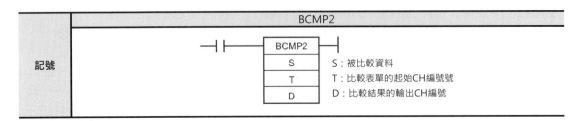

記號	BCMP2
	⊣ ⊢ ┌─────┐ 　　　│ BCMP2 │ 　　　│ S │ S：被比較資料 　　　│ T │ T：比較表單的起始CH編號號 　　　│ D │ D：比較結果的輸出CH編號

可使用的程式

區域	功能區塊	區塊程式	工程步進程式	副程式	中斷任務程式	SFC動作/轉移條件
使用	○	○	○	○	○	○

運算元的說明

運算元	內容	資料型態	容量
S	被比較資料	WORD	1
T	比較表單的起始CH編號	WORD	可變
D	比較結果的輸出CH編號	WORD	可變

T：比較表單的起始CH編號

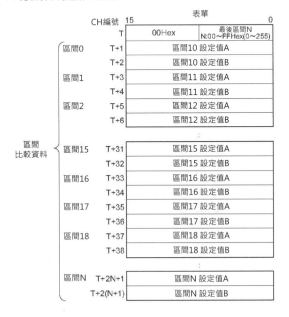

D：比較結果輸出CH編號

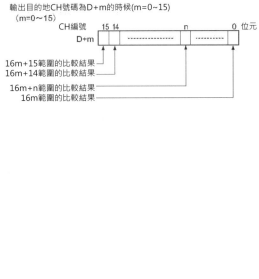

176

內容	CH位址								間接DM/EM		常數	暫存器			TK	條件旗標	時鐘脈衝	TR
	CIO	WR	HR	AR	T	C	DM	EM	@DM @EM	*DM *EM		DR	IR 直接	IR 間接				
S											○	○						
T	○	○	○	○	○	○	○	○	○	○	—	—	—	○	—	—	—	—
D											—	—						

相關條件旗標

名稱	標籤	內容
異常旗標	P_ER	OFF

功能

T指定最多256組的上下限比較值與S的資料作比較，範圍內為1、範圍外為0，比較結果輸出至D~D+最多15CH共16CH的各16位元當中。此外，T的下位位元組內容被用來指定最後一個區間N，而T的上位位元組內容請固定為0。

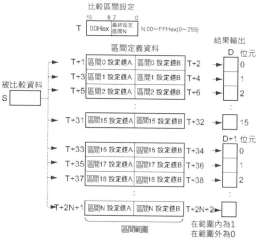

■ 區間的個數

區間的個數由T的下位位元組內容來設定，區間最多256個。

■ 區間的設定

區間內的設定值A及設定值B的大小關係與比較資料S的關係如下所示。

假如A的值<=B的值

則，A的值<=比較區間<=B的值

假如A的值<=B的值

則，比較區間<=B的值與A的值<=比較區間

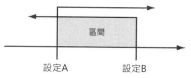

- T+1 <= T+2的時候

  T+1 <= S <= T+2的時候，D CH的位元0內容為1

  T+3 <= S <= T+4的時候，D CH的位元1內容為1

  S < T+5、T+6 < S的時候，D CH的位元2內容為0

  S < T+7、T+8 < S的時候，D CH的位元3內容為0

- T+1 > T+2的時候

  S <= T+2、T+1 <= S的時候，D CH的位元0內容為1

  S <= T+4、T+3 <= S的時候，D CH的位元1內容為1

  T+6 < S < T+5的時候，D CH的位元2內容為0

  T+8 < S < T+7的時候，D CH的位元3內容為0

■ 比較結果的顯示區域

比較結果顯示於D所指定CH編號的16個位元中。

設定的區間超過16時(最後設定區間N的設定值16
以上)，比較結果顯示於D所指定CH編號的接下去
的CH當中。

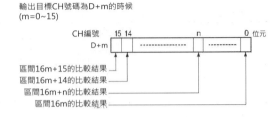

輸出目標CH號碼為D+m的時候
(m=0~15)

區間16m+15的比較結果
區間16m+14的比較結果
區間16m+n的比較結果
區間16m的比較結果

程式例

0.00 = ON的時候，10CH的內容與D200開始算的24組區間(假設最後設定區間N=10進&23時)的上下限範
圍作比較，比較結果輸出至D所指定的CH當中。

當10CH內容介於[D201及D202]範圍內時，100CH的位元0內容為1、範圍外時，100CH的位元0內容為
0。當10CH內容介於[D203及D204]範圍內時，100CH的位元1內容為1、範圍外時，100CH的位元1內容
為0。當10CH內容介於[D247及D248]範圍內時，101CH的位元7內容為1、範圍外時，101CH的位元7內
容為0。

以此類推，如下圖所示。

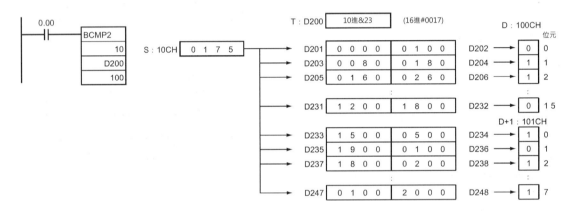

ZCP/ZCPL

指令名稱	指令記號	指令的各種組合	Fun No.	功能
區域比較	ZCP	－	088	1個CH資料(16位元無±符號BIN值)或常數與指定的上下限值作比較，比較結果不會直接輸出，而是反應至相關的旗標當中。
區域倍長比較	ZCPL	－	116	2個CH資料(32位元無±符號BIN值)或常數與指定的上下限值作比較，比較結果不會直接輸出，而是反應至相關的旗標當中。

	ZCP	ZCPL
記號	ZCP S — S：被比較資料(1CH資料) T1 — T1：下限值 T2 — T2：上限值	ZCPL S — S：被比較資料(2CH資料) T1 — T1：下限值 T2 — T2：上限值

可使用的程式

區域	功能區塊	區塊程式	工程步進程式	副程式	中斷任務程式	SFC動作/轉移條件
使用	○	○	○	○	○	○

運算元的說明

運算元	內容	資料型態		容量	
		ZCP	ZCPL	ZCP	ZCPL
S	ZCP：被比較資料(1CH資料) ZCPL：比較資料(2CH資料)	UINT	UDINT	1	2
T1	ZCP：下限值 ZCPL：下限值的起始CH編號	UINT	UDINT	1	2
T2	ZCP：上限值 ZCPL：上限值的起始CH編號	UINT	UDINT	1	2

■ 運算元種類

內容	CH位址								間接DM/EM		常數	暫存器			TK	條件旗標	時鐘脈衝	TR
	CIO	WR	HR	AR	T	C	DM	EM	@DM @EM	*DM *EM		DR	IR 直接	IR 間接				
ZCP: S,T1,T2	○	○	○	○	○	○	○	○	○	－	○	○	－	－	－	－	－	－
ZCPL: S,T1,T2									○	○	○	○						

相關條件旗標

名稱	標籤	內容	
		ZCP	ZCPL
異常旗標	P_ER	當T1 > T2時，ON。	當T1+1, T1 > T2+1, T2時，ON。
> 旗標	P_GT	比較結果S > T2時，ON。	比較結果S+1, S > T2+1, T2時，ON。

名稱	標籤	內容	
		ZCP	ZCPL
>= 旗標	P_GE	• CJ2H CPU模組 (Ver.1.0~1.2)、CS1-H/CJ1-H/CJ1M/CS1D CPU模組: 無變化 • CJ2H CPU模組 (Ver.1.3以後)、CJ2M CPU模組，比較結果T1<=S的時候，ON。	• CJ2H CPU模組 (Ver.1.0~1.2)、CS1-H/CJ1-H/CJ1M/CS1D CPU模組: 無變化 • CJ2H CPU模組 (Ver.1.3以後)、CJ2M CPU模組，比較結果T1+1, T1<=S+1, S的時候，ON。
= 旗標	P_EQ	• 比較結果T1<=S<=T2的時候，ON。	• 比較結果T1+1, T1<=S+1, S<=T2+1, T2的時候，ON。
<> 旗標	P_NE	• CJ2H CPU模組 (Ver.1.0~1.2)、CS1-H/CJ1-H/CJ1M/CS1D CPU模組: 無變化 • CJ2H CPU模組 (Ver.1.3以後)、CJ2M CPU模組，比較結果S < T1的時候，ON。比較結果S > T2的時候，ON。	• CJ2H CPU模組 (Ver.1.0~1.2)、CS1-H/CJ1-H/CJ1M/CS1D CPU模組: 無變化 • CJ2H CPU模組 (Ver.1.3以後)、CJ2M CPU模組，比較結果S+1, S < T1+1, T1的時候，ON。
< 旗標	P_LT	• 比較結果S < T1的時候，ON。	• 比較結果S+1, S < T1+1, T1的時候，ON。
<= 旗標	P_LE	• CJ2H CPU模組 (Ver.1.0~1.2)、CS1-H/CJ1-H/CJ1M/CS1D CPU模組: 無變化 • CJ2H CPU模組 (Ver.1.3以後)、CJ2M CPU模組，比較結果S<=T2的時候，ON。	• CJ2H CPU模組 (Ver.1.0~1.2)、CS1-H/CJ1-H/CJ1M/CS1D CPU模組: 無變化 • CJ2H CPU模組 (Ver.1.3以後)、CJ2M CPU模組，比較結果S+1, S<=T1+1, T1的時候，ON。
負數旗標	P_N	無變化	無變化

功能

■ ZCP

S以16位元無±符號BIN型態與下限值T1~上限值T2作區域比較(T1<=S<=T2)，比較結果反應至相關的旗標(> 、 >= 、 = 、 <= 、 < 、 <>)當中。

■ ZCPL

S以32位元無±符號BIN型態與下限值T1~上限值T2作區域比較(T1+1, T1<=S<=T2+1, T2)，比較結果反應至相關的旗標(> 、 >= 、 = 、 <= 、 < 、 <>)當中。

比較結果及各旗標的動作

比較結果	＞旗標	＝旗標	＜旗標	＞＝旗標(*)	＜＝旗標(*)	＜＞旗標(*)
S > T2 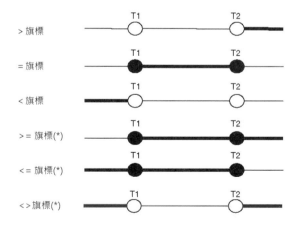	ON	OFF	OFF	ON	OFF	ON
S = T2	OFF	ON			ON	OFF
T1 < S < T2						
S = T1						
S < T1		OFF	ON	OFF		ON

*CJ2H CPU模組 Ver.1.0~1.2、CS1-H/CJ1-H/CJ1M/CS1D CPU模組的話，無ON/OFF。CJ2H CPU模組 Ver.1.3之後、CJ2M CPU
模組的話，才有ON/OFF。

各旗標ON的時候與S值的關係如下圖中的粗線及黑點。

*CJ2H CPU模組 Ver.1.0~1.2、CS1-H/CJ1-H/CJ1M/CS1D CPU模組的話，無ON/OFF。

使用時的注意事項

- 本指令的比較結果反應至相關的旗標當中，使用相關旗標時，請緊接在該指令之後，如右圖所示。

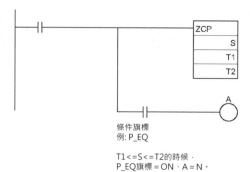

條件旗標
例: P_EQ

T1<=S<=T2的時候，
P_EQ旗標＝ON、A＝N。

- 旗標若是未緊接於比較指令之後，而是連接在其他指令之後，該旗標只反應所連接指令的運轉結果，如右圖所示。

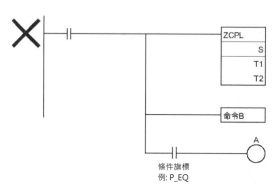

條件旗標
例: P_EQ

旗標反應指令B的運算結果。

程式例

- 0.00＝ON的時候，D0的內容與10進&5~31作比較。

比較結果

當31 <= D0的內容 <= 5時， ＝旗標ON，輸出線圈20.00＝ON。

當 D0的內容 > 31時， >旗標ON，輸出線圈20.01＝ON。

當 D0的內容 < 5時， <旗標ON，輸出線圈20.02＝ON。

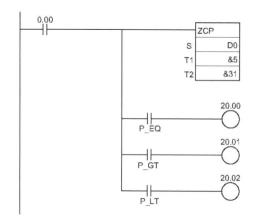

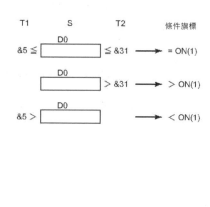

182

ZCPS/ZCPSL

指令名稱	指令記號	指令的各種組合	Fun No.	功能
帶±符號區域比較	ZCPS	—	117	1個CH資料(16位元帶±符號BIN值)或常數與指定的上下限值作比較,比較結果不會直接輸出,而是反應至相關的旗標當中。
帶±符號區域倍長比較	ZCPSL	—	118	2個CH資料(32位元帶±符號BIN值)或常數與指定的上下限值作比較,比較結果不會直接輸出,而是反應至相關的旗標當中。

	ZCPS	ZCPSL
記號		

ZCPS
S：被比較資料(1CH資料)
T₁：下限值
T₂：上限值

ZCPSL
S：被比較資料(2CH資料)
T₁：下限值
T₂：上限值

可使用的程式

區域	功能區塊	區塊程式	工程步進程式	副程式	中斷任務程式	SFC動作/轉移條件
使用	○	○	○	○	○	○

運算元的說明

運算元	內容	資料型態 ZCPS	資料型態 ZCPSL	容量 ZCPS	容量 ZCPSL
S	ZCPS：被比較資料(1CH資料) ZCPS：比較資料(2CH資料)	INT	DINT	1	2
T1	ZCPS：下限值 ZCPS：下限值的起始CH編號	INT	DINT	1	2
T2	ZCPS：上限值 ZCPS：上限值的起始CH編號	INT	DINT	1	2

■ 運算元種類

內容	CH位址 CIO	WR	HR	AR	T	C	DM	EM	間接DM/EM @DM @EM	間接DM/EM *DM *EM	常數	暫存器 DR	暫存器 IR 直接	暫存器 IR 間接	TK	條件旗標	時鐘脈衝	TR
ZCP: S,T1,T2	○	○	○	○	○	○	○	○	○	○	○	○	—	—	—	—	—	—
ZCPL: S,T1,T2	○	○	○	○	○	○	○	○	○	○	—	○	—	—	—	—	—	—

相關條件旗標

名稱	標籤	內容 ZCPS	內容 ZCPSL
異常旗標	P_ER	當T1 > T2時,ON。	當T1+1, T1 > T2+1, T2時,ON。
> 旗標	P_GT	比較結果S > T2時,ON。	比較結果S+1, S > T2+1, T2時,ON。

名稱	標籤	內容	
		ZCPS	ZCPSL
>= 旗標	P_GE	• 比較結果T1 <= S的時候，ON。	• 比較結果T1+1, T1<=S+1, S的時候，ON。
= 旗標	P_EQ	• 比較結果T1 <= S <= T2的時候，ON。	• 比較結果T1+1, T1<=S+1, S<=T2+1, T2的時候，ON。
<> 旗標	P_NE	• 比較結果S < T1的時候，ON。 • 比較結果S > T2的時候，ON。	• 比較結果S+1, S < T1+1, T1的時候，ON。
< 旗標	P_LT	• 比較結果S < T1的時候，ON。	• 比較結果S+1, S < T1+1, T1的時候，ON。
<= 旗標	P_LE	• 比較結果S<=T2的時候，ON。	• 比較結果S+1, S<=T1+1, T1的時候，ON。
負數旗標	P_N	• 無變化	• 無變化

比較結果及各旗標的動作

比較結果	> 旗標	= 旗標	< 旗標	>= 旗標(*)	<= 旗標(*)	<> 旗標(*)
S > T2 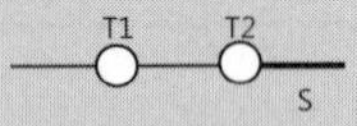	ON	OFF	OFF	ON	OFF	ON
S = T2 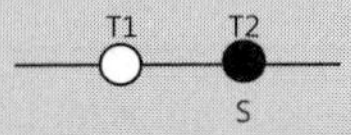	OFF	ON			ON	OFF
T1 < S < T2						
S = T1 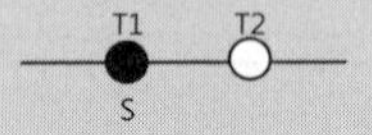						
S < T1		OFF	ON	OFF		ON

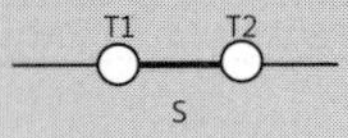

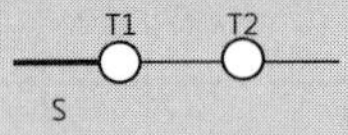

184

各旗標ON的時候與S值的關係如下圖中的粗線及黑點。

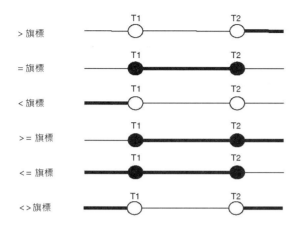

使用時的注意事項

- 本指令的比較結果反應至相關的旗標當中，使用相關旗標時，請緊接在該指令之後，如右圖所示。

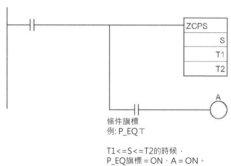

ZCPS
S
T1
T2

A

條件旗標
例: P_EQ T

T1<=S<=T2的時候，
P_EQ旗標＝ON、A＝ON。

- 旗標若是未緊接於比較指令之後，而是連接在其他指令之後，該旗標只反應所連接指令的運轉結果，如右圖所示。

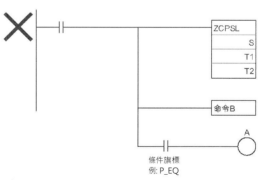

ZCPSL
S
T1
T2

命令B

A

條件旗標
例: P_EQ

旗標反應指令B的運算結果。

程式例

- 0.00＝ON的時候，D0的內容與10進&-10～100作比較。
- 比較結果
  當-10 <= D0的內容 <= 100時， ＝旗標ON，輸出線圈20.00＝ON。
  當 D0的內容 > 100時， ＞旗標ON，輸出線圈20.01＝ON。
  當 D0的內容 < -10時， ＜旗標ON，輸出線圈20.02＝ON。

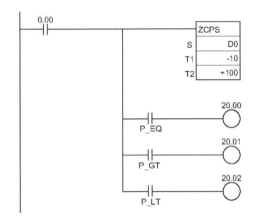

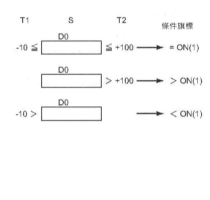

資料傳送指令

指令記號	指令名稱	Fun No.	頁
MOV	傳送	021	188
MOVL	倍長位元傳送	498	
MVN	反相傳送	022	190
MVNL	反相倍長位元傳送	499	
MOVB	位元傳送	082	192
MOVD	位數傳送	083	194
XFRB	多位元傳送	062	196
XFER	區塊傳送	070	198
BSET	區塊設定	071	200
XCHG	資料交換	073	202
XCGL	倍長位元資料交換	562	
DIST	資料分配	080	204
COLL	資料擷取	081	206
MOVR	索引暫存器設定	560	208
MOVRW	索引暫存器設定	561	

MOV/MOVL

指令名稱	指令記號	指令的各種組合	Fun No.	功能
傳送	MOV	@MOV, !MOV, !@MOV	021	CH資料或常數被傳送至指定的CH
倍長位元傳送	MOVL	@MOVL	498	2CH 32位元資料或常數被傳送至指定的CH

記號	MOV	MOVL

可使用的程式

區域	功能區塊	區塊程式	工程步進程式	副程式	中斷任務程式	SFC動作/轉移條件
使用	○	○	○	○	○	○

運算元的說明

運算元	內容	資料型態		容量	
		MOV	MOVL	MOV	MOVL
S	MOV：傳送資料 MOVL：傳送資料的起始CH編號	WORD	DWORD	1	2
D	MOV：傳送目的地CH編號 MOVL：傳送目的地的起始CH編號	WORD	DWORD	1	2

■ 運算元種類

內容		CH位址								間接DM/EM		常數	暫存器			TK	條件旗標	時鐘脈衝	TR
		CIO	WR	HR	AR	T	C	DM	EM	@DM @EM	*DM *EM		DR	IR直接	IR間接				
MOV	S	○	○	○	○	○	○	○	○	○	○	○	○	—	○	—	—	—	—
	D											—							
MOVL	S	○	○	○	○	○	○	○	○	○	○	○	—	○	○	—	—	—	—
	D											—							

相關條件旗標

名稱	標籤	內容
異常旗標	P_ER	• OFF
＝旗標	P_EQ	• 傳送資料(D)為0時，ON。
負數旗標	P_N	• 傳送資料(D)最上位位元為1時，ON。

功能

■ MOV

S的內容被傳送至D當中。S的內容若是常數的話，本指令被當成資料設定來使用。

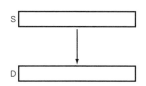

■ MOVL

兩個CH份的S, S+1內容被傳送至D+1, D當中。S的內容若是常數的話，本指令被當成資料設定來使用。

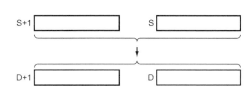

使用時的注意事項

- MOV指令可使用立即更新型指令(!MOV)。

- 使用立即更新型指令(!MOV)的時候，S可指定外部輸入繼電器、D可指定外部輸出繼電器。(但是，Group 2多點輸入輸出模組、高功能I/O模組的多點輸入輸出模組及SYSBUS Remote I/O子局上的模組除外)

   S指定外部輸入繼電器的話，指令被執行時，S的內容被「輸入立即更新」後傳送至D當中，若是D指定外部輸出繼電器的話，指令被執行時，S的內容被傳送至D之後「輸出立即更新」至輸出端。因此，!MOV指令可執行「輸入立即更新」及「輸出立即更新」的傳送動作。

程式例

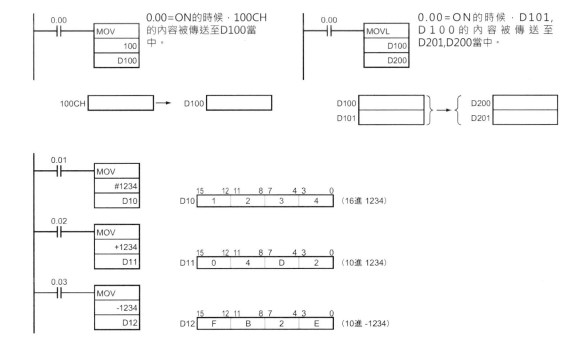

MVN/MVNL

指令名稱	指令記號	指令的各種組合	Fun No.	功能
反相傳送	MVN	@MVN	022	CH資料或常數的反相資料被傳送至指定的CH
反相倍長位元傳送	MVNL	@MVNL	499	2CH 32位元資料或常數的反相資料被傳送至指定的CH

	MVN	MVNL
記號		

可使用的程式

區域	功能區塊	區塊程式	工程步進程式	副程式	中斷任務程式	SFC動作/轉移條件
使用	○	○	○	○	○	○

運算元的說明

運算元	內容	資料型態		容量	
		MVN	MVNL	MVN	MVNL
S	MVN：傳送資料 MVNL：傳送資料的起始CH編號	WORD	DWORD	1	2
D	MVN：傳送目的地CH編號 MVNL：傳送目的地的起始CH編號	WORD	DWORD	1	2

■ 運算元種類

內容		CH位址								間接DM/EM		常數	暫存器			TK	條件旗標	時鐘脈衝	TR
		CIO	WR	HR	AR	T	C	DM	EM	@DM @EM	*DM *EM		DR	IR直接	IR間接				
MVN	S	○	○	○	○	○	○	○	○	○		○	○	─	○	─	─	─	─
	D											─							
MVNL	S	○	○	○	○	○	○	○	○	○		○	○	─	○	─	─	─	─
	D											─		○	○				

相關條件旗標

名稱	標籤	內容
異常旗標	P_ER	• OFF
＝旗標	P_EQ	• 傳送資料(D)為0時，ON。
負數旗標	P_N	• 傳送資料(D)最上位位元為1時，ON。

功能

■ MVN

S的16位元資料反相(0→1、1→0)後被傳送至D當中。 ・

■ MVNL

S的32位元資料反相(0→1、1→0)後被傳送至D+1, D當中。

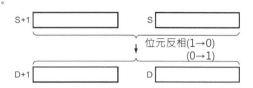

程式例

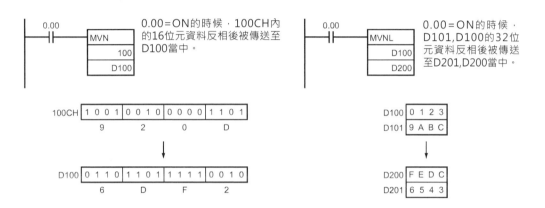

0.00=ON的時候，100CH內的16位元資料反相後被傳送至D100當中。

0.00=ON的時候，D101,D100的32位元資料反相後被傳送至D201,D200當中。

MOVB

指令名稱	指令記號	指令的各種組合	Fun No.	功能
位元傳送	MOVB	@MOVB	082	指定的位元內容被傳送

記號	MOVB

記號欄位：

MOVB
S：被傳送CH編號
C：控制資料
D：傳送目的地CH編號

S：被傳送CH編號
C：控制資料
D：傳送目的地CH編號

可使用的程式

區域	功能區塊	區塊程式	工程步進程式	副程式	中斷任務程式	SFC動作/轉移條件
使用	○	○	○	○	○	○

運算元的說明

運算元	內容	資料型態	容量
S	被傳送CH編號	WORD	1
C	控制資料	UINT	1
D	傳送目的地CH編號	WORD	1

C：控制資料

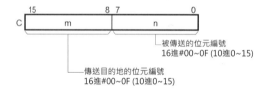

被傳送的位元編號
16進#00~0F (10進0~15)

傳送目的地的位元編號
16進#00~0F (10進0~15)

■ 運算元種類

內容	CH位址								間接DM/EM		常數	暫存器			TK	條件旗標	時鐘脈衝	TR
	CIO	WR	HR	AR	T	C	DM	EM	@DM @EM	*DM *EM		DR	IR直接	IR間接				
S											○							
C	○	○	○	○	○	○	○	○	○	○		○	—	○	—	—	—	—
D											—							

相關條件旗標

名稱	標籤	內容
異常旗標	P_ER	• C的內容超出範圍時，ON。

功能

S所指定的位元位置(C的n)的內容傳送至D所指定的位元(C的m)位置。

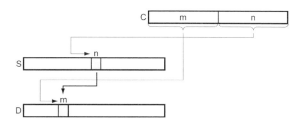

提示

• S與D若是指定同一個CH編號的話，本指令可用來變更位元的位置。

使用時的注意事項

除了指定的傳送目的地位元編號之外，其它的位元內容沒有變化。

程式例

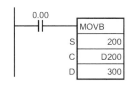

0.00=ON的時候，C的內容如下所示，200CH位元5的內容被傳送至300CH位元12當中。

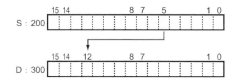

MOVD

指令名稱	指令記號	指令的各種組合	Fun No.	功能
位數傳送	MOVD	@MOVD	083	以位數(4個位元)為單位的傳送

記號	MOVD
	![MOVD階梯圖: ─┤├─ MOVD / S / C / D]　S：被傳送CH編號 C：控制資料 D：傳送目的地CH編號

可使用的程式

區域	功能區塊	區塊程式	工程步進程式	副程式	中斷任務程式	SFC動作/轉移條件
使用	○	○	○	○	○	○

運算元的說明

運算元	內容	資料型態	容量
S	被傳送CH編號	WORD	1
C	控制資料	UINT	1
D	傳送目的地CH編號	UINT	1

S：被傳送CH編號

```
    15   12 11   8 7   4 3   0
S │ 位數3 │ 位數2 │ 位數1 │ 位數0 │
```
來源位數是由右到左被讀取
(位數3的下一個位數又回到位數0)

D：傳送目的地CH編號

```
    15   12 11   8 7   4 3   0
S │ 位數3 │ 位數2 │ 位數1 │ 位數0 │
```
來源位數是由右到左被讀取
(位數3的下一個位數又回到位數0)

C：控制資料

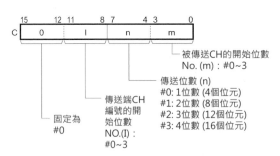

```
    15   12 11   8 7   4 3   0
C │ 0 │ l │ n │ m │
```

被傳送CH的開始位數
No. (m)：#0~3

傳送位數 (n)
#0：1位數 (4個位元)
#1：2位數 (8個位元)
#2：3位數 (12個位元)
#3：4位數 (16個位元)

傳送端CH
編號的開
始位數
NO.(l)：
#0~3

固定為
#0

■ 運算元種類

元件	CH位址								間接DM/EM		常數	暫存器			TK	條件旗標	時鐘脈衝	TR
	CIO	WR	HR	AR	T	C	DM	EM	@DM @EM	*DM *EM		DR	IR直接	IR間接				
S											○							
C	○	○	○	○	○	○	○	○	○	○		○	−	○	−	−	−	−
D											−							

相關條件旗標

名稱	標籤	內容
異常旗標	P_ER	• C的內容超出範圍時，ON。

功能

S所指定的CH的開始位數(C的m)，一次n個位數(C的n) 的內容被傳送至D所指定的CH的開始位數(C的I)。

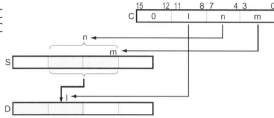

提示

• S與D若是指定同一個CH編號的話，本指令可用來變更位元的位置。

使用時的注意事項

• 除了指定的傳送目的地位數編號之外，其它的位數內容沒有變化。
• 複數位數被傳送時，位數範圍超出目的地CH位數時，位數從上位位數往下位位數延伸。

程式例

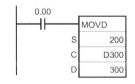

0.00=ON的時候，C的內容如下所示，200CH位數1開始算的位數4被傳送至300CH位數0開始算的位數4當中。

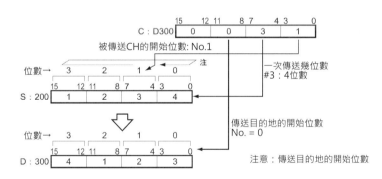

■ 複數(DIGIT)位數的傳送例

傳送複數時，必須將傳送端的開始末數編號及傳送目的端的開始輸出位數編號指定為下位位數端。

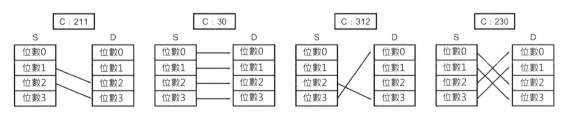

XFRB

指令名稱	指令記號	指令的各種組合	Fun No.	功能
多位元傳送	XFRB	@XFRB	062	指定的多位元內容被傳送

記號	XFRB	
	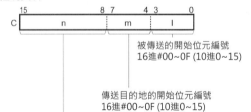 XFRB C S D	C：控制資料 S：起始CH編號 D：傳送目的地起始CH編號

可使用的程式

區域	功能區塊	區塊程式	工程步進程式	副程式	中斷任務程式	SFC動作/轉移條件
使用	○	○	○	○	○	○

運算元的說明

運算元	內容	資料型態	容量
C	控制資料	UINT	1
S	起始CH編號	WORD	可變
D	傳送目的地起始CH編號	WORD	可變

C：控制資料

被傳送的開始位元編號
16進#00~0F (10進0~15)

傳送目的地的開始位元編號
16進#00~0F (10進0~15)

傳送的位元數量
16進#00~FF (10進0~255)

S：起始CH編號

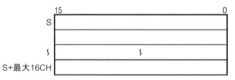

D：傳送目的地起始CH編號

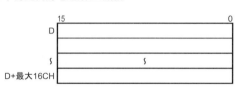

注意：S~S+16CH及D~D+16CH必須是同一運算元種類。

■ 運算元種類

內容	CH位址								間接DM/EM		常數	暫存器			TK	條件旗標	時鐘脈衝	TR
	CIO	WR	HR	AR	T	C	DM	EM	@DM @EM	*DM *EM		DR	IR直接	IR間接				
C											○	○						
S	○	○	○	○	○	○	○	○	○	○		—	○	—	—	—	—	—
D																		

相關條件旗標

名稱	標籤	內容
異常旗標	P_ER	• OFF

功能

S所指定的CH的開始位元(C的l)，一次n個位元(C的n)的內容被傳送至D所指定的CH的開始位元(C的m)當中。

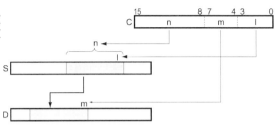

提示

* 一個指令最多可指定255個位元的內容做傳送。

* 透過多個位元傳送指令，可將位元資料加以整合，讓資料區域可更有效的應用。(特別是伺服定位用資料的使用會更容易)。

* 如果被傳送CH編號及傳送目的地CH編號必須重疊時，請與ANDW指令搭配、使用位移指令來指定從n位元開始、一次位移m個位元來取代本指令。

* 被傳送CH編號及傳送目的地CH編號可重疊指定。

使用時的注意事項

* 被傳送CH編號及傳送目的地CH編號不可超出元件可使用的編號範圍。

* 傳送位元數(C的n)為0時，不執行傳送動作。

* 除了指定的傳送目的地位元編號之外，其它的位元內容沒有變化。

程式例

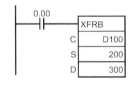

0.00=ON的時候，C的內容如下所示，200CH位元6開始算的20個位元的內容被傳送至300CH位元0開始算的20個位元當中。

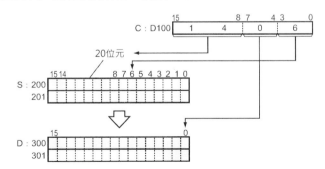

XFER

指令名稱	指令記號	指令的各種組合	Fun No.	功能
區塊傳送	XFER	@XFER	070	指定連續多個CH內容被傳送至指定的CH

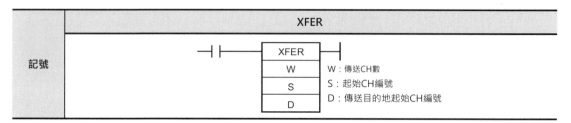

記號	XFER

記號：

XFER
W ： 傳送CH數
S ： 起始CH編號
D ： 傳送目的地起始CH編號

W：傳送CH數
S：起始CH編號
D：傳送目的地起始CH編號

可使用的程式

區域	功能區塊	區塊程式	工程步進程式	副程式	中斷任務程式	SFC動作/轉移條件
使用	○	○	○	○	○	○

運算元的說明

運算元	內容	資料型態	容量
W	傳送CH數	UINT	1
S	起始CH編號	WORD	可變
D	傳送目的地起始CH編號	WORD	可變

W：傳送CH數
　10進0~65535 (16進#0000~FFFF)

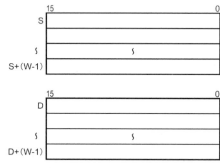

■ 運算元種類

內容	CH位址								間接DM/EM		常數	暫存器			TK	條件旗標	時鐘脈衝	TR
	CIO	WR	HR	AR	T	C	DM	EM	@DM @EM	*DM *EM		DR	IR直接	IR間接				
W											○	○						
S	○	○	○	○	○	○	○	○	○	○				○				
D												—		—	—	—	—	—

相關條件旗標

名稱	標籤	內容
異常旗標	P_ER	• OFF

功能

S所指定的起始CH編號開始算的W個CH內容被傳送至D所指定的起始CH編號當中。

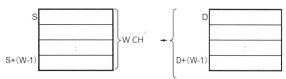

提示

* S與D若是指定同一個運算元種類時，XFER指令如同一個資料位移指令。

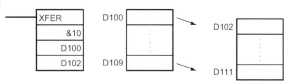

* 被傳送CH編號及傳送目的地CH編號可重疊指定。

使用時的注意事項

* 被傳送CH編號及傳送目的地CH編號不可超出運算元種類可使用的編號範圍。
* 大量資料被傳送時，指令的執行時間極為耗時，傳送的中途若是碰到中斷時，該中斷任務程式必須等到資料傳送動作結束後才能進行。

  大量資料傳送中也有可能碰到PLC電源斷電而中斷傳輸，為了避免此中情況發生，可將指令加以分割成較小資料量的傳送，如下所示。

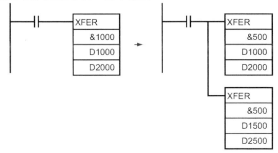

程式例

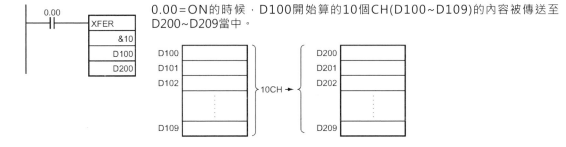

0.00＝ON的時候，D100開始算的10個CH(D100~D109)的內容被傳送至D200~D209當中。

BSET

指令名稱	指令記號	指令的各種組合	Fun No.	功能
區塊設定	BSET	@BSET	071	傳送同一個數值至連續的多個CH當中

	BSET	
記號	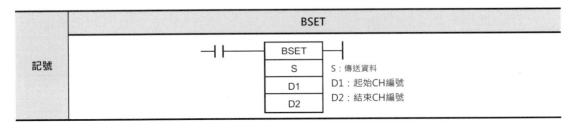	

可使用的程式

區域	功能區塊	區塊程式	工程步進程式	副程式	中斷任務程式	SFC動作/轉移條件
使用	○	○	○	○	○	○

運算元的說明

運算元	內容	資料型態	容量
S	傳送資料	WORD	1
D1	起始CH編號	WORD	可變
D2	結束CH編號	WORD	可變

D1：起始CH編號
D2：結束CH編號

注意：D1必須≦D2，D1 > D2的時候，異常旗標=ON。

■ 運算元種類

內容	CH位址								間接DM/EM	常數	暫存器			TK	條件旗標	時鐘脈衝	TR
	CIO	WR	HR	AR	T	C	DM	EM	@DM @EM *DM *EM		DR	IR直接	IR間接				
S	○	○	○	○	○	○	○	○	○	○	○	○						—
D1	○	○	○	○	○	○	○	○	○	○	—	—	—	○	—	—	—	—
D2																		

相關條件旗標

名稱	標籤	內容
異常旗標	P_ER	• D1 > D2時，ON。

功能

S所指定的內容被傳送至D1~D2所指定的CH當中。

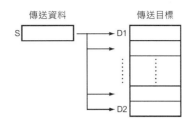

傳送資料　　　　　傳送目標

使用時的注意事項

大量資料被傳送時，指令的執行時間極為耗時，傳送的中途若是碰到中斷插入事件發生時，該中斷插入事件必須等到資料傳送動作結束後才能進行。

大量資料傳送中也有可能碰到PLC電源斷電而中斷傳輸，為了避免此中情況發生，可將指令加以分割成較小資料量的傳送，如下所示。

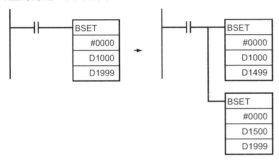

程式例

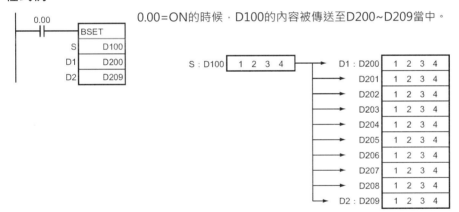

0.00=ON的時候，D100的內容被傳送至D200~D209當中。

XCHG/XCGL

指令名稱	指令記號	指令的各種組合	Fun No.	功能
資料交換	XCHG	@XCHG	073	CH間的資料交換
倍長位元資料交換	XCGL	@XCGL	562	2CH的資料交換

記號	XCHG	XCGL
	XCHG D1 D2 D1：交換CH編號1 D2：交換CH編號2	XCGL D1 D2 D1：交換起始CH編號1 D2：交換起始CH編號2

可使用的程式

區域	功能區塊	區塊程式	工程步進程式	副程式	中斷任務程式	SFC動作/轉移條件
使用	○	○	○	○	○	○

運算元的說明

運算元	內容	資料型態		容量	
		XCHG	XCGL	XCHG	XCGL
D1	XCHG：交換CH編號1 XCGL：交換起始CH編號1	WORD	DWORD	1	2
D2	XCHG：交換CH編號2 XCGL：交換起始CH編號2	WORD	DWORD	1	2

■ 運算元種類

內容		CH位址								間接DM/EM		常數	暫存器			TK	條件旗標	時鐘脈衝	TR
		CIO	WR	HR	AR	T	C	DM	EM	@DM @EM	*DM *EM		DR	IR直接	IR間接				
XCHG	D1 D2	○	○	○	○	○	○	○	○	○	○	—	○	—	○	—	—	—	—
XCGL	D1 D2	○	○	○	○	○	○	○	○	○	○		—	○	○	—	—	—	—

相關條件旗標

名稱	標籤	內容
異常旗標	P_ER	• 沒有變化[*1]
＝旗標	P_EQ	• 沒有變化[*1]
負數旗標	P_N	• 沒有變化[*1]

[*1]：CS1/CJ1/CS1D(二重系統用) CPU模組時，使用上述旗標時，輸出值為OFF

功能

■ XCHG

■ XCGL

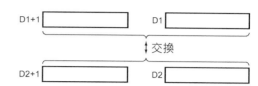

提示

同時交換3CH以上的CH資料時，請依照下圖所示，先透過其他區域，並使用XFER (區塊傳送)指令進行資料交換。

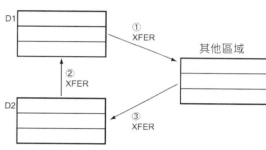

程式例

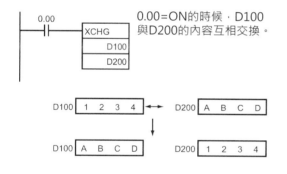

0.00=ON的時候，D100與D200的內容互相交換。

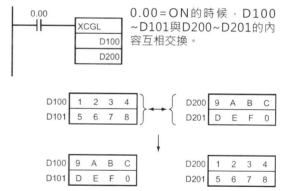

0.00=ON的時候，D100~D101與D200~D201的內容互相交換。

DIST

指令名稱	指令記號	指令的各種組合	Fun No.	功能
資料分配	DIST	@DIST	080	將資料傳送至Offset指定的CH當中。

	DIST		
記號	![DIST方塊圖] DIST S1 D S2	S1：傳送資料 D：傳送目的端基準CH編號 S2：偏移資料(Offset)	

可使用的程式

區域	功能區塊	區塊程式	工程步進程式	副程式	中斷任務程式	SFC動作/轉移條件
使用	○	○	○	○	○	○

運算元的說明

運算元	內容	資料型態	容量
S1	被傳送資料	WORD	1
D	傳送目的端基準CH編號	WORD	1
S2	偏移資料(Offset)	UINT	1

D：傳送目的端基準CH編號

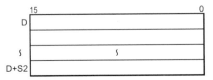

S2：偏移值(Offset)
　　 10進0~65535或16進#0000~FFFF

注意：D~D+S2必須是同一個元件類別。

■ 運算元種類

內容	CH位址								間接DM/EM	常數	暫存器			TK	條件旗標	時鐘脈衝	TR
	CIO	WR	HR	AR	T	C	DM	EM	@DM @EM	*DM *EM		DR	IR直接	IR間接			
S1											○	○						
D	○	○	○	○	○	○	○	○	○	○		—	—	—	○	—	—	—
S2											○	○						

相關條件旗標

名稱	標籤	內容
異常旗標	P_ER	• OFF
=旗標	P_EQ	• 傳送資料為0時，ON。
負數旗標	P_N	• 傳送資料最上位位元為1時(S1為負數)，ON。

功能

D指定寫入目的地基準CH起始編號，S2設定偏移值(Offset)，D+S2=寫入目的地CH編號，S1的內容被傳送至D+S2的傳送目的地CH編號中。

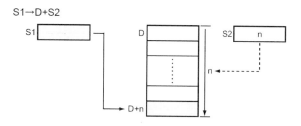

S1→D+S2

提示

• 只要變化S2偏移值(Offset)的內容，使用DISTC指令即可寫入資料至任一個CH裡。

使用時的注意事項

• S2偏移值(Offset)的內容不可超過寫入目的地CH編號的使用範圍。

程式例

條件接點0.00=ON的時候，D100的內容被傳送至D210(D200+D300的內容偏移值(Offset))當中。
只要變動D300偏移值(Offset)的內容，D100的內容即可被傳送至可變的CH編號裡。

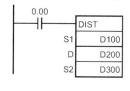

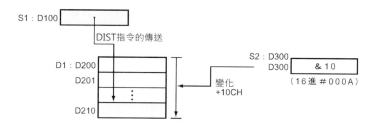

COLL

指令名稱	指令記號	指令的各種組合	Fun No.	功能
資料擷取	COLL	@COLL	081	以傳送端為基準，將位移後的CH內容傳送到指定的CH。

記號	COLL		
	┤├── COLL ────		
		S1	S1：讀出CH起始編號
		S2	S2：偏移值(Offset)
		D	D：傳送目的地CH編號

可使用的程式

區域	功能區塊	區塊程式	工程步進程式	副程式	中斷任務程式	SFC動作/轉移條件
使用	○	○	○	○	○	○

運算元的說明

運算元	內容	資料型態	容量
S1	傳送端基準CH編號	WORD	1
S2	偏移值(Offset)	WORD	1
D	傳送目的端的CH編號	WORD	1

S1：傳送端基準CH編號

S2：偏移值(Offset)

10進0~65535或16進#0000~FFFF

注意：D~D+S必須是同一個元件類別。

■ 運算元種類

內容	CH位址								間接DM/EM		常數	暫存器			TK	條件旗標	時鐘脈衝	TR
	CIO	WR	HR	AR	T	C	DM	EM	@DM @EM	*DM *EM		DR	IR直接	IR間接				
S1											－	－						
S2	○	○	○	○	○	○	○	○	○	○	○		－	○	－	－	－	－
D											－	○						

相關條件旗標

名稱	標籤	內容
異常旗標	P_ER	• OFF
=旗標	P_EQ	• 傳送資料為0時，ON。
負數旗標	P_N	• 傳送資料最上位位元為1時(S1為負數)，ON。

功能

S1指定被讀出CH基準編號．S2設定偏移值(Offset)．S1+S2=被讀出資料的CH編號．S1+S2所指定的CH內容被讀出至D所指定的目的地CH編號中。

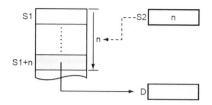

提示

• 只要變動偏移值(Offset)(S2)．使用COLL指令即可從任一個CH擷取資料。

使用時的注意事項

• S2(偏移值(Offset))的內容不可超過寫入目的地CH編號的使用範圍。

程式例

條件接點0.00=ON的時候．D110(D100+D200的內容(#0010))的內容被擷取至D所指定的目的地CH編號D300當中。(變動D200的內容就可讀取任一個CH的內容)。

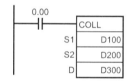

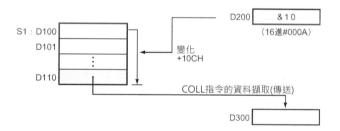

MOVR/MOVRW

指令名稱	指令記號	指令的各種組合	Fun No.	功能
索引暫存器設定	MOVR	@MOVR	560	將CH編號或接點編號的I/O實際位址寫入至索引暫存器當中。
索引暫存器(計時器或計數器的PV值)設定	MOVRW	@MOVRW	561	將計時器或計數器現在值的I/O實際位址寫入至索引暫存器當中。

	MOVR	MOVRW
記號	┤├ ┌─MOVR─┐ ┌ S ┐ ┌ D ┐ S：指定CH編號或接點編號 D：目的地索引暫存器編號	┤├ ┌─MOVRW─┐ ┌ S ┐ ┌ D ┐ S：指定計時器或計數器 D：目的地索引暫存器編號

可使用的程式

■ MOVR

區域	功能區塊	區塊程式	工程步進程式	副程式	中斷任務程式	SFC動作/轉移條件
使用	○	○	○	○	○	○

■ MOVRW

區域	功能區塊	區塊程式	工程步進程式	副程式	中斷任務程式	SFC動作/轉移條件
使用	X	○	○	○	○	X

運算元的說明

運算元	內容	資料型態 MOVR	資料型態 MOVRW	容量
S	MOVR：指定CH編號或接點編號 MOVRW：指定計時器或計數器	BOOL	UINT	1
D	目的地索引暫存器編號	WORD	WORD	2

■ 運算元種類

內容		CH位址 CIO	WR	HR	AR	T	C	DM	EM	間接DM/EM @DM @EM	間接DM/EM *DM *EM	常數	暫存器 DR	暫存器 IR直接	暫存器 IR間接	TK	條件旗標	時鐘脈衝	TR
MOVR	S	○	○	○	○	○	○	○	○	—	—	—	—	—	—	○	—	—	—
	D	—	—	—	—	—	—	—	—	—	—	—	—	○	—	—	—	—	—
MOVRW	S	—	—	—	—	○	○	—	—	—	—	—	—	—	—	—	—	—	—
	D	—	—	—	—	—	—	—	—	—	—	—	—	○	—	—	—	—	—

相關條件旗標

名稱	標籤	內容
異常旗標	P_ER	• 沒有變化[1]
=旗標	P_EQ	• 沒有變化[1]
負數旗標	P_N	• 沒有變化[1]

[1]：CS1/CJ1/CS1D(二重系統用) CPU模組時，使用上述旗標時，輸出值為OFF

功能

■ MOVR

S指定CH編號/接點編號的I/O記憶體實際位址被傳送至D所
指定的索引暫存器當中。

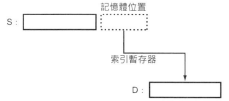

■ MOVRW

S指定計時器或計數器現在值的I/O記憶體實際位址被傳送至D
所指定的索引暫存器當中。

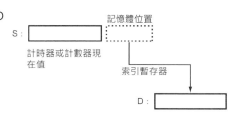

使用時的注意事項

■ MOVR

- 使用本指令來執行索引暫存器(IR0~15)的I/O實際位址設定(計時器或計數器現在值除外)。
- S指定的I/O記憶體位址會自動被轉換成I/O記憶體實際位址並存放於D當中。
- S若是指定計時器或計數器的話,計時到或計數到旗標的I/O記憶體實際位址被存放於D當中。
- 要設定計時器或計數器的I/O記憶體實際位址至索引暫存器的話,使用MOVRW指令。
- 中斷插入Task當中請使用本指令來設定索引暫存器。

■ MOVRW

- 使用本指令來執行索引暫存器(IR0~15)的計時器或計數器現在值I/O實際位址設定。
- S若是指定計時器或計數器的話,計時器或計數器現在值的I/O記憶體實際位址被存放於D當中。
- 要設定計時到或計數到旗標的I/O記憶體實際位址至索引暫存器的話,使用MOVR指令。

程式例

0.00=ON的時候，20CH的I/O記憶體實際位址被寫入至索引暫存器IR0當中。

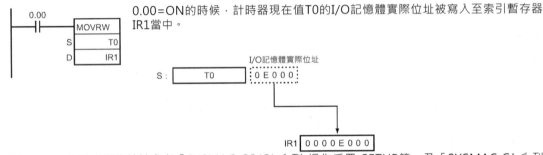

0.00=ON的時候，計時器現在值T0的I/O記憶體實際位址被寫入至索引暫存器IR1當中。

具體的I/O記憶體實際位址請參考「SYSMAC CS/CJ 系列 操作手冊 SETUP篇」及「SYSMAC CJ 系列 CJ2CPU模組 操作手冊 軟體篇」。

資料位移指令

SFT

指令名稱	指令記號	指令的各種組合	Fun No.	功能
位移暫存器	SFT	—	010	執行位移暫存器的單方向位移動作

記號	SFT	
記號	資料輸入端　位移信號輸入端　復歸輸入端　　SFT　D1　D2	D1：位移的起始CH編號　D2：位移的結束CH編號

可使用的程式

區域	功能區塊	區塊程式	工程步進程式	副程式	中斷任務程式	SFC動作/轉移條件
使用	○	X	○	○	○	○

運算元的說明

運算元	內容	資料型態	容量
D1	位移的起始CH編號	UINT	可變
D2	位移的結束CH編號	UINT	可變

■ 運算元種類

內容	CH位址								間接DM/EM		常數	暫存器			TK	條件旗標	時鐘脈衝	TR
	CIO	WR	HR	AR	T	C	DM	EM	@DM @EM	*DM *EM		DR	IR直接	IR間接				
D1	○	○	○	–	–	–	–	–	–	–	–	–	–	○	–	–	–	–
D2																		

相關條件旗標

名稱	標籤	內容
異常旗標	P_ER	• D1、D2使用間接IR時，元件位址為CIO、WR、HR以外區域時，ON。

功能

每一次位移信號OFF→ON變化時，D1~D2內全體位元的ON/OFF狀態往左位移1個位元，最下位位元的ON/OFF狀態由資料端的ON/OFF狀態來寫入。

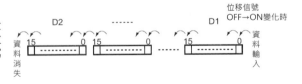

使用時的注意事項

- 不同的SFT指令不可指定重疊的位移暫存器區域。
- D1與D2必須指定同一個元件類別。
- 最上位的位元內容於位移之後，自動消失。
- 復歸信號OFF→ON變化時，D1~D2內全體位元的內容被復歸成OFF。復歸信號與資料輸入及位移信號同時發生時，以復歸信號優先。
- 位移範圍的設定，若是D1 > D2的話，不會被判定為異常現象，PLC只執行D指定CH的位移動作。

程式例

■　超過16位元的位移暫存器

執行128~130CH內48位元位移暫存器的位移動作。

由於位移信號使用1秒鐘的時鐘脈衝，因此，每一秒，資料輸入端0.05的內容就會在128.00~130.15位移暫存器內位移一次。

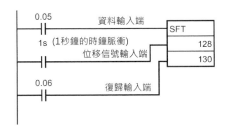

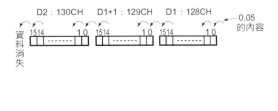

SFTR

指令名稱	指令記號	指令的各種組合	Fun No.	功能
左右位移暫存器	SFTR	@SFTR	084	執行位移暫存器的雙向位移動作

記號	SFTR	
	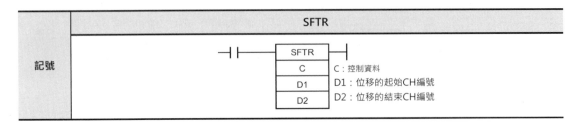	C：控制資料 D1：位移的起始CH編號 D2：位移的結束CH編號

可使用的程式

區域	功能區塊	區塊程式	工程步進程式	副程式	中斷任務程式	SFC動作/轉移條件
使用	○	○	○	○	○	○

運算元的說明

運算元	內容	資料型態	容量
C	控制資料	UINT	1
D1	位移的起始CH編號	UINT	可變
D2	位移的結束CH編號	UINT	可變

C：控制資料

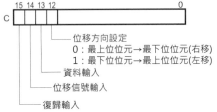

位移方向設定
0：最上位位元→最下位位元(右移)
1：最下位位元→最上位位元(左移)
資料輸入
位移信號輸入
復歸輸入

注意：D1與D2必須指定同一個元件類別

■ 運算元種類

內容	CH位址								間接DM/EM		常數	暫存器			TK	條件旗標	時鐘脈衝	TR
	CIO	WR	HR	AR	T	C	DM	EM	@DM @EM	*DM *EM		DR	IR直接	IR間接				
C												○						
D1	○	○	○	○	○	○	○	○	○	○		—	—	○	—	—	—	—
D												—						

相關條件旗標

名稱	標籤	內容
異常旗標	P_ER	• D1 > D2時，ON。
進位旗標	P_CY	• 進位旗標被1位移進入時，ON。 • 進位旗標被0位移進入時，OFF。

功能

每一次位移信號(C的位元14)OFF→ON變
化時，D1~D2內全體位元的ON/OFF狀
態往左(C的位元12=ON)或往右(C的位元
12=OFF)位移1個位元，最下位或最上位位
元的ON/OFF狀態由資料端(C的位元13)的
ON/OFF狀態來寫入。最下位或最上位位元
的ON/OFF狀態被位移之後，寫入至進位旗
標中。

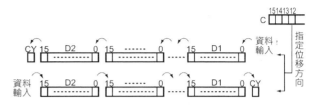

注意：
- 位移動作只有在復歸信號OFF的情況下有效。
- 復歸信號(C的位元15)OFF→ON變化時，D1~D2內全體位元的內容被復歸成OFF。

程式例

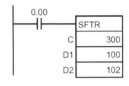

- 位移動作
  復歸信號300.15=OFF的情況下，條件接點0.00=ON的話，位移信號
  300.14於OFF→ON變化時，100~102CH內48位元位移暫存器以300.12所
  指定的方向執行1個位元的位移動作，最下位位元的內容由資料端300.13
  的ON/OFF狀態來寫入。最上位位元102.15的內容於位移後寫入至進位旗
  標當中。

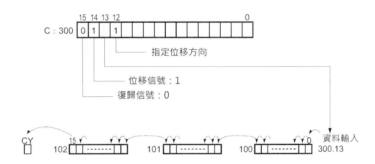

- 復歸動作
  復歸信號300.15=ON的情況下，條件接點0.00=ON的話，
  復歸信號300.15於OFF→ON變化時，100~102CH內48位元的內容全部
  被復歸成OFF。

■ 控制資料的內容及動作

(1) 復歸時：復歸信號(C的位元15)=ON時

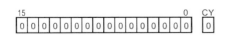

D1~D2內的全體位元及進位旗標全部變成0，位移暫
存其他的輸入信號不被接受。

(2) 往左位移時：位移信號(C的位元12)=ON時

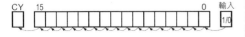

D1~D2內的全體位元往左位移1個位元，最下位位元的
內容由資料輸入端寫入，最上位位元的內容被位移至
進位旗標中。

(3) 往右位移時：位移信號(C的位元12)=OFF時

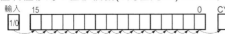

D1~D2內的全體位元往右位移1個位元，最上位位元
的內容由資料輸入端寫入，最下位位元的內容被位移
至進位旗標中。

ASFT

指令名稱	指令記號	指令的各種組合	Fun No.	功能
非同步位移暫存器	ASFT	@ASFT	017	指定的位移區域內，16進制#0000以外的資料往上或往下位移1個CH，位移後，16進制#0000的位置被鄰近的資料取代。

記號	ASFT
	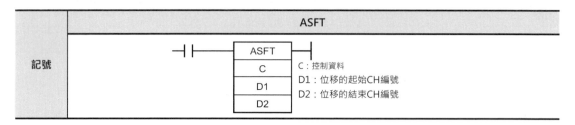

C：控制資料
D1：位移的起始CH編號
D2：位移的結束CH編號

可使用的程式

區域	功能區塊	區塊程式	工程步進程式	副程式	中斷任務程式	SFC動作/轉移條件
使用	○	○	○	○	○	○

運算元的說明

運算元	內容	資料型態	容量
C	控制資料	UINT	1
D1	位移的起始CH編號	UINT	可變
D2	位移的結束CH編號	UINT	可變

C：控制資料

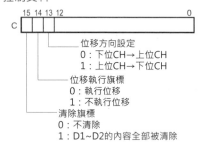

位移方向設定
0：下位CH→上位CH
1：上位CH→下位CH

位移執行旗標
0：執行位移
1：不執行位移

清除旗標
0：不清除
1：D1~D2的內容全部被清除

注意：D1與D2必須指定同一個元件類別

■ 運算元種類

內容	CH位址								間接DM/EM		常數	暫存器			TK	條件旗標	時鐘脈衝	TR
	CIO	WR	HR	AR	T	C	DM	EM	@DM@EM	*DM*EM		DR	IR直接	IR間接				
C												○						
D1	○	○	○	○	○	○	○	○	○	○	—		—	○	—	—	—	—
D2																		

相關條件旗標

名稱	標籤	內容
異常旗標	P_ER	• D1 > D2時，ON。 • PLC System設定中，「可執行後台製作(Background)處理使用的通信埠編號」的"網路通信指令"旗標OFF時，ON。

功能

位移執行旗標(C的位元14)=ON時，D1~D2內全體CH以位移方向旗標 (C的位元13)所指定的方向，除了資料內容為0的CH以外，往上或往下一次位移一個CH，位移之後，資料內容為0的CH被鄰近的CH內容所取代。

透過本指令，D1~D2內除了0以外的資料可執行排序的動作。

注意：
清除旗標(C的位元15)OFF→ON變化時，D1~D2內全體CH的內容被清除為0。清除旗標與位移執行旗標同時發生的話，以清除旗標為優先。

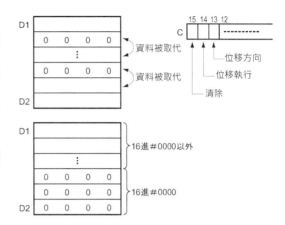

本指令可指定「後台製作(Background)處理」。詳細請參考「SYSMAC CS/CJ系列指令篇」或「SYSMAC CJ系列 CJ2 CPU模組 軟體篇」

程式例

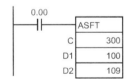

• 位移動作
  位移執行旗標(C的位元14)=ON的情況下，條件接點0.00=ON的話，100~109CH內除了內容為0的CH之外，以位移方向旗標(C的位元13)所指定的方向，往上位移一個CH，位移之後，資料內容為0的CH被鄰近的CH內容所取代。

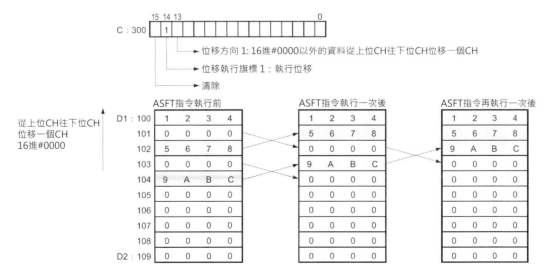

WSFT

指令名稱	指令記號	指令的各種組合	Fun No.	功能
字元位移	WSFT	@WSFT	016	以CH為單位的位移指令

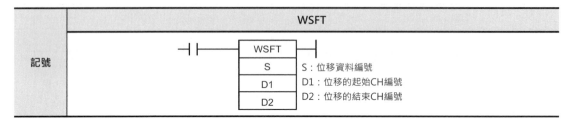

記號	WSFT

WSFT
S — S：位移資料編號
D1 — D1：位移的起始CH編號
D2 — D2：位移的結束CH編號

可使用的程式

區域	功能區塊	區塊程式	工程步進程式	副程式	中斷任務程式	SFC動作/轉移條件
使用	○	○	○	○	○	○

運算元的說明

運算元	內容	資料型態	容量
S	位移資料編號	WORD	1
D1	位移的起始CH編號	UINT	可變
D2	位移的結束CH編號	UINT	可變

■ 運算元種類

內容	CH位址								間接DM/EM		常數	暫存器			TK	條件旗標	時鐘脈衝	TR
	CIO	WR	HR	AR	T	C	DM	EM	@DM @EM	*DM *EM		DR	IR直接	IR間接				
S											○	○						
D1	○	○	○	○	○	○	○	○	○	○		—	—	—	○	—	—	—
D2																		

相關條件旗標

名稱	標籤	內容
異常旗標	P_ER	• D1 > D2時，ON。

功能

位移接點OFF→ON變化時，D1~D2內全體CH往上位CH位移一個CH，位移後，最下位CH的內容被S所取代、最上位CH原來的資料被位移消失。

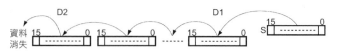

使用時的注意事項

• D1與D2必須指定同一個元件類別。
• 大量資料的位移須要較長的執行時間，指令執行中也有可能碰到PLC電源斷電而中斷位移動作，此點請注意。

程式例

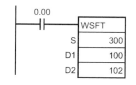

條件接點0.00=ON的時候，100～102CH的內容往上位CH的方向位移一個CH。位移之後，100CH的內容被300CH的資料所取代、原102CH的內容被位移消失。

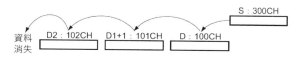

ASL/ASLL

指令名稱	指令記號	指令的各種組合	Fun No.	功能
位元左移	ASL	@ASL	D25	1個CH的資料每次往左位移1個位元
位元倍長左移	ASLL	@ASLL	570	2個CH的資料每次往左位移1個位元

	ASL	ASLL
記號	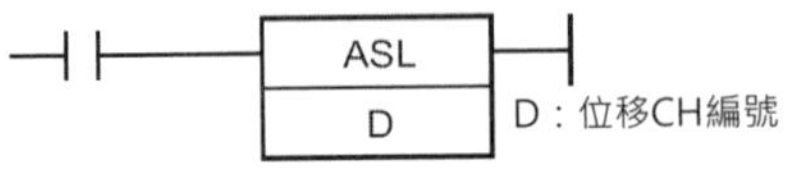	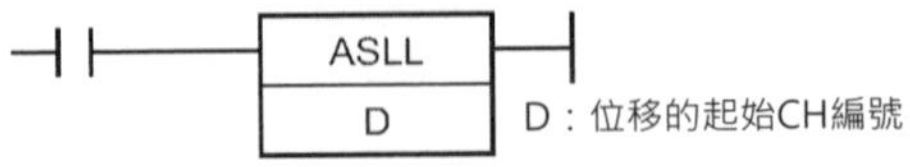

可使用的程式

區域	功能區塊	區塊程式	工程步進程式	副程式	中斷任務程式	SFC動作/轉移條件
使用	○	○	○	○	○	○

運算元的說明

<table>
<tr><th rowspan="2">運算元</th><th rowspan="2">內容</th><th colspan="2">資料型態</th><th colspan="2">容量</th></tr>
<tr><th>ASL</th><th>ASLL</th><th>ASL</th><th>ASLL</th></tr>
<tr><td>D</td><td>ASL：位移CH編號
ASLL：位移的起始CH編號</td><td>UINT</td><td>UDINT</td><td>1</td><td>2</td></tr>
</table>

■ 運算元種類

<table>
<tr><th colspan="2" rowspan="2">內容</th><th colspan="8">CH位址</th><th colspan="2">間接DM/EM</th><th rowspan="2">常數</th><th colspan="3">暫存器</th><th rowspan="2">TK</th><th rowspan="2">條件旗標</th><th rowspan="2">時鐘脈衝</th><th rowspan="2">TR</th></tr>
<tr><th>CIO</th><th>WR</th><th>HR</th><th>AR</th><th>T</th><th>C</th><th>DM</th><th>EM</th><th>@DM
@EM</th><th>*DM
*EM</th><th>DR</th><th>IR直接</th><th>IR間接</th></tr>
<tr><td>ASL</td><td>D</td><td rowspan="2">○</td><td rowspan="2">○</td><td rowspan="2">○</td><td rowspan="2">○</td><td rowspan="2">○</td><td rowspan="2">○</td><td rowspan="2">○</td><td rowspan="2">○</td><td rowspan="2">○</td><td rowspan="2">○</td><td rowspan="2">–</td><td>○</td><td rowspan="2">–</td><td rowspan="2">○</td><td rowspan="2">–</td><td rowspan="2">–</td><td rowspan="2">–</td><td rowspan="2">–</td></tr>
<tr><td>ASLL</td><td>D</td><td>–</td></tr>
</table>

相關條件旗標

名稱	標籤	內容
異常旗標	P_ER	OFF
＝旗標	P_EQ	• 位移的結果為0時，ON。
進位旗標	P_CY	• 位移的結果，進位旗標為1時，ON。
負數旗標	P_N	• 位移的結果，最上位位元為1時，ON。

功能

■ ASL

D所指定的CH往左移一個位元(最上位位元←最下位位元)，位移之後，最下位位元被0取代、最上位位元的內容被位移至進位旗標當中。

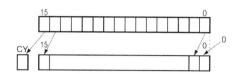

■ ASLL

D所指定的兩個CH往左移一個位元(最上位位元←最下位位元)，位移之後，D最下位位元被0取代、D+1最上位位元的內容被位移至進位旗標當中。

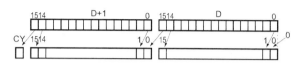

程式例

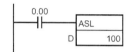

條件接點0.00=ON的時候，100CH內的資料往左移一個位元(最上位位元←最下位位元)，位移之後，100.00被0取代、最上位位元100.15的內容被位移至進位旗標當中。

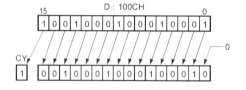

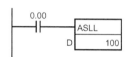

條件接點0.00=ON的時候，101CH及100CH內的資料往左移一個位元(最上位位元←最下位位元)，位移之後，100.00被0取代、最上位位元101.15的內容被位移至進位旗標當中。

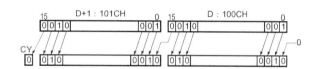

ASR/ASRL

指令名稱	指令記號	指令的各種組合	Fun No.	功能
位元右移	ASR	@ASR	026	1個CH的資料每次往右位移1個位元
位元倍長右移	ASRL	@ASRL	571	2個CH的資料每次往右位移1個位元

	ASR	ASRL
記號	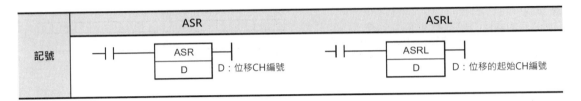	

ASR — D：位移CH編號
ASRL — D：位移的起始CH編號

可使用的程式

區域	功能區塊	區塊程式	工程步進程式	副程式	中斷任務程式	SFC動作/轉移條件
使用	○	○	○	○	○	○

運算元的說明

運算元	內容	資料型態		容量	
		ASR	ASRL	ASR	ASRL
D	ASR：位移CH編號 ASRL：位移的起始CH編號	UINT	UDINT	1	2

■ 運算元種類

內容		CH位址								間接DM/EM		常數	暫存器			TK	條件旗標	時鐘脈衝	TR
		CIO	WR	HR	AR	T	C	DM	EM	@DM @EM	*DM *EM		DR	IR直接	IR間接				
ASR	D	○	○	○	○	○	○	○	○	○	○	—	○	—	○	—	—	—	—
ASRL	D												—						

相關條件旗標

名稱	標籤	內容
異常旗標	P_ER	• OFF
＝旗標	P_EQ	• 位移的結果為0時，ON。
進位旗標	P_CY	• 位移的結果，進位旗標為1時，ON。
負數旗標	P_N	• OFF

功能

■ ASR

D所指定的CH往右移一個位元(最上位位元→最下位位元)，位移之後，最上位位元被0取代、最下位位元的內容被位移至進位旗標當中。

■ ASRL

D所指定的兩個CH往右移一個位元(最上位位元→最下位位元)，位移之後，D+1最上位位元被0取代、D最下位位元的內容被位移至進位旗標當中。

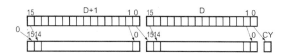

程式例

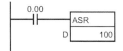

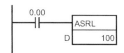

條件接點0.00=ON的時候，100CH內的資料往右移一個位元(最上位位元→最下位位元)，位移之後，最上位位元100.15被0取代、最下位位元100.00的內容被位移至進位旗標當中。

條件接點0.00=ON的時候，101CH及100CH內的資料往右移一個位元(最上位位元→最下位位元)，位移之後，最上位位元101.15被0取代、100.00的內容被位移至進位旗標當中。

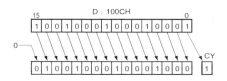

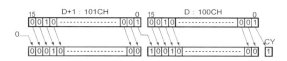

ROL/ROLL

指令名稱	指令記號	指令的各種組合	Fun No.	功能
附CY位元左旋	ROL	@ROL	027	16位元資料連同進位旗標，每次左旋轉1個位元
附CY位元倍長左旋	ROLL	@ROLL	572	32位元資料連同進位旗標，每次左旋轉1個位元

記號	ROL	ROLL
	 D：位移CH編號	D：位移的起始CH編號

可使用的程式

區域	功能區塊	區塊程式	工程步進程式	副程式	中斷任務程式	SFC動作/轉移條件
使用	○	○	○	○	○	○

運算元的說明

運算元	內容	資料型態 ROL	資料型態 ROLL	容量 ROL	容量 ROLL
D	ROL：位移CH編號 ROLL：位移的起始CH編號	UINT	UDINT	1	2

■ 運算元種類

內容		CIO	WR	HR	AR	T	C	DM	EM	@DM @EM	*DM *EM	常數	DR	IR直接	IR間接	TK	條件 旗標	時鐘 脈衝	TR
		CH位址								間接DM/EM			暫存器						
ROL	D	○	○	○	○	○	○	○	○	○	○	—	○	—	○	—	—	—	—
ROLL	D	○	○	○	○	○	○	○	○	○	○	—	—	—	○	—	—	—	—

相關條件旗標

名稱	標籤	內容
異常旗標	P_ER	OFF
＝旗標	P_EQ	• 旋轉的結果為0時，ON。
進位旗標	P_CY	• 旋轉的結果，進位旗標為1時，ON。
負數旗標	P_N	• 旋轉的結果，最上位位元為1時，ON。

功能

■ ROL
D所指定的CH連同進位(CY)旗標往左旋轉一個位元
(最上位位元←最下位位元)。

■ ROLL
D所指定的兩個CH連同進位(CY)旗標往左旋轉一個
位元(最上位位元←最下位位元)。

提示

* STC指令(CY強制ON)及CLC指令(CY強制OFF)與本指令搭配使用，可強制CY的ON/OFF。

程式例

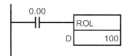

條件接點0.00=ON的時候，100CH內的資料連
同進位(CY)旗標往左旋轉一個位元。
100.15的內容被位移至CY當中、CY的內容被位
移至100.00當中。

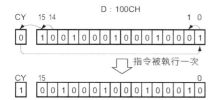

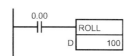

條件接點0.00=ON的時候，101CH及100CH內的資
料連同進位(CY)旗標往左旋轉一個位元。
101.15的內容被位移至CY當中、CY的內容被位移至
100.00當中。

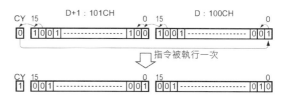

RLNC/RLNL

指令名稱	指令記號	指令的各種組合	Fun No.	功能
無CY位元左旋	RLNC	@RLNC	574	16位元資料不含進位旗標，每次左旋轉1個位元
無CY位元倍長左旋	RLNL	@RLNL	576	32位元資料不含進位旗標，每次左旋轉1個位元

記號	RLNC	RLNL

可使用的程式

區域	功能區塊	區塊程式	工程步進程式	副程式	中斷任務程式	SFC動作/轉移條件
使用	○	○	○	○	○	○

運算元的說明

運算元	內容	資料型態		容量	
		RLNC	RLNL	RLNC	RLNL
D	RLNC：位移CH編號 RLNL：位移的起始CH編號	UINT	UDINT	1	2

■ 運算元種類

內容		CH位址								間接DM/EM		常數	暫存器			TK	條件旗標	時鐘脈衝	TR
		CIO	WR	HR	AR	T	C	DM	EM	@DM @EM	*DM *EM		DR	IR直接	IR間接				
RLNC	D	○	○	○	○	○	○	○	○	○	○	—	○	—	○	—	—	—	—
RLNL	D												—						

相關條件旗標

名稱	標籤	內容
異常旗標	P_ER	OFF
＝旗標	P_EQ	• 旋轉的結果為0時，ON。
進位旗標	P_CY	• 旋轉的結果，進位旗標為1時，ON。
負數旗標	P_N	• 旋轉的結果，最上位位元為1時，ON。

功能

■ RLNC

D所指定CH內的資料往左旋轉一個位元(最上位位元
←最下位位元)。D的最上位位元的內容被旋轉至最
下位位元的同時,也被傳送至進位(CY)旗標當中。

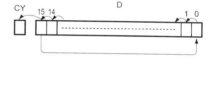

■ RLNL

D所指定兩個CH內的資料往左旋轉一個位元(最上位
位元←最下位位元)。D+1的最上位位元的內容被旋
轉至D的最下位位元的同時,也被傳送至進位(CY)旗
標當中。

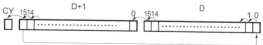

程式例

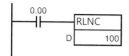

條件接點0.00=ON的時候,100CH內的資料往
左旋轉一個位元。
100.15的內容被位移至100.00當中、同時也傳
送至CY當中。

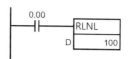

條件接點0.00=ON的時候,101CH及100CH內的資
料往左旋轉一個位元。
101.15的內容被位移至100.00當中、同時也傳送至
CY當中。

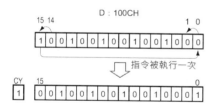

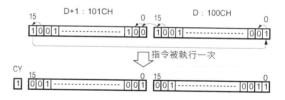

ROR/RORL

指令名稱	指令記號	指令的各種組合	Fun No.	功能
附CY位元右旋	ROR	@ROR	028	16位元資料連同進位旗標，每次右旋轉1個位元
附CY位元倍長右旋	RORL	@RORL	573	32位元資料連同進位旗標，每次右旋轉1個位元

記號	ROR	RORL
	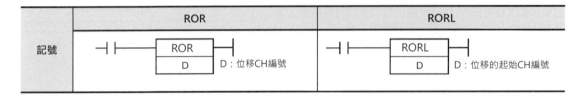	

可使用的程式

區域	功能區塊	區塊程式	工程步進程式	副程式	中斷任務程式	SFC動作/轉移條件
使用	○	○	○	○	○	○

運算元的說明

運算元	內容	資料型態 ROR	資料型態 RORL	容量 ROR	容量 RORL
D	ROR：位移CH編號 RORL：位移的起始CH編號	UINT	UDINT	1	2

■ 運算元種類

內容		CH位址 CIO	WR	HR	AR	T	C	DM	EM	間接DM/EM @DM @EM	*DM *EM	常數	暫存器 DR	IR直接	IR間接	TK	條件旗標	時鐘脈衝	TR
ROR	D	○	○	○	○	○	○	○	○	○	○	—	○	—	—	○	—	—	—
RORL	D	○	○	○	○	○	○	○	○	○	○	—	—	—	—	○	—	—	—

相關條件旗標

名稱	標籤	內容
異常旗標	P_ER	OFF
=旗標	P_EQ	• 旋轉的結果為0時，ON。
進位旗標	P_CY	• 旋轉的結果，進位旗標為1時，ON。
負數旗標	P_N	• 旋轉的結果，最上位位元為1時，ON。

功能

■ ROR

D所指定的CH連同進位(CY)旗標往右旋轉一個位元
(最上位位元→最下位位元)。

■ RORL

D所指定的兩個CH連同進位(CY)旗標往右旋轉一個
位元(最上位位元→最下位位元)。

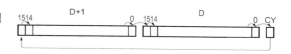

提示

- STC指令(CY強制ON)及CLC指令(CY強制OFF)與本指令搭配使用,可強制CY的ON/OFF。

程式例

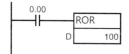

條件接點0.00=ON的時候,100CH內的資料連
同進位(CY)旗標往右旋轉一個位元。
100.00的內容被位移至CY當中、CY的內容被位
移至100.15當中。

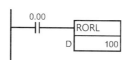

條件接點0.00=ON的時候,101CH及100CH內的資
料連同進位(CY)旗標往右旋轉一個位元。
100.00的內容被位移至CY當中、CY的內容被位移至
101.15當中。

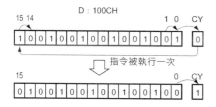

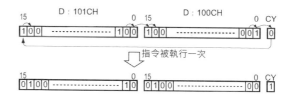

RRNC/RRNL

指令名稱	指令記號	指令的各種組合	Fun No.	功能
無CY位元右旋	RRNC	@RRNC	575	16位元資料不含進位旗標,每次右旋轉1個位元
無CY位元倍長右旋	RRNL	@RRNL	577	32位元資料不含進位旗標,每次右旋轉1個位元

記號	RRNC	RRNL

可使用的程式

區域	功能區塊	區塊程式	工程步進程式	副程式	中斷任務程式	SFC動作/轉移條件
使用	○	○	○	○	○	○

運算元的說明

運算元	內容	資料型態 RRNC	資料型態 RRNL	容量 RRNC	容量 RRNL
D	RRNC:位移CH編號 RRNL:位移的起始CH編號	UINT	UDINT	1	2

■ 運算元種類

內容		CH位址							間接DM/EM		常數	暫存器			TK	條件旗標	時鐘脈衝	TR
		CIO	WR	HR	AR	T	C	DM	EM	@DM @EM	*DM *EM		DR	IR直接	IR間接				
RRNC	D	○	○	○	○	○	○	○	○	○	○	—	○	—	○	—	—	—	—
RRNL	D												—						

相關條件旗標

名稱	標籤	內容
異常旗標	P_ER	OFF
=旗標	P_EQ	• 旋轉的結果為0時,ON。
進位旗標	P_CY	• 旋轉的結果,進位旗標為1時,ON。
負數旗標	P_N	• 旋轉的結果,最上位位元為1時,ON。

功能

■ RRNC

D所指定CH內的資料往右旋轉一個位元(最上位位元→最下位位元)。D的最下位位元的內容被旋轉至最上位位元的同時,也被傳送至進位(CY)旗標當中。

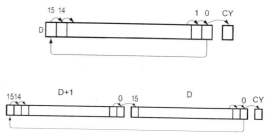

■ RRNL

D所指定兩個CH內的資料往右旋轉一個位元(最上位位元→最下位位元)。D的最下位位元的內容被旋轉至D+1的最上位位元的同時,也被傳送至進位(CY)旗標當中。

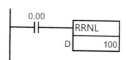

程式例

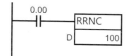

條件接點0.00=ON的時候,100CH內的資料往右旋轉一個位元。
100.00的內容被位移至100.15當中、同時也傳送至CY當中。

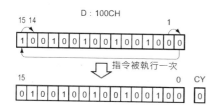

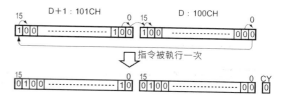

條件接點0.00=ON的時候,101CH及100CH內的資料往右旋轉一個位元。
100.00的內容被位移至101.15當中、同時也傳送至CY當中。

SLD/SRD

指令名稱	指令記號	指令的各種組合	Fun No.	功能
位數左移	SLD	@SLD	074	連續CH的資料每次往左位移1位數(4位元)
位數右移	SRD	@SRD	075	連續CH的資料每次往右位移1位數(4位元)

記號	SLD	SRD
	SLD D1 D2 D1：位移的起始CH編號 D2：位移的結束CH編號	SRD D1 D2 D1：位移的起始CH編號 D2：位移的結束CH編號

可使用的程式

區域	功能區塊	區塊程式	工程步進程式	副程式	中斷任務程式	SFC動作/轉移條件
使用	○	○	○	○	○	○

運算元的說明

運算元	內容	資料型態	容量
D1	位移的起始CH編號	UINT	可變
D2	位移的結束CH編號	UINT	可變

■ 運算元種類

元件	CH位址								間接DM/EM	常數	暫存器			TK	條件旗標	時鐘脈衝	TR
	CIO	WR	HR	AR	T	C	DM	EM	@DM @EM	*DM *EM		DR	IR直接	IR間接			
D1	○	○	○	○	○	○	○	○	○	○	—	—	—	○	—	—	—
D2																	

相關條件旗標

名稱	標籤	內容
異常旗標	P_ER	• D1 > D2時，ON。

功能

■ SLD

D1~D2所指定的連續CH往左位移一位數(4個位元)，位移之後，最下位位數(D1的位元3~0)被0取代、最上位位數(D2的位元15~12)的原來內容自然消失。

■ SRD

D1~D2所指定的連續CH往左右移一位數(4個位元)，位移之後，最上位位數(D2的位元15~12)被0取代、最下位位數(D1的位元3~0)的原來內容自然消失。

使用時的注意事項

- D1與D2必須指定同一個元件類別。
- 大量資料的位移須要較長的執行時間，指令執行中也有可能碰到PLC電源斷電而中斷位移動作，此點請注意。

・SLD

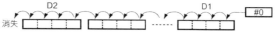

・SRD

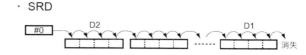

程式例

■SLD

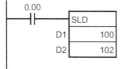

條件接點0.00=ON的時候，100~102CH內的位數資料(4個位元)往左移一個位數。

位移之後，100CH的位元3~0的內容被0取代、102CH位元15~12原來的內容自然消失。

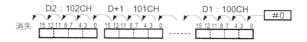

■SRD

條件接點0.00=ON的時候，100~102CH內的位數資料(4個位元)往左移一個位數。

位移之後，102CH位元15~12的內容被0取代、100CH的位元3~0原來的內容自然消失。

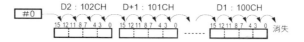

NSFL/NSFR

指令名稱	指令記號	指令的各種組合	Fun No.	功能
N位元資料左移	NSFL	@NSFL	578	指定的N位元資料往左位移1個位元
N位元數資料右移	NSFR	@NSFR	579	指定的N位元資料往右位移1個位元

記號	NSFL	NSFR
	NSFL D C N D：位移的起始CH編號 C：位移的開始位元 N：位移資料長度	NSFR D C N D：位移的起始CH編號 C：位移的開始位元 N：位移資料長度

可使用的程式

區域	功能區塊	區塊程式	工程步進程式	副程式	中斷任務程式	SFC動作/轉移條件
使用	○	○	○	○	○	○

運算元的說明

運算元	內容	資料型態	容量
D	位移的起始CH編號	UINT	可變
C	位移的開始位元	UINT	1
N	位移資料長度	UINT	1

C：位移的開始位元
　　10進&0~15或16進#0000~000F

N：位移資料長度
　　10進&0~15或16進#0000~000F

注：D~D+65535CH的位移對象必須是同一個元件類別。

■ 運算元種類

內容	CH位址								間接DM/EM		常數	暫存器			TK	條件旗標	時鐘脈衝	TR
	CIO	WR	HR	AR	T	C	DM	EM	@DM @EM	*DM *EM		DR	IR直接	IR間接				
D												—	—					
C	○	○	○	○	○	○	○	○	○	○	○	○	—	○	—	—	—	—
N																		

相關條件旗標

名稱	標籤	內容
異常旗標	P_ER	• C的內容並非10進&0~15或16進#0000~000F範圍內時，ON。
進位旗標	P_CY	• 位移的結果，進位旗標為1時，ON。

功能

■ NSFL

D所指定的帶頭CH的位移開始位元(C)開始算的N位元資料往左移一個位元(最上位位元←最下位位元)，位移之後，位移開始位元(C)的內容被0取代、位移範圍內最上位位元的內容被位移至進位(CY)旗標當中。

注意：
- 位移資料長度(N)為0的時候，位移開始位元(C)的內容直接傳送至進位(CY)旗標當中，位移開始位元(C)的內容沒有變化。
- 只有指定的位移範圍內的資料有變化，其餘的位元內容沒有變化。

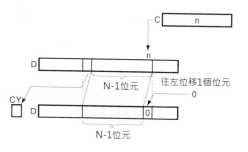

■ NSFR

D所指定的帶頭CH的位移開始位元(C)開始算的N位元資料往右移一個位元(最上位位元→最下位位元)，位移之後，位移開始位元(C)的內容被0取代、位移範圍內最下位位元的內容被位移至進位(CY)旗標當中。

注意：
- 位移資料長度(N)為0的時候，位移開始位元(C)的內容直接傳送至進位(CY)旗標當中，位移開始位元(C)的內容沒有變化。
- 只有指定的位移範圍內的資料有變化，其餘的位元內容沒有變化。

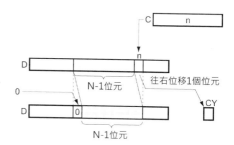

程式例

■NSFL

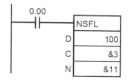

條件接點0.00=ON的時候，100CH的位元3開始算的11個位元資料往左移一個位元(最上位位元←最下位位元)。

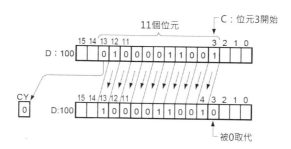

■NSFR

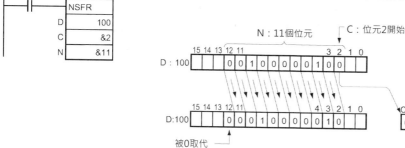

條件接點0.00=ON的時候，100CH的位元2開始算的11個位元資料往右移一個位元(最上位位元→最下位位元)。
位移開始位元100.12內容被0取代。
位移範圍內最下位位元100.02的內容被位移至進位(CY)旗標當中。

NASL/NSLL

指令名稱	指令記號	指令的各種組合	Fun No.	功能
N位元數左移	NASL	@NASL	580	於16位元CH資料中指定的N位元數往左位移
N位元數倍長左移	NSLL	@NSLL	582	於32位元CH資料中指定的N位元數往左位移

	NASL	NSLL
記號	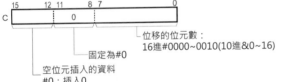	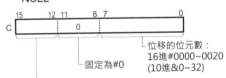

可使用的程式

區域	功能區塊	區塊程式	工程步進程式	副程式	中斷任務程式	SFC動作/轉移條件
使用	○	○	○	○	○	○

運算元的說明

運算元	內容	資料型態 NASL	資料型態 NSLL	容量 NASL	容量 NSLL
D	NASL：位移CH編號 NSLL：位移的起始CH編號	UINT	UDINT	1	2
C	控制資料	UINT	UINT	1	1

C：控制資料

· NASL

C

```
15   12 11      8 7              0
         0
```

位移的位元數：
16進#0000~0010(10進&0~16)

固定為#0

空位元插入的資料
#0：插入0
#8：插入最下位位元的內容

· NSLL

C

```
15   12 11      8 7              0
         0
```

位移的位元數：
16進#0000~0020
(10進&0~32)

固定為#0

空位元插入的資料
#0：插入0
#8：插入最下位位元的內容

■ 運算元種類

內容		CH位址 CIO	WR	HR	AR	T	C	DM	EM	間接DM/EM @DM @EM	*DM *EM	常數	暫存器 DR	IR直接	IR間接	TK	條件旗標	時鐘脈衝	TR
NASL	D	○	○	○	○	○	○	○	○	○	○	—	○		○	—	—	—	—
	C											○							
NSLL	D	○	○	○	○	○	○	○	○	○	○	—	—	○	○	—	—	—	—
	C											○	○						

相關條件旗標

名稱	標籤	內容
異常旗標	P_ER	• 控制資料C(位移位元數)的內容超出範圍時，ON。
=旗標	P_EQ	• 位移的結果為0時，ON。

名稱	標籤	內容
進位旗標	P_CY	• 位移的結果，CY內容為1時，ON。
負數旗標	P_N	• 位移的結果，最上位位元內容為1時，ON。

功能

■ NASL

D所指定的16位元資料，以C所指定的位移位元
數往左位移(最上位位元←最下位位元)，位移之
後，空出的位元區域由0或原來最下位位元內容
來取代。

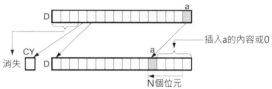

■ NSLL

D所指定的32位元資料，以C所指定的位移位元
數往左位移(最上位位元←最下位位元)，位移之
後，空出的位元區域由0或原來最下位位元內容
來取代。

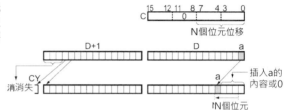

使用時的注意事項

• 位移結果造成溢位時(超出16或32位元範圍)，位移的最上位位元內容被傳送至進位(CY)旗標當中、其餘
  溢位位元自然消失。

• 指定的位移位元數為0的時候，位移動作不執行，但是，各相關旗標仍會作動。

程式例

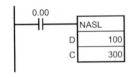

條件接點0.00=ON的時候，100CH的16個位元資料以300CH(控制資料)位元0~7所指定的位移位元數(例: 10個位元)執行往左位移的動作(最上位位元←最下位位元)。

位移之後，空出的位元區域由原來最下位位元100.00的內容來取代。

位移結果造成溢位時(超出16位元範圍)，溢位的最下位位元內容被傳送至進位(CY)旗標當中、其餘溢位位元自然消失。

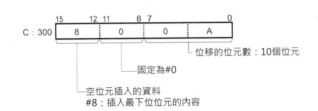

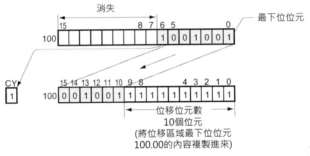

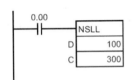

條件接點0.00=ON的時候，101~100CH的32個位元資料以300CH(控制資料)位元0~7所指定的位移位元數(例: 10個位元)執行往左位移的動作(最上位位元←最下位位元)。

位移之後，空出的位元區域由原來最下位位元100.00的內容來取代。

位移結果造成溢位時(超出32位元範圍)，溢位的最下位位元內容被傳送至進位(CY)旗標當中、其餘溢位位元自然消失。

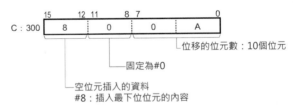

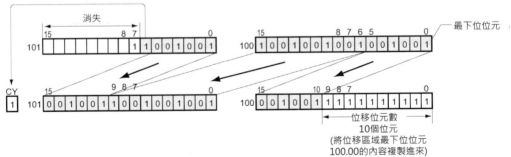

NASR/NSRL

指令名稱	指令記號	指令的各種組合	Fun No.	功能
N位元數右移	NASR	@NASR	581	於16位元CH資料中指定的N位元數往右位移
N位元數倍長右移	NSRL	@NSRL	583	於32位元CH資料中指定的N位元數往右位移

記號	NASR		NSRL	
	 NASR / D / C	D：位移CH編號 C：控制資料	NSRL / D / C	D：位移的起始CH編號 C：控制資料

可使用的程式

區域	功能區塊	區塊程式	工程步進程式	副程式	中斷任務程式	SFC動作/轉移條件
使用	○	○	○	○	○	○

運算元的說明

運算元	內容	資料型態		容量	
		NASR	NSRL	NASR	NSRL
D	NASR：位移CH編號 NSRL：位移的起始CH編號	UINT	UDINT	1	2
C	控制資料	UINT	UINT	1	1

C：控制資料

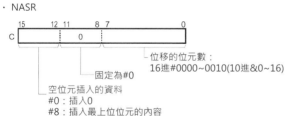

· NASR

位移的位元數：
16進#0000～0010(10進&0～16)
固定為#0
空位元插入的資料
#0：插入0
#8：插入最上位位元的內容

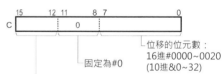

· NSRL

位移的位元數：
16進#0000～0020
(10進&0～32)
固定為#0
空位元插入的資料
#0：插入0
#8：插入最上位位元的內容

■ 運算元種類

內容		CH位址								間接DM/EM		常數	暫存器			TK	條件旗標	時鐘脈衝	TR
		CIO	WR	HR	AR	T	C	DM	EM	@DM @EM	*DM *EM		DR	IR直接	IR間接				
NASR	D	○	○	○	○	○	○	○	○	○		○	—	—	○	—	—	—	—
	C												○						
NSRL	D	○	○	○	○	○	○	○	○	○		○	—	—	○	—	—	—	—
	C												— ○	○					

相關條件旗標

名稱	標籤	內容
異常旗標	P_ER	• 控制資料C(位移位元數)的內容超出範圍時，ON。
=旗標	P_EQ	• 位移的結果為0時，ON。

名稱	標籤	內容
進位旗標	P_CY	• 位移的結果，CY內容為1時，ON。
負數旗標	P_N	• 位移的結果，最上位位元內容為1時，ON。

功能

■ NASR

D所指定的16位元資料，以C所指定的位移位元數往右位移(最上位位元→最下位位元)，位移之後，空出的位元區域由0或原來最上位位元內容來取代。

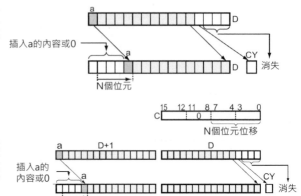

■ NSRL

D所指定的32位元資料，以C所指定的位移位元數往右位移(最上位位元→最下位位元)，位移之後，空出的位元區域由0或原來最上位位元內容來取代。

使用時的注意事項

• 位移結果造成溢位時(超出16或32位元範圍)，位移的最後位元內容被傳送至進位(CY)旗標當中、其餘溢位位元自然消失。

• 指定的位移位元數為0的時候，位移動作不執行，但是，各相關旗標仍會作動。

程式例

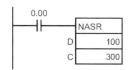

條件接點0.00=ON的時候，100CH的16個位元資料以300CH(控制資料)位元0~7所指定的位移位元數(例: 10個位元)執行往右位移的動作(最上位位元→最下位位元)。
位移之後，空出的位元區域由原來最上位位元100.15的內容來取代。
位移結果造成溢位時(超出16位元範圍)，溢位的最後位元內容被傳送至進位(CY)旗標當中、其餘溢位位元自然消失。

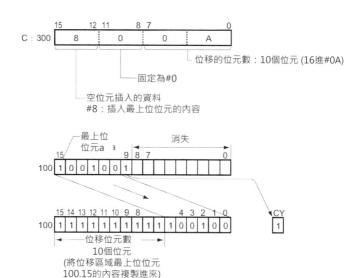

條件接點0.00=ON的時候，101~100CH的32個位元資料以300CH(控制資料)位元0~7所指定的位移位元數(例: 10個位元)執行往右位移的動作(最上位位元←最下位位元)。
位移之後，空出的位元區域由原來最上位位元101.15的內容來取代。
位移結果造成溢位時(超出32位元範圍)，溢位的最後位元內容被傳送至進位(CY)旗標當中、其餘溢位位元自然消失。

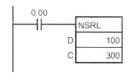

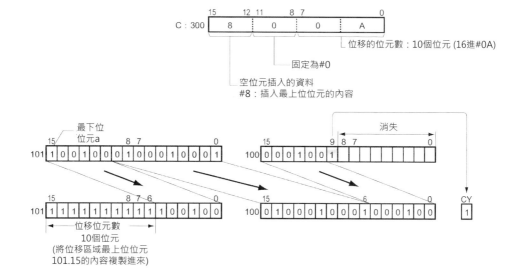

241

加一/減一指令

指令記號	指令名稱	Fun No.	頁
++	BIN加1	590	244
++L	BIN倍長加1	591	
--	BIN減1	592	247
--L	BIN倍長減1	593	
++B	BCD加1	594	250
++BL	BCD倍長加1	595	
--B	BCD減1	596	253
--BL	BCD倍長減1	597	

++/++L

指令名稱	指令記號	指令的各種組合	Fun No.	功能
BIN加1	++	@++	590	1CH的BIN值執行加1的動作
BIN倍長加1	++L	@++L	591	2CH的BIN值執行加1的動作

	++	++L
記號	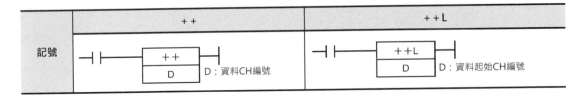	

D：資料CH編號

D：資料起始CH編號

可使用的程式

區域	功能區塊	區塊程式	工程步進程式	副程式	中斷任務程式	SFC動作/轉移條件
使用	○	○	○	○	○	○

運算元的說明

運算元	內容	資料型態 ++	資料型態 ++L	容量 ++	容量 ++L
D	++：資料CH編號 ++L：資料起始CH編號	UINT	UDINT	1	2

■ 運算元種類

內容		CH位址 CIO	WR	HR	AR	T	C	DM	EM	間接DM/EM @DM @EM	*DM *EM	常數	暫存器 DR	IR直接	IR間接	TK	條件旗標	時鐘脈衝	TR
++	D	○	○	○	○	○	○	○	○	○	○	—	○	—	○	—	—	—	—

相關條件旗標

名稱	標籤	內容
異常旗標	P_ER	• OFF
＝旗標	P_EQ	• • 運算結果為0時，ON。
進位旗標	P_CY	• • 運算結果有進位時，ON。
負數旗標	P_N	• • 運算結果的最上位位元為1時，ON。

功能

■　＋＋

D所指定的資料執行BIN加一動作。

＋＋指令的話，輸入條件ON的時候，於每一次週期，D就加1。

@＋＋指令的話，只有在輸入條件ON的前緣觸發時，D執行加1動作。

■　＋＋L

D所指定的倍長資料執行BIN加一動作。

＋＋L指令的話，輸入條件ON的時候，於每一次週期，D就加1。

@＋＋L指令的話，只有在輸入條件ON的前緣觸發時，D執行加1動作。

程式例

```
     0.00
──────┤├──────┌──────┐
              │ ＋＋  │
              │  D100 │
              └──────┘
```

當條件接點0.00=ON時，於每一次週期，D100的內容就加1。

例

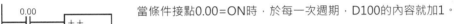

```
     0.00
──────┤├──────┌──────┐
              │ ＋＋L │
              │  D100 │
              └──────┘
```

當條件接點0.00=ON時，於每一次週期，D101、D100的內容就加1。

例

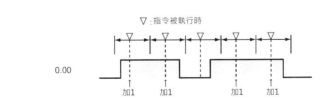

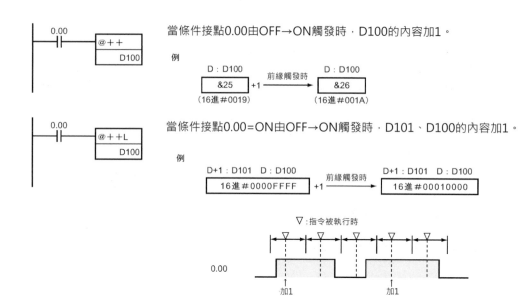

當條件接點0.00由OFF→ON觸發時，D100的內容加1。

例

當條件接點0.00=ON由OFF→ON觸發時，D101、D100的內容加1。

例

－－/－－L

指令名稱	指令記號	指令的各種組合	Fun No.	功能
BIN減1	－－	@－－	592	1CH的BIN值執行減1的動作
BIN倍長減1	－－L	@－－L	593	2CH的BIN值執行減1的動作

記號	－－	－－L

可使用的程式

區域	功能區塊	區塊程式	工程步進程式	副程式	中斷任務程式	SFC動作/轉移條件
使用	○	○	○	○	○	○

運算元的說明

運算元	內容	資料型態		容量	
		－－	－－L	－－	－－L
D	－－：資料CH編號 －－L：資料起始CH編號	UINT	UDINT	1	2

■ 運算元種類

內容		CH位址								間接DM/EM @DM @EM	*DM *EM	常數	暫存器			TK	條件旗標	時鐘脈衝	TR
		CIO	WR	HR	AR	T	C	DM	EM				DR	IR直接	IR間接				
－－	D	○	○	○	○	○	○	○	○	○	○	－	○	－		○	－	－	－
－－L	D												－		○				

相關條件旗標

名稱	標籤	內容
異常旗標	P_ER	OFF
＝旗標	P_EQ	• 運算結果為0時，ON。
進位旗標	P_CY	• 運算結果有借位時，ON。
負數旗標	P_N	• 運算結果的最上位位元為1時，ON。

功能

■ ——

D所指定的資料執行BIN減1動作。

——指令的話，輸入條件ON的時候，於每一次週期，D就減1。

@——指令的話，只有在輸入條件ON的前緣觸發時，D執行減一動作。

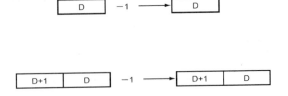

■ ——L

D所指定的倍長資料執行BIN減1動作。

——L指令的話，輸入條件ON的時候，於每一次週期，D就減1。

@——L指令的話，只有在輸入條件ON的前緣觸發時，D執行減1動作。

程式例

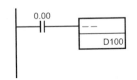

當條件接點0.00=ON時，於每一次週期，D100的內容就減1。

例

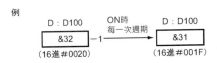

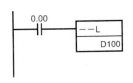

當條件接點0.00=ON時，於每一次週期，D101、D100的內容就減1。

例

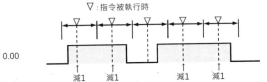

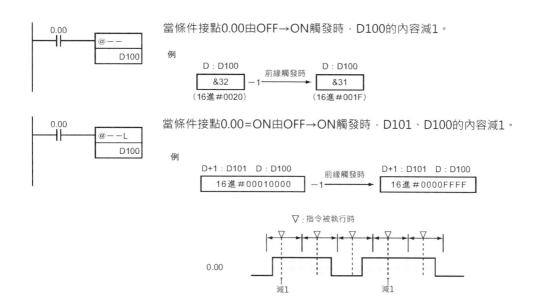

當條件接點0.00由OFF→ON觸發時，D100的內容減1。

例

D：D100
&32
（16進#0020）

－1 前緣觸發時

D：D100
&31
（16進#001F）

當條件接點0.00=ON由OFF→ON觸發時，D101、D100的內容減1。

例

D+1：D101　D：D100
16進#00010000

－1 前緣觸發時

D+1：D101　D：D100
16進#0000FFFF

▽：指令被執行時

0.00

減1　　　　　減1

249

++B/++BL

指令名稱	指令記號	指令的各種組合	Fun No.	功能
BCD加1	++B	@++B	594	1CH的BCD值執行加1的動作
BCD倍長加1	++BL	@++BL	595	2CH的BCD值執行加1的動作

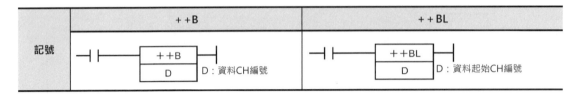

記號	++B	++BL
	++B D D：資料CH編號	++BL D D：資料起始CH編號

可使用的程式

區域	功能區塊	區塊程式	工程步進程式	副程式	中斷任務程式	SFC動作/轉移條件
使用	○	○	○	○	○	○

運算元的說明

運算元	內容	資料型態 ++B	資料型態 ++BL	容量 ++B	容量 ++BL
D	++B：資料CH編號 ++BL：資料起始CH編號	WORD	DWORD	1	2

■ 運算元種類

內容		CIO	WR	HR	AR	T	C	DM	EM	@DM @EM	*DM *EM	常數	DR	IR直接	IR間接	TK	條件旗標	時鐘脈衝	TR
++B	D	○	○	○	○	○	○	○	○	○	○	—	○	—	○	—	—	—	—
++BL	D												—						

相關條件旗標

名稱	標籤	內容
異常旗標	P_ER	• D的資料非BCD時，ON。
＝旗標	P_EQ	• 運算結果為0時，ON。
進位旗標	P_CY	• 加算造成進位時，ON。

功能

■ ＋＋B

D所指定的資料執行BCD加1動作。

＋＋B指令的話，輸入條件ON的時候，於每一次週期，D就加1。

@＋＋B指令的話，只有在輸入條件ON的前緣觸發時，D執行加1動作。

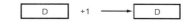

■ ＋＋BL

D所指定的倍長資料執行BCD加1動作。

＋＋BL指令的話，輸入條件ON的時候，於每一次週期，D就加1。

@＋＋BL指令的話，只有在輸入條件ON的前緣觸發時，D執行加1動作。

程式例

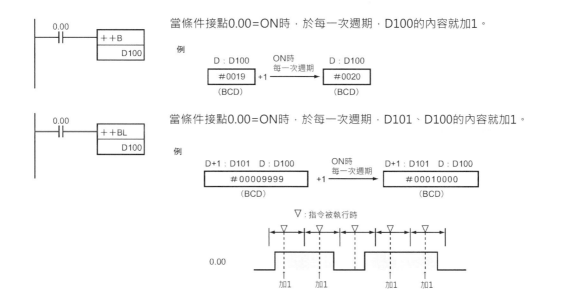

251

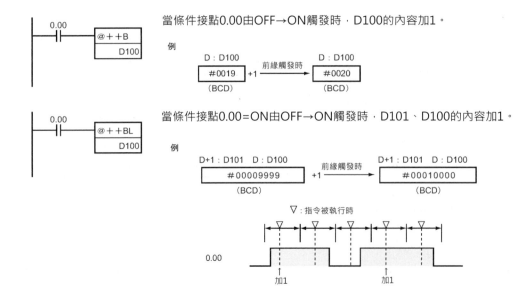

```
     0.00
  ───┤├───     ┌─────────┐
              │ @＋＋B   │
              │   D100   │
              └─────────┘
```

當條件接點0.00由OFF→ON觸發時，D100的內容加1。

例

```
      D：D100                    D：D100
    ┌─────────┐   前緣觸發時   ┌─────────┐
    │ ＃0019  │ +1 ────────→ │ ＃0020  │
    └─────────┘              └─────────┘
      （BCD）                   （BCD）
```

```
     0.00
  ───┤├───     ┌─────────┐
              │ @＋＋BL  │
              │   D100   │
              └─────────┘
```

當條件接點0.00＝ON由OFF→ON觸發時，D101、D100的內容加1。

例

```
   D+1：D101  D：D100                        D+1：D101  D：D100
  ┌──────────────────┐   前緣觸發時   ┌──────────────────┐
  │   ＃00009999     │ +1 ────────→ │   ＃00010000     │
  └──────────────────┘              └──────────────────┘
        （BCD）                            （BCD）
```

∇：指令被執行時

0.00

加1   加1

252

－－B/－－BL

指令名稱	指令記號	指令的各種組合	Fun No.	功能
BCD減1	－－B	@－－B	596	1CH的BCD值執行減一的動作
BCD倍長減1	－－BL	@－－BL	597	2CH的BCD值執行減一的動作

記號	－－B	－－BL
	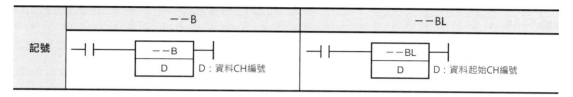	

可使用的程式

區域	功能區塊	區塊程式	工程步進程式	副程式	中斷任務程式	SFC動作/轉移條件
使用	○	○	○	○	○	○

運算元的說明

運算元	內容	資料型態		容量	
		－－B	－－BL	－－B	－－BL
D	－－B：資料CH編號 －－BL：資料起始CH編號	UINT	UDINT	1	2

■ 運算元種類

內容		CH位址								間接DM/EM		常數	暫存器			TK	條件旗標	時鐘脈衝	TR
		CIO	WR	HR	AR	T	C	DM	EM	@DM @EM	*DM *EM		DR	IR直接	IR間接				
－－B	D	○	○	○	○	○	○	○	○	○	○	－	○	－	○	－	－	－	－
－－ BL	D												－						

相關條件旗標

名稱	標籤	內容
異常旗標	P_ER	・ ・ D的資料非BCD時，ON。
＝旗標	P_EQ	・ ・ 運算結果為0時，ON。
進位旗標	P_CY	・ ・ 減算造成借位時，ON。

功能

■ －－B

D所指定的資料執行BCD減1動作。

－－B指令的話，輸入條件ON的時候，於每一次週期，D就減1。

@－－B指令的話，只有在輸入條件ON的前緣觸發時，D執行減1動作。

■ －－BL

D所指定的倍長資料執行BCD減1動作。

－－BL指令的話，輸入條件ON的時候，於每一次週期，D就減1。

@－－BL指令的話，只有在輸入條件ON的前緣觸發時，D執行減1動作。

程式例

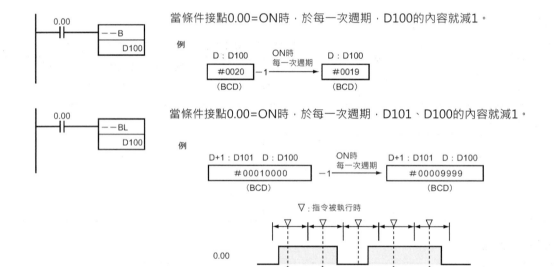

當條件接點0.00=ON時，於每一次週期，D100的內容就減1。

當條件接點0.00=ON時，於每一次週期，D101、D100的內容就減1。

當條件接點0.00由OFF→ON觸發時，D100的內容減1。

例

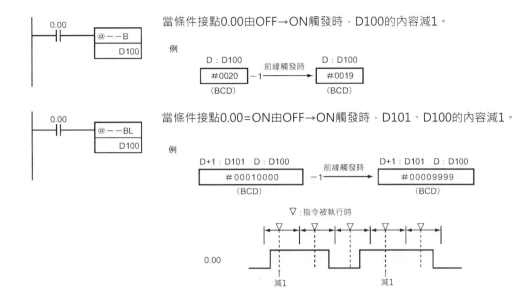

當條件接點0.00=ON由OFF→ON觸發時，D101、D100的內容減1。

例

255

四則運算指令

指令記號	指令名稱	Fun No.	頁
+	帶±符號‧無CY的BIN加算	400	258
+L	帶±符號‧無CY的BIN倍長加算	401	
+C	帶±符號‧附CY的BIN加算	402	260
+CL	帶±符號‧附CY的BIN倍長加算	403	
+B	無CY的BCD加算	404	263
+BL	無CY的BCD倍長加算	405	
+BC	附CY的BCD加算	406	265
+BCL	附CY的BCD倍長加算	407	
-	帶±符號‧無CY的BIN減算	410	267
-L	帶±符號‧無CY的BIN倍長減算	411	
-C	帶±符號‧附CY的BIN減算	412	271
-CL	帶±符號‧附CY的BIN倍長減算	413	
-B	無CY的BCD減算	414	274
-BL	無CY的BCD倍長減算	415	
-BC	附CY的BCD減算	416	277
-BCL	附CY的BCD倍長減算	417	
*	帶±符號的BIN乘算	420	279
*L	帶±符號的BIN倍長乘算	421	
*U	無±符號的BIN乘算	422	281
*UL	無±符號的BIN倍長乘算	423	
*B	BCD乘算	424	283
*BL	BCD倍長乘算	425	
/	帶±符號的BIN除算	430	285
/L	帶±符號的BIN倍長除算	431	
/U	無±符號的BIN除算	432	287
/UL	無±符號的BIN倍長除算	433	
/B	BCD除算	434	289
/BL	BCD倍長除算	435	

+/+L

指令名稱	指令記號	指令的各種組合	Fun No.	功能
帶±符號·無CY的BIN加算	+	@ +	400	兩個帶+或-符號的4位數16進數值執行加算運算
帶±符號·無CY的BIN倍長加算	+L	@ +L	401	兩個帶+或-符號的8位數16進數值執行加算運算

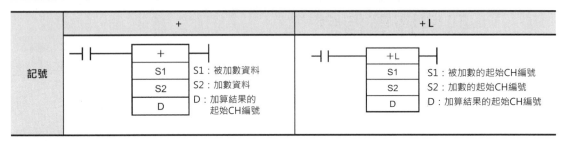

記號	+	+L
	S1：被加數資料 S2：加數資料 D：加算結果的起始CH編號	S1：被加數的起始CH編號 S2：加數的起始CH編號 D：加算結果的起始CH編號

可使用的程式

區域	功能區塊	區塊程式	工程步進程式	副程式	中斷任務程式	SFC動作/轉移條件
使用	○	○	○	○	○	○

運算元的說明

運算元	內容	資料型態 +	資料型態 +L	容量 +	容量 +L
S1	+：被加數資料 +L：被加數的起始CH編號	INT	DINT	1	2
S2	+：加數資料 +L：加數的起始CH編號	INT	DINT	1	2
D	+：加算結果的起始CH編號 +L：加算結果的起始CH編號	INT	DINT	1	2

■ 運算元種類

內容		CIO	WR	HR	AR	T	C	DM	EM	@DM @EM	*DM *EM	常數	DR	IR直接	IR間接	TK	條件旗標	時鐘脈衝	TR
+	S1,S2	○	○	○	○	○	○	○	○	○	○	○	○	—	○	—	—	—	—
	D											—							
+L	S1,S2	○	○	○	○	○	○	○	○	○	○	○	—	○	○	—	—	—	—
	D											—							

相關條件旗標

名稱	標籤	內容 +	內容 +L
異常旗標	P_ER	• OFF	• OFF
＝旗標	P_EQ	• 運算結果為0時，ON。	• 運算結果為0時，ON。
進位旗標	P_CY	• 運算結果有進位時，ON。	• 運算結果有進位時，ON。
上溢位旗標	P_OF	• 正數加正數的結果為負數範圍(16進位 #8000~FFFF)，ON。(註一)	• 正數加正數的結果為負數範圍(16進位 #80000000~FFFFFFFF)時，ON。

名稱	標籤	內容	
		+	+L
下溢位旗標	P_UF	• 負數加負數的結果為正數範圍(16進位 #0000~7FFF)時，ON。(註2)	• 負數加負數的結果為正數範圍(16進位 #00000000~7FFFFFFF)時，ON。
負數旗標	P_N	• 運算結果的最上位位元為1時，ON。	• 運算結果的最上位位元為1時，ON。

(註) 1. 正數加正數的結果大於32767時，溢位旗標ON。
　　 2. 負數加負數的結果小於32768時，下溢位旗標ON。

功能

■　+

S1指定的資料與S2指定的資料執行BIN加算，結果輸出至D
當中。

■　+L

S1指定的資料與S2指定的資料執行BIN倍長加算，結果輸
出至D+1、D當中。

程式例

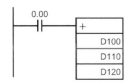

當條件接點0.00=ON時，D100與D110的內容執行BIN加算，加算結果被輸出
至D120當中。

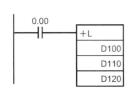

當條件接點0.00=ON時，D101、D100與D111、D110的內容執行BIN加算，加
算結果被輸出至D121、D120當中。

+C/+CL

指令名稱	指令記號	指令的各種組合	Fun No.	功能
帶±符號·附CY的BIN加算	+C	@+C	402	兩個帶+或-符號的4位數16進位數值加上CY旗標執行加算運算
帶±符號·附CY的BIN倍長加算	+CL	@+CL	403	兩個帶+或-符號的8位數16進位數值加上CY旗標執行加算運算

記號	+C	+CL

記號

+C
S1：被加數資料
S2：加數資料
D：加算結果的起始CH編號

+CL
S1：被加數的起始CH編號
S2：加數的起始CH編號
D：加算結果的起始CH編號

可使用的程式

區域	功能區塊	區塊程式	工程步進程式	副程式	中斷任務程式	SFC動作/轉移條件
使用	○	○	○	○	○	○

運算元的說明

運算元	內容	資料型態 +C	資料型態 +CL	容量 +C	容量 +CL
S1	+：被加數資料 +L：被加數的起始CH編號	INT	DINT	1	2
S2	+：加數資料 +L：加數的起始CH編號	INT	DINT	1	2
D	+：加算結果的起始CH編號 +L：加算結果的起始CH編號	INT	DINT	1	2

■ 運算元種類

內容		CIO	WR	HR	AR	T	C	DM	EM	@DM @EM	*DM *EM	常數	DR	IR直接	IR間接	TK	條件旗標	時鐘脈衝	TR
+C	S1,S2	○	○	○	○	○	○	○	○	○	○	○	○	–	○	–	–	–	–
	D											–							
+CL	S1,S2	○	○	○	○	○	○	○	○	○	○	○	–	–	○	–	–	–	–
	D											–							

相關條件旗標

名稱	標籤	內容 +C	內容 +CL
異常旗標	P_ER	• OFF	• OFF
＝旗標	P_EQ	• 運算結果為0時，ON。	• 運算結果為0時，ON。
進位旗標	P_CY	• 運算結果有進位時，ON。	• 運算結果有進位時，ON。
上溢位旗標	P_OF	• 正數+正數+進位旗標的結果為負數範圍(16進位#8000~FFFF)時，ON。	• 正數+正數+進位旗標的結果為負數範圍(16進位#80000000~FFFFFFFF)時，ON。

名稱	標籤	內容	
		+C	+CL
下溢位旗標	P_UF	• 負數+負數+進位旗標的結果為正數範圍(16進位#0000~7FFF)時，ON。	• 負數+負數+進位旗標的結果為正數範圍(16進位#00000000~7FFFFFFF)時，ON。
負數旗標	P_N	• 運算結果的最上位位元為1時，ON。	• 運算結果的最上位位元為1時，ON。

功能

■ +C

S1指定的資料與S2指定的資料加上CY旗標執行BIN加算，結果輸出至D當中。

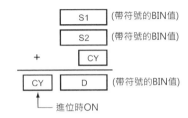

■ +CL

S1指定的資料與S2指定的資料加上CY旗標執行BIN倍長加算，結果輸出至D+1,D當中。

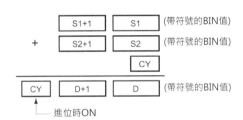

提示

• 要清除進位旗標的話，請使用CLC指令。

程式例

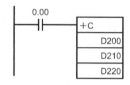

當條件接點0.00=ON時，D200與D210的內容連同進位旗標執行BIN加算，加算結果被輸出至D220當中。

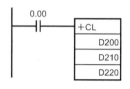

當條件接點0.00=ON時，D201、D200與D211、D210的內容連同進位旗標執行BIN加算，加算結果被輸出至D221、D220當中。

+B/+BL

指令名稱	指令記號	指令的各種組合	Fun No.	功能
無CY的BCD加算	+B	@+B	404	CH(或常數)的4位數BCD值執行加算運算
無CY的BCD倍長加算	+BL	@+BL	405	2CH(或常數)的8位數BCD值執行加算運算

	+B	+BL
記號	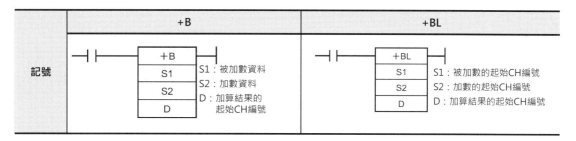	

+B 記號：
- S1：被加數資料
- S2：加數資料
- D：加算結果的起始CH編號

+BL 記號：
- S1：被加數的起始CH編號
- S2：加數的起始CH編號
- D：加算結果的起始CH編號

可使用的程式

區域	功能區塊	區塊程式	工程步進程式	副程式	中斷任務程式	SFC動作/轉移條件
使用	○	○	○	○	○	○

運算元的說明

運算元	內容	資料型態 +B	資料型態 +BL	容量 +B	容量 +BL
S1	+B：被加數資料 +BL：被加數的起始CH編號	WORD	DWORD	1	2
S2	+B：加數資料 +BL：加數的起始CH編號	WORD	DWORD	1	2
D	+B：加算結果的起始CH編號 +BL：加算結果的起始CH編號	WORD	DWORD	1	2

■ 運算元種類

內容		CIO	WR	HR	AR	T	C	DM	EM	@DM @EM	*DM *EM	常數	DR	IR直接	IR間接	TK	條件旗標	時鐘脈衝	TR
+B	S1,S2	○	○	○	○	○	○	○	○	○	○	○	○	—	○	—	—	—	—
	D											—							
+BL	S1,S2	○	○	○	○	○	○	○	○	○	○	○	—	—	○	—	—	—	—
	D											—							

表頭：CH位址 (CIO, WR, HR, AR, T, C, DM, EM)、間接DM/EM (@DM/@EM, *DM/*EM)、暫存器 (DR, IR直接, IR間接)

相關條件旗標

名稱	標籤	內容 +B	內容 +BL
異常旗標	P_ER	• OFF	• OFF
=旗標	P_EQ	• S1的資料並非BCD時，ON。 • S2的資料並非BCD時，ON。	• S1+1、S1的資料並非BCD碼時，ON。 • S2+1、S2的資料並非BCD碼時，ON。
負數旗標	P_N	• 運算結果為0時，ON。	• 運算結果為0時，ON。
上溢位旗標	P_OF	• 運算結果有進位時，ON	• 運算結果有進位時，ON

功能

■ +B

S1指定的資料與S2指定的資料執行BCD加算，結果輸出至D當中。

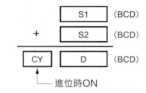

■ +BL

S1指定的資料與S2指定的資料執行BCD倍長加算，結果輸出至D+1、D當中。

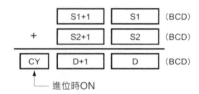

程式例

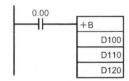

當條件接點0.00=ON時，D100與D110的內容執行4位數BCD加算，加算結果被輸出至D120當中。

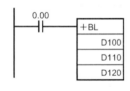

當條件接點0.00=ON時，D101、D100與D111、D110的內容執行8位數BCD加算，加算結果被輸出至D121、D120當中。

+BC/+BCL

指令名稱	指令記號	指令的各種組合	Fun No.	功能
附CY的BCD加算	+BC	@+BC	406	利用BCD 8位數，將相當於倍長的CH資料(或常數)以及CY旗標等相加。
附CY的BCD倍長加算	+BCL	@+BCL	407	利用帶±符號的BCD倍數，將CH資料(或常數)以及CY旗標等相加。

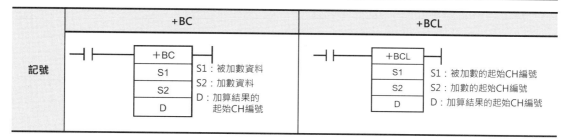

記號	+BC	+BCL
	+BC / S1 / S2 / D — S1：被加數資料　S2：加數資料　D：加算結果的起始CH編號	+BCL / S1 / S2 / D — S1：被加數的起始CH編號　S2：加數的起始CH編號　D：加算結果的起始CH編號

可使用的程式

區域	功能區塊	區塊程式	工程步進程式	副程式	中斷任務程式	SFC動作/轉移條件
使用	○	○	○	○	○	

運算元的說明

運算元	內容	資料型態 +BC	資料型態 +BCL	容量 +BC	容量 +BCL
S1	被加數資料	WORD	DWORD	1	2
S2	加數資料	WORD	DWORD	1	2
D	+BC：加算結果的起始CH編號 +BCL：加算結果的起始CH編號	WORD	DWORD	1	2

■ 運算元種類

內容		CIO	WR	HR	AR	T	C	DM	EM	@DM @EM	*DM *EM	常數	DR	IR直接	IR間接	TK	條件旗標	時鐘脈衝	TR
+BC	S1,S2	○	○	○	○	○	○	○	○	○	○	○	○	—	○	—	—	—	—
	D											—							
+BCL	S1,S2	○	○	○	○	○	○	○	○	○	○	○	—	—	—	—	—	—	—
	D											—							

相關條件旗標

名稱	標籤	內容 +BC	內容 +BCL
異常旗標	P_ER	• S1的資料並非BCD碼時，ON。 • S2的資料並非BCD碼時，ON。	• S1+1、S1的資料並非BCD碼時，ON。 • S2+1、S2的資料並非BCD碼時，ON。
=旗標	P_EQ	• 運算結果為0時，ON。	• 運算結果為0時，ON。
進位旗標	P_CY	• 運算結果有進位時，ON。	• 運算結果有進位時，ON。

功能

■ +BC

S1指定的資料與S2指定的資料(含進位旗標)執行BCD加算,結果輸出至D當中。

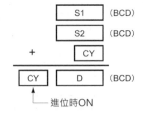

■ +BCL

S1指定的資料與S2指定的資料(含進位旗標)執行BCD倍長加算,結果輸出至D+1、D當中。

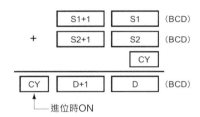

提示

• 要清除進位旗標的話,請使用CLC指令。

程式例

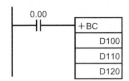

當條件接點0.00=ON時,D100與D110的內容及CY旗標執行4位數BCD加算,加算結果被輸出至D120當中。

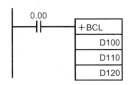

當條件接點0.00=ON時,D101、D100與D111、D110的內容及CY旗標執行8位數BCD加算,加算結果被輸出至D121、D120當中。

ー /ーL

指令名稱	指令記號	指令的各種組合	Fun No.	功能
帶±符號·無CY的BIN減算	ー	@ー	410	兩個帶+或-符號的4位數16進位數值執行減算運算
帶±符號·無CY的BIN倍長減算	ーL	@ーL	411	兩個帶+或-符號的8位數16進位數值執行減算運算

記號	

記號欄內容:

ー
S1：被減數資料
S2：減數資料
D：減算結果的起始CH編號

ーL
S1：被減數的起始CH編號
S2：減數的起始CH編號
D：減算結果的起始CH編號

可使用的程式

區域	功能區塊	區塊程式	工程步進程式	副程式	中斷任務程式	SFC動作/轉移條件
使用	○	○	○	○	○	○

運算元的說明

運算元	內容	資料型態		容量	
		ー	ーL	ー	ーL
S1	ー：被減數資料 ーL：被減數的起始CH編號	INT	DINT	1	2
S2	ー：減數資料 ーL：減數的起始CH編號	INT	DINT	1	2
D	ー：減算結果的起始CH編號 ーL：減算結果的起始CH編號	INT	DINT	1	2

■ 運算元種類

內容		CH位址								間接DM/EM		常數	暫存器			TK	條件旗標	時鐘脈衝	TR
		CIO	WR	HR	AR	T	C	DM	EM	@DM @EM	*DM *EM		DR	IR直接	IR間接				
ー	S1,S2	○	○	○	○	○	○	○	○	○	○	○	○	ー	○	ー	ー	ー	ー
	D											ー							
ーL	S1,S2	○	○	○	○	○	○	○	○	○	○	○	○	ー	○	ー	ー	ー	ー
	D											ー							

相關條件旗標

名稱	標籤	內容	
		ー	ーL
異常旗標	P_ER	• OFF	• OFF
＝旗標	P_EQ	• 運算結果為0時，ON。	• 運算結果為0時，ON。
進位旗標	P_CY	• 減法運算造成借位時，ON。	• 減法運算造成借位時，ON。
上溢位旗標	P_OF	• 正數減負數的結果為負數範圍(16進位#8000~FFFF)時，ON。	• 正數減負數的結果為負數範圍(16進位#80000000~FFFFFFFF)時，ON。

名稱	標籤	內容	
		−	−L
下溢位旗標	P_UF	• 負數減正數的結果為正數範圍(16進位 #0000~7FFF)時，ON。	• 負數減正數數的結果為正數範圍(16進位 #00000000~7FFFFFFF)時，ON。
負數旗標	P_N	• 運算結果的最上位位元為1時，ON。	• 運算結果的最上位位元為1時，ON。

功能

■ −

S1指定的資料與S2指定的資料執行BIN減算，結果輸出至D
當中。

■ −L

S1指定的資料與S2指定的資料執行BIN倍長減算，結果輸
出至D+1、D當中。

減算結果為負數時，以2的補數輸出至D+1、D當中。

提示

* 關於2的補數

    每個位元均為1來減掉2進位值的內容，其結果加1即為2的補數。例) 2進位值1101的2的補數為，
    1111(16進位#F) - 1101(16進位#D) + 1(16進位#1) = 0011(16進位#3)。

    例) 4位16進位值#3039的2的補數為，16進位#FFFF - 16進位#3039 + 16進位#1 = 16進位#CFC7。因
    此，4位16進位a的2的補數為，16進位#FFFF - 16進位a + 16進位#0001 = 16進位b。如果從2的補數16
    進位b來求實際數值的話，16進位a = 16進位#10000 - 16進位b。

    例) 以2的補數16進位#CFC7來求實際數值的話，16進位#10000 - 16進位#CFC7 = 16進位#3039。

數值 例1)

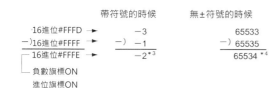

	帶符號的時候	無±符號的時候
16進位#FFFF →	−1	65535
−)16進位#0001 →	−) +1	−) 00001
16進位#FFFE →	−2*¹	65534*²

負數旗標ON
進位旗標OFF

*1：此時負數旗標會變成ON，結果(以16進制表示時為 #FFFF)將出現負數(2的補數)，並且以-2表示。

*2：進位旗標OFF，結果(以16進制表示時為#FFFE)將出現 不帶符號資料的正數，也就是65534。

數值 例2)

	帶符號的時候	無±符號的時候
16進位#FFFD →	−3	65533
−)16進位#FFFF →	−) −1	−) 65535
16進位#FFFE →	−2*³	65534*⁴

負數旗標ON
進位旗標ON

*3：此時負數旗標會變成ON，結果(以16進制表示時為 #FFFE)將出現負數(2的補數)，並且以-2表示。

*4：此時進位訊號變成ON，因此結果將出現(以16進制表 示時為#FFFE)負數(2的補數)，轉換為數時為-2。

(例) 16進位：20F55A10 − B8A360E3 = -97AE06D3

①的減法運算

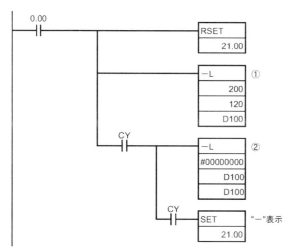

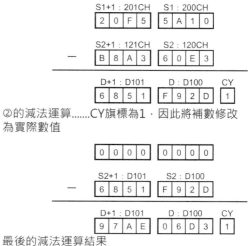

①的減法運算

S1+1：201CH	S1：200CH
2 0 F 5	5 A 1 0

S2+1：121CH	S2：120CH
B 8 A 3	6 0 E 3

D+1：D101	D：D100	CY
6 8 5 1	F 9 2 D	1

②的減法運算.......CY旗標為1，因此將補數修改 為實際數值

0 0 0 0	0 0 0 0

S2+1：D101	S2：D100
6 8 5 1	F 9 2 D

D+1：D101	D：D100	CY
9 7 A E	0 6 D 3	1

最後的減法運算結果

S1+1：201CH	S1：200CH
2 0 F 5	5 A 1 0

S2+1：121CH	S2：120CH
6 8 5 1	F 9 2 D

CY	D+1：D101	D：D100
1	9 7 A E	0 6 D 3

201、200CH內容以8位數BCD型態減掉121、120CH 的內容，結果輸出至D101、D100當中。減算結果為 負數時，再執行#00000000 - 補數 = 實際數值的程式 (②)，結果再輸出至D101、D100當中。

程式例

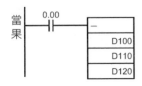

條件接點0.00=ON時，D100與D110的內容執行16進位4位數減算，減算結果被輸出至D120當中。

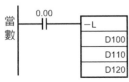

條件接點0.00=ON時，D101、D100與D111、D110的內容執行16進位8位減算，減算結果被輸出至D121、D120當中。

減算結果若為負數時(S1 < S2、或S1+1、S1 < S2+1、S2)，以2的補數輸出，此時，進位旗標=ON。
要將2的補數轉成實際數值時，必須以進位旗標當成輸入條件，再設計由0來減掉減算結果的程式。此種情況下，進位旗標=ON及代表減算結果為負數。

−C /−CL

指令名稱	指令記號	指令的各種組合	Fun No.	功能
帶±符號·附CY的BIN減算	−C	@−C	412	兩個帶+或-符號的4位數16進位數值加上進位旗標執行減算運算
帶±符號·附CY的BIN倍長減算	−CL	@−CL	413	兩個帶+或-符號的8位數16進位數值加上進位旗標執行執行減算運算

	−C	−CL
記號	−C S1 S2 D S1：被減數資料 S2：減數資料 D：減算結果的起始CH編號	−CL S1 S2 D S1：被減數的起始CH編號 S2：減數的起始CH編號 D：減算結果的起始CH編號

可使用的程式

區域	功能區塊	區塊程式	工程步進程式	副程式	中斷任務程式	SFC動作/轉移條件
使用	○	○	○	○	○	○

運算元的說明

運算元	內容	資料型態 −C	資料型態 −CL	容量 −C	容量 −CL
S1	−C：被減數資料 −CL：被減數的起始CH編號	INT	DINT	1	2
S2	−C：減數資料 −CL：減數的起始CH編號	INT	DINT	1	2
D	−C：減算結果的起始CH編號 −CL：減算結果的起始CH編號	INT	DINT	1	2

■ 運算元種類

內容		CH位址 CIO	WR	HR	AR	T	C	DM	EM	間接DM/EM @DM @EM	間接DM/EM *DM *EM	常數	暫存器 DR	IR直接	IR間接	TK	條件旗標	時鐘脈衝	TR
−C	S1,S2	○	○	○	○	○	○	○	○	○	○	○	○	—	○	—	—	—	—
	D											—							
−CL	S1,S2	○	○	○	○	○	○	○	○	○	○	○	—	—	○	—	—	—	—
	D											—							

相關條件旗標

名稱	標籤	內容 −C	內容 −CL
異常旗標	P_ER	• OFF	• OFF
＝旗標	P_EQ	• 運算結果為0時，ON。	• 運算結果為0時，ON。
進位旗標	P_CY	• 運算結果有借位時，ON。	• 運算結果有借位時，ON。
上溢位旗標	P_OF	• 正數 - 負數 - 進位旗標的結果為負數範圍(16進位#8000~FFFF)時，ON	• 正數 - 負數 - 進位旗標的結果為負數範圍(16進位#80000000~FFFFFFFF)時，ON

名稱	標籤	內容	
		−C	−CL
下溢位旗標	P_UF	• 負數 - 正數 - 進位旗標的結果為正數範圍(16進位#0000~7FFF)時，ON。	• 負數 - 正數 - 進位旗標的結果為正數範圍(16進位#00000000~7FFFFFFF)時，ON。
負數旗標	P_N	• 運算結果的最上位位元為1時，ON。	• 運算結果的最上位位元為1時，ON。

功能

■ −C

S1指定的資料與S2指定的資料加上進位旗標執行BIN減算，結果輸出至D當中。

減算結果為負數時，以2的補數輸出至D當中。

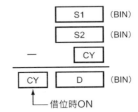

■ −CL

S1指定的資料與S2指定的資料加上進位旗標執行BIN倍長減算，結果輸出至D+1、D當中。

減算結果為負數時，以2的補數輸出至D+1、D當中。

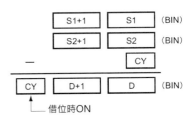

提示

• 要清除進位旗標的話，請使用CLC指令。

• 關於2的補數

各位元均為1來減掉2進值的內容，其結果加1即為2的補數。例) 2進值1101的2的補數為，1111(16進位#F) - 1101(16進位#D) + 1(16進位#1) = 0011(16進位#3)。

例) 4位16進位值#3039的2的補數為，16進位#FFFF - 16進位#3039 + 16進位#1 = 16進位#CFC7。因此，4位16進位a的2的補數為，16進位#FFFF - 16進位a + 16進位#0001 = 16進位b。如果從2的補數16進位b來求實際數值的話，16進位a = 16進位#10000 - 16進位b。

例) 以2的補數16進位#CFC7來求實際數值的話，16進位#10000 - 16進位#CFC7 = 16進位#3039。

程式例

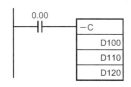

當條件接點0.00=ON時，D100與D110的內容連同進位旗標執行16進4位數減算，減算結果被輸出至D120當中。

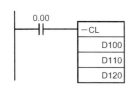

當條件接點0.00=ON時，D101、D100與D111、D110的內容連同進位旗標執行16進8位數減算，減算結果被輸出至D121、D120當中。

減算結果若為負數時(S1 < S2、或S1+1、S1 < S2+1、S2)，以2的補數輸出，此時，進位旗標=ON。
要將2的補數轉成實際數值時，必須以進位旗標當成輸入條件，再設計由0來減掉減算結果的程式。此種情況下，進位旗標=ON及代表減算結果為負數。

—B /—BL

指令名稱	指令記號	指令的各種組合	Fun No.	功能
無CY的BCD減算	—B	@—B	414	CH或常數的4位數BCD值執行減算運算
無CY的BCD倍長減算	—BL	@—BL	415	2CH或常數的8位數BCD值執行減算運算

	—B	—BL
記號	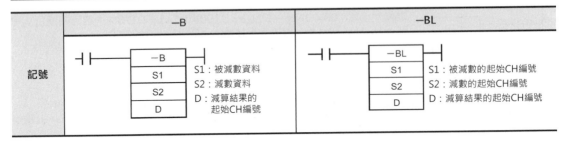	

可使用的程式

區域	功能區塊	區塊程式	工程步進程式	副程式	中斷任務程式	SFC動作/轉移條件
使用	○	○	○	○	○	○

運算元的說明

運算元	內容	資料型態 —B	資料型態 —BL	容量 —B	容量 —BL
S1	—B：被減數資料 —BL：被減數的起始CH編號	WORD	DWORD	1	2
S2	—B：減數資料 —BL：減數的起始CH編號	WORD	DWORD	1	2
D	—B：減算結果的起始CH編號 —BL：減算結果的起始CH編號	WORD	DWORD	1	2

■ 運算元種類

內容		CH位址 CIO	WR	HR	AR	T	C	DM	EM	間接DM/EM @DM @EM	間接DM/EM *DM *EM	常數	暫存器 DR	暫存器 IR直接	暫存器 IR間接	TK	條件旗標	時鐘脈衝	TR
—B	S1,S2	○	○	○	○	○	○	○	○	○	○	○	○	—	○	—	—	—	—
—B	D											—							
—BL	S1,S2	○	○	○	○	○	○	○	○	○	○	○	—	—	○	—	—	—	—
—BL	D											—							

相關條件旗標

名稱	標籤	內容 —B	內容 —BL
異常旗標	P_ER	• S1的資料並非BCD碼時，ON。 • S2的資料並非BCD碼時，ON。	• S1+1、S1的資料並非BCD碼時，ON。 • S2+1、S2的資料並非BCD碼時，ON。
=旗標	P_EQ	• 運算結果為0時，ON。	• 運算結果為0時，ON。
進位旗標	P_CY	• 運算結果有借位時，ON。	• 運算結果有借位時，ON。

功能

■ −B

S1指定的資料與S2指定的資料執行BCD減算，結果輸出至D當中。

減算結果為負數時，以10的補數輸出至D當中。

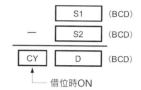

■ −BL

S1指定的資料與S2指定的資料執行BCD倍長減算，結果輸出至D+1、D當中。

減算結果為負數時，以10的補數輸出至D+1、D當中。

提示

• 何謂10的補數

就是以9減去每個位數，然後再將運算結果加1後所得到的數。

例)對於7556來說，10的補數就是9999-7556+1=2444。

因此，以4位數表示時，於A來說10的補數就是9999-A+1=B。

如果從10的補數B來求實際數值的話，A=10000-B。

例)如果要以10的補數所表示的2444來計算以實際數值表示時，10000-2444=7556。

(例) BCD：9,583,960 − 17,072,641 = -7,488,681

①的減算

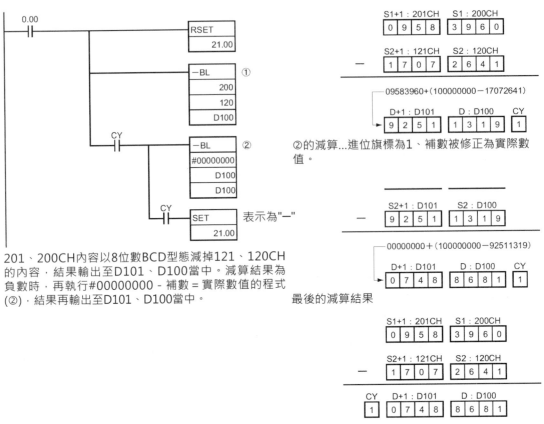

201、200CH內容以8位數BCD型態減掉121、120CH
的內容，結果輸出至D101、D100當中。減算結果為
負數時，再執行#00000000 - 補數＝實際數值的程式
(②)，結果再輸出至D101、D100當中。

②的減算...進位旗標為1、補數被修正為實際數
值。

最後的減算結果

由於進位旗標=ON，因此，實際的輸出值為
- 7,488,681。
D101、D100內容為負數時，接點21.00=ON。

程式例

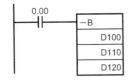

當條件接點0.00=ON時，D100與D110的內容執行4位數BCD碼減算，減算結
果被輸出至D120當中。

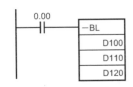

當條件接點0.00=ON時，D101、D100與D111、D110的內容執行8位數BCD
碼減算，減算結果被輸出至D121、D120當中。

減算結果若為負數時(S1 < S2、或S1+1、S1 < S2+1、S2)，以10的補數輸出，此時，進位旗標=ON。
要將10的補數轉成實際數值時，必須以進位旗標當成輸入條件，再設計由0來減掉減算結果的程式。此種情
況下，進位旗標=ON及代表減算結果為負數

−BC /−BCL

指令名稱	指令記號	指令的各種組合	Fun No.	功能
附CY的BCD減算	−BC	@−BC	416	CH或常數(含進位旗標)的4位數BCD碼執行減算運算
附CY的BCD倍長減算	−BCL	@−BCL	417	2CH或常數(含進位旗標)的8位數BCD碼執行減算運算

	−BC	−BCL
記號	┤├ ─┤ −BC / S1 / S2 / D ├─ ┤├ S1：被減數資料 S2：減數資料 D：減算結果的起始CH編號	┤├ ─┤ −BCL / S1 / S2 / D ├─ ┤├ S1：被減數的起始CH編號 S2：減數的起始CH編號 D：減算結果的起始CH編號

可使用的程式

區域	功能區塊	區塊程式	工程步進程式	副程式	中斷任務程式	SFC動作/轉移條件
使用	○	○	○	○	○	○

運算元的說明

運算元	內容	資料型態 −BC	資料型態 −BCL	容量 −BC	容量 −BCL
S1	−BC：被減數資料 −BCL：被減數的起始CH編號	WORD	DWORD	1	2
S2	−BC：減數資料 −BCL：減數的起始CH編號	WORD	DWORD	1	2
D	−BC：減算結果的起始CH編號 −BCL：減算結果的起始CH編號	WORD	DWORD	1	2

■ 運算元種類

內容		CIO	WR	HR	AR	T	C	DM	EM	@DM @EM	*DM *EM	常數	DR	IR直接	IR間接	TK	條件旗標	時鐘脈衝	TR
−BC	S1,S2	○	○	○	○	○	○	○	○	○	○	○	○	−	○	−	−	−	−
	D											−							
−BCL	S1,S2	○	○	○	○	○	○	○	○	○	○	○	○	−	○	−	−	−	−
	D											−							

相關條件旗標

名稱	標籤	內容 −BC	內容 −BCL
異常旗標	P_ER	• S1的資料並非BCD碼時，ON。 • S2的資料並非BCD碼時，ON。	• S1+1、S1的資料並非BCD碼時，ON。 • S2+1、S2的資料並非BCD碼時，ON。
=旗標	P_EQ	• 運算結果為0時，ON。	• 運算結果為0時，ON。
進位旗標	P_CY	• 運算結果有借位時，ON。	• 運算結果有借位時，ON。

功能

■ −BC

S1指定的資料與S2指定的資料(含進位旗標)執行BCD減算,結果輸出至D當中。
減算結果為負數時,以10的補數輸出至D當中。

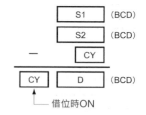

■ −BCL

S1指定的資料與S2指定的資料(含進位旗標)執行BCD倍長減算,結果輸出至D+1、D當中。
減算結果為負數時,以10的補數輸出至D+1、D當中。

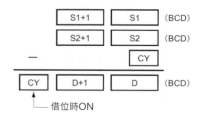

提示

* 如果要清除進位(CY)旗標,必須執行CLC(清除進位)指令。

* 何謂10的補數
  就是以9減去每個位數,然後再將運算結果加1後所得到的數值。
  例) 對於7556來說,10的補數就是9999-7556+1=2444。
  因此,以4位數表示時,對於A來說10的補數就是9999-A+1=B。
  如果從10的補數B來求實際數值的話A=10000-B。
  例) 如果要以10的補數所表示的2444來計算以實際數值表示時,10000-24444=7556。

程式例

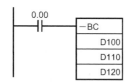

當條件接點0.00=ON時,D100與D110的內容(含進位旗標)執行4位數BCD減算,減算結果被輸出至D120當中。

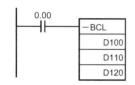

當條件接點0.00=ON時,D101、D100與D111、D110的內容(含進位旗標)執行8位數BCD減算,減算結果被輸出至D121、D120當中。

減算結果若為負數時(S1 < S2、或S1+1、S1 < S2+1、S2),以10的補數輸出,此時,進位旗標=ON。
要將10的補數轉成實際數值時,必須以進位旗標當成輸入條件,再設計由0來減掉減算結果的程式。此種情況下,進位旗標=ON及代表減算結果為負數。

＊ / ＊L

指令名稱	指令記號	指令的各種組合	Fun No.	功能
帶±符號的BIN乘算	＊	@＊	420	兩個帶＋或-的4位數CH或常數執行乘算運算
帶±符號的BIN倍長乘算	＊L	@＊L	421	兩個帶＋或-的8位數2CH或常數執行乘算運算

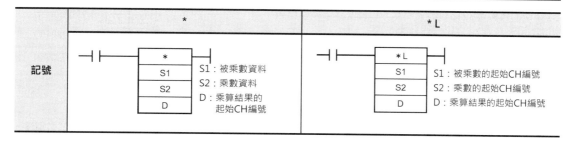

記號	＊	＊L
	＊ S1 S2 D S1：被乘數資料 S2：乘數資料 D：乘算結果的起始CH編號	＊L S1 S2 D S1：被乘數的起始CH編號 S2：乘數的起始CH編號 D：乘算結果的起始CH編號

可使用的程式

區域	功能區塊	區塊程式	工程步進程式	副程式	中斷任務程式	SFC動作/轉移條件
使用	○	○	○	○	○	

運算元的說明

運算元	內容	資料型態		容量	
		＊	＊L	＊	＊L
S1	＊：被乘數資料 ＊L：被乘數的起始CH編號	INT	DINT	1	2
S2	＊：乘數資料 ＊L：乘數的起始CH編號	INT	DINT	1	2
D	＊：乘算結果的起始CH編號 ＊L：乘算結果的起始CH編號	INT	LINT	2	4

■ 運算元種類

內容		CH位址								間接DM/EM		常數	暫存器			TK	條件旗標	時鐘脈衝	TR
		CIO	WR	HR	AR	T	C	DM	EM	@DM @EM	*DM *EM		DR	IR直接	IR間接				
＊	S1,S2	○	○	○	○	○	○	○	○	○	○	○	○		○	—	—	—	—
	D	○	○	○	○	○	○	○	○	○	○	—	—		○	—	—	—	—
＊L	S1,S2	○	○	○	○	○	○	○	○	○	○	○			○	—	—	—	—
	D	○	○	○	○	○	○	○	○	○	○	—			○	—	—	—	—

相關條件旗標

名稱	標籤	內容	
		＊	＊L
異常旗標	P_ER	• OFF	• OFF
＝旗標	P_EQ	• 運算結果為0時，ON。	• 運算結果為0時，ON。
負數旗標	P_N	• 運算結果最上位位元為1時，ON。	• 運算結果最上位位元為1時，ON。

功能

■　*

S1指定的資料與S2指定的資料執行BIN乘算,結果輸出
至D+1、D當中。

■　*L

S1指定的資料與S2指定的資料執行BIN倍長乘算,結果
輸出至D+3、D+2、D+1、D當中。

程式例

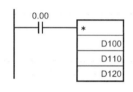

當條件接點0.00=ON時,D100與D110的內容執行帶+或-符號的4位數BIN乘
算,乘算結果被輸出至D121、D120當中。

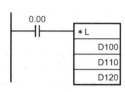

當條件接點0.00=ON時,D101、D100與D111、D110的內容執行帶+或-符
號的8位數BIN乘算,乘算結果被輸出至D123、D122、D121、D120當中。

■　功能區塊定義的使用例

使用陣列變數,乘算結果只取出1個CH作輸出。

a * b → c

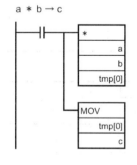

使用變數
　被乘數資料 a (資料型態INT)
　乘數資料 b (資料型態INT)
　結果 c (資料型態INT)
　暫存變數 tmp (資料型態WORD,佔2個陣列元素)

* U / * UL

指令名稱	指令記號	指令的各種組合	Fun No.	功能
無±符號的BIN乘算	* U	@ * U	422	兩個無+或-符號的4位數CH或常數執行乘算運算
無±符號的BIN倍長乘算	* UL	@ * UL	423	兩個無+或-符號的8位數2CH或常數執行乘算運算

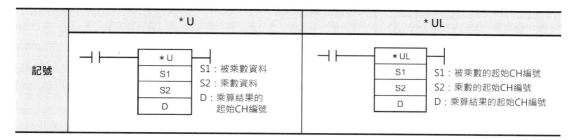

記號	* U	* UL
	S1：被乘數資料 S2：乘數資料 D：乘算結果的起始CH編號	S1：被乘數的起始CH編號 S2：乘數的起始CH編號 D：乘算結果的起始CH編號

可使用的程式

區域	功能區塊	區塊程式	工程步進程式	副程式	中斷任務程式	SFC動作/轉移條件
使用	○	○	○	○	○	○

運算元的說明

運算元	內容	資料型態 * U	資料型態 * UL	容量 * U	容量 * UL
S1	* U：被乘數資料 * UL：被乘數的起始CH編號	INT	DINT	1	2
S2	* U：乘數資料 * UL：乘數的起始CH編號	INT	DINT	1	2
D	* U：乘算結果的起始CH編號 * UL：乘算結果的起始CH編號	INT	LINT	2	4

■ 運算元種類

內容		CIO	WR	HR	AR	T	C	DM	EM	@DM @EM	*DM *EM	常數	DR	IR直接	IR間接	TK	條件旗標	時鐘脈衝	TR
* U	S1,S2	○	○	○	○	○	○	○	○	○	○	○	○	—	○	—	—	—	—
	D											—	—						
* UL	S1,S2	○	○	○	○	○	○	○	○	○	○	○			○	—	—	—	—
	D											—	—						

相關條件旗標

名稱	標籤	內容 * U	內容 * UL
異常旗標	P_ER	• OFF	• OFF
＝旗標	P_EQ	• 運算結果為0時，ON。	• 運算結果為0時，ON。
負數旗標	P_N	• 運算結果最上位位元為1時，ON。	• 運算結果最上位位元為1時，ON。

功能

■ *U

S1指定的資料與S2指定的資料執行無±符號的BIN乘算，結果輸出至D+1、D當中。

■ *UL

S1指定的資料與S2指定的資料執行無±符號的BIN倍長乘算，結果輸出至D+3、D+2、D+1、D當中。

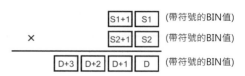

程式例

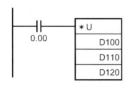

當條件接點0.00=ON時，D100與D110的內容執行無+或-符號的4位數BIN乘算，乘算結果被輸出至D121、D120當中。

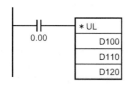

當條件接點0.00=ON時，D101、D100與D111、D110的內容執行無+或-符號的8位數BIN乘算，乘算結果被輸出至D123、D122、D121、D120當中。

■ 功能區塊定義的使用例

使用陣列變數，乘算結果只取出1個CH作輸出。

a * b → c

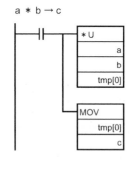

使用變數
　　被乘數資料 a (資料型態INT)
　　乘數資料 b (資料型態INT)
　　結果 c (資料型態INT)
　　暫存變數 tmp (資料型態WORD，佔 2 個陣列元素)

* B / * BL

指令名稱	指令記號	指令的各種組合	Fun No.	功能
BCD乘算	* B	@ * B	424	4位數BCD碼CH或常數執行乘算運算
BCD倍長乘算	* BL	@ * BL	425	8位數BCD碼2CH或常數執行乘算運算

記號	* B	* BL
	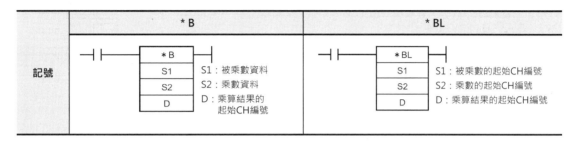	

可使用的程式

區域	功能區塊	區塊程式	工程步進程式	副程式	中斷任務程式	SFC動作/轉移條件
使用	○	○	○	○	○	

運算元的說明

運算元	內容	資料型態		容量	
		* B	* BL	* B	* BL
S1	* U：被乘數資料 * UL：被乘數的起始CH編號	WORD	DWORD	1	2
S2	* U：乘數資料 * UL：乘數的起始CH編號	WORD	DWORD	1	2
D	乘算結果的起始CH編號	DWORD	LWORD	2	4

■ 運算元種類

內容		CH位址								間接DM/EM		常數	暫存器			TK	條件旗標	時鐘脈衝	TR
		CIO	WR	HR	AR	T	C	DM	EM	@DM @EM	*DM *EM		DR	IR直接	IR間接				
* B	S1,S2	○	○	○	○	○	○	○	○	○	○	○	○		○				—
	D													—	—				
* BL	S1,S2	○	○	○	○	○	○	○	○	○	○	○			○				—
	D													—	—				

相關條件旗標

名稱	標籤	內容	
		* B	* BL
異常旗標	P_ER	• S1的資料並非BCD碼時，ON。 • S2的資料並非BCD碼時，ON。	• S1+1、S1的資料並非BCD碼時，ON。 • S2+1、S2的資料並非BCD碼時，ON。
=旗標	P_EQ	• 運算結果為0時，ON。	• 運算結果為0時，ON。

功能

■ *B

S1指定的資料與S2指定的資料執行BCD乘算，結果輸出至
D+1、D當中。

■ *BL

S1指定的資料與S2指定的資料執行BCD倍長乘算，結果輸出至
D+3、D+2、D+1、D當中。

程式例

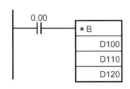

當條件接點0.00=ON時，D100與D110的內容執行4位數BCD乘算，乘算結果
被輸出至D121、D120當中。

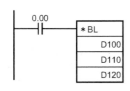

當條件接點0.00=ON時，D101、D100與D111、D110的內容執行8位數BCD
乘算，乘算結果被輸出至D123、D122、D121、D120當中。

■ 功能區塊定義的使用例

使用陣列變數，乘算結果只取出1個CH作輸出。

a * b → c

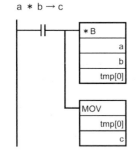

使用變數
　　被乘數資料 a (資料型態WORD)
　　乘數資料 b (資料型態WORD)
　　結果 c (資料型態WORD)
　　暫存變數 tmp (資料型態WORD，佔 2 個陣列元素)

/ , /L

指令名稱	指令記號	指令的各種組合	Fun No.	功能
帶±符號的BIN除算	/	@/	430	兩個帶 + 或 - 符號的4位數CH或常數執行除算運算
帶±符號的BIN倍長除算	/L	@/L	431	兩個帶 + 或 - 符號的8位數2CH或常數執行除算運算

記號	/		/L	
	S1 S2 D	S1：被除數資料 S2：除數資料 D：除算結果的 　　起始CH編號	S1 S2 D	S1：被除數的起始CH編號 S2：除數的起始CH編號 D：除算結果的起始CH編號

可使用的程式

區域	功能區塊	區塊程式	工程步進程式	副程式	中斷任務程式	SFC動作/轉移條件
使用	○	○	○	○	○	○

運算元的說明

運算元	內容	資料型態		容量	
		/	/L	/	/L
S1	/ ：被除數資料 / L：被除數的起始CH編號	INT	DINT	1	2
S2	/ ：除數資料 / L：除數的起始CH編號	INT	DINT	1	2
D	除算結果的起始CH編號	DWORD	LWORD	2	4

■ 運算元種類

內容		CH位址								間接DM/EM @DM @EM	*DM *EM	常數	暫存器			TK	條件旗標	時鐘脈衝	TR
		CIO	WR	HR	AR	T	C	DM	EM				DR	IR直接	IR間接				
/	S1,S2	○	○	○	○	○	○	○	○	○		○	○	○	—	—	—	—	—
	D												—	—	○				
/L	S1,S2	○	○	○	○	○	○	○	○	○		○	○		—	—	—	—	—
	D												—		○				

相關條件旗標

名稱	標籤	內容
異常旗標	P_ER	• 除數為0時，ON。
＝旗標	P_EQ	• 除算結果(商)為0時，ON。
負數旗標	P_N	• 除算結果(商)最上位位元為1時，ON。

功能

■ /

S1指定帶符號的16位元資料除以S2指定帶符號的16位元，除算結果商輸出至D(16位元)，餘數輸出至D+1(16位元)當中。

注意：16進位#8000÷16進位#FFFF，結果不在定義內。

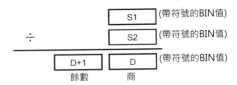

■ /L

S1指定帶符號的32位元資料除以S2指定帶符號的32位元，除算結果商輸出至D+1、D(32位元)，餘數輸出至D+3、D+2(32位元)當中。

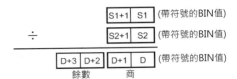

程式例

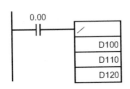

當條件接點0.00=ON時，D100與D110的內容執行帶＋或－符號的4位數BIN除算，除算結果商被輸出至D120、餘數輸出至D121當中。

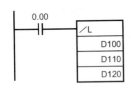

當條件接點0.00=ON時，D101、D100與D111、D110的內容執行帶＋或－符號的8位數BIN除算，除算結果商被輸出至D121、D120，餘數輸出至D123、D122當中。

■ 功能區塊定義的使用例

使用陣列變數，除算結果只取出1個CH作輸出。

a／b→c···d

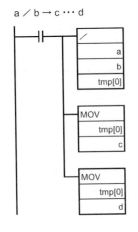

使用變數

被除數資料 a (資料型態INT)
除數資料 b (資料型態INT)
商 c (資料型態INT)
餘數 d (資料型態INT)
暫存變數 tmp (資料型態WORD，佔2個陣列元素)

/U , /UL

指令名稱	指令記號	指令的各種組合	Fun No.	功能
無±符號的BIN除算	/U	@/U	432	兩個無＋或－符號的4位數CH或常數執行除算運算
無±符號的BIN倍長除算	/UL	@/UL	433	兩個無＋或－符號的8位數2CH或常數執行除算運算

記號	/U	/UL
記號	 ─┤├─┬─┌──────┐ 　　　　│　 ╱U　│ 　　　　├──────┤ 　　　　│　 S1　 │ 　　　　├──────┤ 　　　　│　 S2　 │ 　　　　├──────┤ 　　　　│　 D　　│ 　　　　└──────┘ S1：被除數資料 S2：除數資料 D：除算結果的起始CH編號	 ─┤├─┬─┌──────┐ 　　　　│　 ╱UL　│ 　　　　├──────┤ 　　　　│　 S1　 │ 　　　　├──────┤ 　　　　│　 S2　 │ 　　　　├──────┤ 　　　　│　 D　　│ 　　　　└──────┘ S1：被除數的起始CH編號 S2：除數的起始CH編號 D：除算結果的起始CH編號

可使用的程式

區域	功能區塊	區塊程式	工程步進程式	副程式	中斷任務程式	SFC動作/轉移條件
使用	○	○	○	○	○	○

運算元的說明

運算元	內容	資料型態 /U	資料型態 /UL	容量 /U	容量 /UL
S1	/U：被除數資料 /UL：被除數的起始CH編號	UINT	UDINT	1	2
S2	/U：除數資料 /UL：除數的起始CH編號	UINT	UDINT	1	2
D	除算結果的起始CH編號	DWORD	LWORD	2	4

■ 運算元種類

內容		CIO	WR	HR	AR	T	C	DM	EM	@DM @EM	*DM *EM	常數	DR	IR直接	IR間接	TK	條件旗標	時鐘脈衝	TR
/U	S1,S2	○	○	○	○	○	○	○	○	○	○	○	○	—	○	—	—	—	—
/U	D											—	—	—	○	—	—	—	—
/UL	S1,S2	○	○	○	○	○	○	○	○	○	○	○	—	—	○	—	—	—	—
/UL	D											—	—	—	○	—	—	—	—

相關條件旗標

名稱	標籤	內容
異常旗標	P_ER	• 除數為0時，ON。
＝旗標	P_EQ	• 除算結果(商)為0時，ON。
負數旗標	P_N	• 除算結果(商)最上位位元為1時，ON。

287

功能

■ /U

S1指定的資料(16位元)與S2指定的資料(16位元)執行無 +
或 - 符號的BIN除算,除算結果商輸出至D(16位元),餘數
輸出至D+1(16位元)當中。

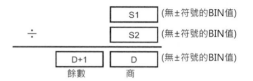

■ /UL

S1指定的資料(32位元)與S2指定的資料(32位元)執行無 +
或 - 符號的BIN倍長除算,除算結果商輸出至D+1、D(32
位元),餘數輸出至D+3、D+2(32位元)當中。

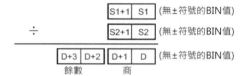

程式例

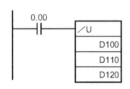

當條件接點0.00=ON時,D100與D110的內容執行帶 + 或 - 符號的4位數BIN
除算,除算結果商被輸出至D120、餘數輸出至D121當中。

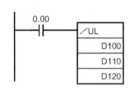

當條件接點0.00=ON時,D101、D100與D111、D110的內容執行帶 +
或 - 符號的8位數BIN除算,除算結果商被輸出至D121、D120,餘數輸出至
D123、D122當中。

■ 功能區塊定義的使用例

使用陣列變數,除算結果只取出1個CH作輸出。

a／b→c…d

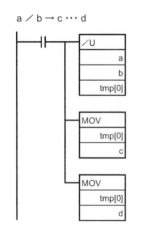

使用變數
    被除數資料 a (資料型態UNIT)
    除數資料 b (資料型態UNIT)
    商 c (資料型態UNIT)
    餘數 d (資料型態UNIT)
    暫存變數 tmp (資料型態WORD,佔 2 個陣列元素)

/B, /BL

指令名稱	指令記號	指令的各種組合	Fun No.	功能
BCD除算	/B	@/B	434	4位數BCD碼CH或常數執行除算運算
BCD倍長除算	/BL	@/BL	435	8位數BCD碼2CH或常數執行除算運算

	/B	/BL
記號	⊣⊢ ─┤ /B ├─ S1 — S1：被除數資料 S2 — S2：除數資料 D — D：除算結果的 起始CH編號	⊣⊢ ─┤ /BL ├─ S1 — S1：被除數的起始CH編號 S2 — S2：除數的起始CH編號 D — D：除算結果的起始CH編號

可使用的程式

區域	功能區塊	區塊程式	工程步進程式	副程式	中斷任務程式	SFC動作/轉移條件
使用	○	○	○	○	○	○

運算元的說明

運算元	內容	資料型態 /B	資料型態 /BL	容量 /B	容量 /BL
S1	/B：被除數資料 /BL：被除數的起始CH編號	WORD	DWORD	1	2
S2	/B：除數資料 /BL：除數的起始CH編號	WORD	DWORD	1	2
D	除算結果的起始CH編號	DWORD	LWORD	2	4

■ 運算元種類

內容		CIO	WR	HR	AR	T	C	DM	EM	@DM @EM	*DM *EM	常數	DR	IR直接	IR間接	TK	條件旗標	時鐘脈衝	TR
/B	S1,S2	○	○	○	○	○	○	○	○	○	○	○	○	—	○	—	—	—	—
/B	D											—	—						
/BL	S1,S2	○	○	○	○	○	○	○	○	○	○	○	—	—	○	—	—	—	—
/BL	D											—	—						

相關條件旗標

名稱	標籤	內容 /B	內容 /BL
異常旗標	P_ER	• S1的資料並非BCD碼時，ON。 • S2的資料並非BCD碼時，ON。 • 當除數資料為0時，ON。	• S1+1、S1的資料並非BCD碼時，ON。 • S2+1、S2的資料並非BCD碼時，ON。
=旗標	P_EQ	• 運算結果商為0時，ON。	• 運算結果商為0時，ON。

功能

■ /B

S1指定的資料(16位元)與S2指定的資料(16位元)執行BCD除算，除算結果商輸出至D(16位元)，餘數輸出至D+1(16位元)當中

■ /BL

S1指定的資料(32位元)與S2指定的資料(32位元)執行BCD倍長除算，除算結果商輸出至D+1、D(32位元)，餘數輸出至D+3、D+2(32位元)當中。

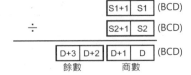

程式例

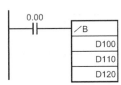

當條件接點0.00=ON時，D100與D110的內容執行4位數BCD除算，除算結果商被輸出至D120、餘數輸出至D121當中。

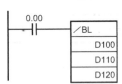

當條件接點0.00=ON時，D101、D100與D111、D110的內容執行8位數BCD除算，除算結果商被輸出至D121、D120，餘數輸出至D123、D122當中。

■ 功能區塊定義的使用例

使用陣列變數，除算結果只取出1個CH作輸出。

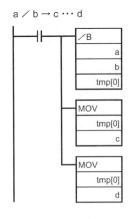

使用變數

被除數資料 a (資料型態WORD)

除數資料 b (資料型態WORD)

結果 c (資料型態WORD)

餘數 d (資料型態WORD)

暫存變數 tmp (資料型態WORD，佔 2 個陣列元素)

資料轉換指令

指令記號	指令名稱	Fun No.	頁
BIN	BCD→BIN轉換	023	292
BINL	BCD→BIN倍長轉換	058	292
BCD	BIN→BCD轉換	024	294
BCDL	BIN→BCD倍長轉換	059	294
NEG	2的補數轉換	160	297
NEGL	2的補數倍長轉換	161	297
SIGN	符號擴張	600	299
MLPX	4→16/8→256解碼	076	301
DMPX	16→4/256→8編碼	077	306
ASC	ASCII碼轉換	086	311
HEX	ASCII碼→HEX轉換	162	315
LINE	位元列→位元行轉換	063	319
COLM	位元行→位元列轉換	064	321
BINS	帶±符號BCD→BIN轉換	470	323
BISL	帶±符號BCD→BIN倍長轉換	472	323
BCDS	帶±符號BIN→BCD轉換	471	327
BDSL	帶±符號BIN→BCD倍長轉換	473	327
GRY	格雷碼轉換	474	331
GRAY_BIN	格雷碼→BIN轉換	478	334
GRAY_BINL	格雷碼→BIN倍長轉換	479	334
BIN_GRAY	BIN→格雷碼轉換	480	336
BIN_GRAYL	BIN→格雷碼倍長轉換	481	336
STR4	4位數數值→ASCII碼轉換	601	338
STR8	8位數數值→ASCII碼轉換	602	338
STR16	16位數數值→ASCII碼轉換	603	338
NUM4	ASCII碼→4位數數值轉換	604	341
NUM8	ASCII碼→8位數數值轉換	605	341
NUM16	ASCII碼→16位數數值轉換	606	341

BIN/BINL

指令名稱	指令記號	指令的各種組合	Fun No.	功能
BCD→BIN轉換	BIN	@BIN	023	將4位數BCD資料轉成BIN資料
BCD→BIN倍長轉換	BINL	@BINL	058	將8位數BCD資料轉成BIN資料

記號	BIN	BINL

BIN
S：轉換資料CH編號
D：轉換結果CH編號

BINL
S：轉換資料的起始CH編號
D：轉換結果的起始CH編號

可使用的程式

區域	功能區塊	區塊程式	工程步進程式	副程式	中斷任務程式	SFC動作/轉移條件
使用	○	○	○	○	○	○

運算元的說明

運算元	內容	資料型態 BIN	資料型態 BINL	容量 BIN	容量 BINL
S	BIN：轉換資料CH編號 BINL：轉換資料的起始CH編號	WORD	DWORD	1	2
D	BIN：轉換結果CH編號 BINL：轉換結果的起始CH編號	UINT	UDINT	1	2

■ 運算元種類

內容		CIO	WR	HR	AR	T	C	DM	EM	@DM @EM	*DM *EM	常數	DR	IR直接	IR間接	TK	條件旗標	時鐘脈衝	TR
BIN	S	○	○	○	○	○	○	○	○	○	○	—	○	—	○	—	—	—	—
	D																		
BINL	S	○	○	○	○	○	○	○	○	○	○	—	—	—	○	—	—	—	—
	D																		

上方表頭：CH位址（CIO、WR、HR、AR、T、C、DM、EM）／間接DM/EM（@DM @EM、*DM *EM）／暫存器（DR、IR直接、IR間接）

相關條件旗標

名稱	標籤	內容 BIN	內容 BINL
異常旗標	P_ER	• S的資料並非BCD時，ON。	• S+1, S的資料並非BCD時，ON。
=旗標	P_EQ	• 轉換結果為0時，ON。	• 轉換結果為0時，ON。
負數旗標	P_N	• OFF	• OFF

功能

■ BIN

S所指定的4位數BCD資料被轉成BIN資料後儲存於D所指定的CH當中。

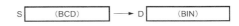

（例）S（BCD）→D（BIN）

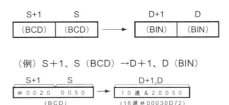

■ BINL

S所指定的8位數BCD資料被轉成BIN資料後儲存於D+1, D所指定的CH當中。

（例）S＋1、S（BCD）→D＋1、D（BIN）

程式例

當條件接點0.00=ON時，11CH、10CH的內容以8位數BCD資料型態被轉成BIN資料後儲存於D201、200當中。

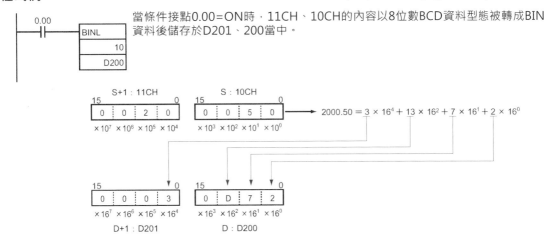

$$2000.50 = 3 \times 16^4 + 13 \times 16^2 + 7 \times 16^1 + 2 \times 16^0$$

■ N個CH的BCD資料要轉成BIN資料時

- 以N=3為例

  0.00=ON時，D10開始算的3個CH、以1個CH為單位，將BCD資料轉成BIN資料後儲存於D100開始算的3個CH當中。

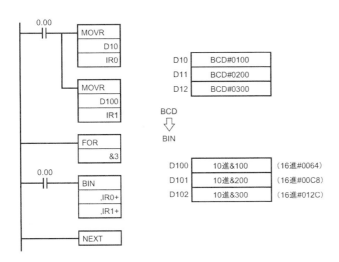

BCD/BCDL

指令名稱	指令記號	指令的各種組合	Fun No.	功能
BIN→BCD轉換	BCD	@BCD	024	將16位元BIN資料轉成BCD資料
BIN→BCD倍長轉換	BCDL	@BCDL	059	將32位元BIN資料轉成BCD資料

	BCD		BCDL	
記號	┤├ ┌──────┐ │ BCD │ │ S │ │ D │ └──────┘	S：轉換資料CH編號 D：轉換結果CH編號	┤├ ┌──────┐ │ BCD │ │ S │ │ D │ └──────┘	S：轉換資料的起始CH編號 D：轉換結果的起始CH編號

可使用的程式

區域	功能區塊	區塊程式	工程步進程式	副程式	中斷任務程式	SFC動作/轉移條件
使用	○	○	○	○	○	○

運算元的說明

運算元	內容	資料型態		容量	
		BCD	BCDL	BCD	BCDL
S	BCD：轉換資料CH編號 BCDL：轉換資料的起始CH編號	UNIT	UDNIT	1	2
D	BCD：轉換結果CH編號 BCDL：轉換結果的起始CH編號	WORD	DWORD	1	2

S：轉換資料CH編號

- BCD：
  10進位&0~9999或16進位#0000~270F(轉換後BCD#0000~9999的值)
- BCDL：
  10進位&0~99999999或16進位#0000~05F5E0FF(轉換後BCD#0000~99999999的值)

注意：S~S+1、或D~D+1必須指定同一類別的元件。

■ 運算元種類

內容		CH位址								間接DM/EM		常數	暫存器			TK	條件旗標	時鐘脈衝	TR
		CIO	WR	HR	AR	T	C	DM	EM	@DM @EM	*DM *EM		DR	IR直接	IR間接				
BCD	S	○	○	○	○	○	○	○	○	○	○	—	○	—	○	—	—	—	—
	D																		
BCDL	S	○	○	○	○	○	○	○	○	○	○	—	—	—	○	—	—	—	—
	D																		

相關條件旗標

名稱	標籤	內容	
		BCD	BCDL
異常旗標	P_ER	• S的資料並非10進位&0~9999或16進位#0000~270F的範圍內時，ON。	• S+1, S的資料並非10進位&0~99999999或16進位#0000~05F5E0FF的範圍內時，ON。
=旗標	P_EQ	• 轉換結果為0時，ON。	• 轉換結果為0時，ON。

功能

■ BCD

S所指定的BIN資料被轉成4位數BCD資料後儲存於D所指定的CH當中。

（例）S（BIN）→D（BCD）

S | 10進＆4332 → D | #4332
（16進＃10EC） | （BCD）

■ BCDL

S所指定的BIN資料被轉成8位數BCD資料後儲存於D+1, D所指定的CH當中。

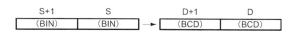

（例）S＋1、S（BIN）→D＋1、D（BCD）

S+1,S		D+1	D
10進＆2961930 →	#0296 1930
（16進＃002D320A）	（BCD）

程式例

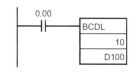

當條件接點0.00=ON時，11CH、10CH內的32位元BIN資料被轉成8位數BCD資料型態後儲存於D101、100當中。

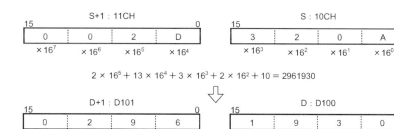

$$2 \times 16^5 + 13 \times 16^4 + 3 \times 16^3 + 2 \times 16^2 + 10 = 2961930$$

■ N個CH的BIN資料要轉成BCD資料時

• 以N=3為例

　0.00=ON時，D10開始算的3個CH、以1個CH為單位，將BIN資料轉成BCD資料後儲存於D100開始算的3個CH當中。

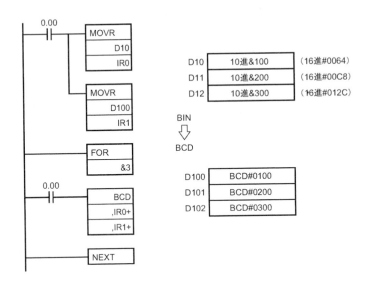

NEG/NEGL

指令名稱	指令記號	指令的各種組合	Fun No.	功能
2的補數轉換	NEG	@NEG	160	16位元BIN資料換算2的補數
2的補數倍長轉換	NEGL	@NEGL	161	32位元BIN資料換算2的補數

記號	NEG	NEGL
	NEG S D S：轉換資料CH編號 D：轉換結果CH編號	NEGL S D S：轉換資料的起始CH編號 D：轉換結果的起始CH編號

可使用的程式

區域	功能區塊	區塊程式	工程步進程式	副程式	中斷任務程式	SFC動作/轉移條件
使用	○	○	○	○	○	○

運算元的說明

運算元	內容	資料型態		容量	
		NEG	NEGL	NEG	NEGL
S	NEG：轉換資料CH編號 NEGL：轉換資料的起始CH編號	WORD	DWORD	1	2
D	NEG：轉換結果CH編號 NEGL：轉換結果的起始CH編號	UINT	UDINT	1	2

■ 運算元種類

內容		CH位址								間接DM/EM		常數	暫存器			TK	條件旗標	時鐘脈衝	TR
		CIO	WR	HR	AR	T	C	DM	EM	@DM @EM	*DM *EM		DR	IR直接	IR間接				
NEG	S	○	○	○	○	○	○	○	○	○	○	○	○	—	○	—	—	—	—
	D											—							
NEGL	S	○	○	○	○	○	○	○	○	○	○	○	—	—	○	—	—	—	—
	D											—							

相關條件旗標

名稱	標籤	內容
異常旗標	P_ER	• OFF
=旗標	P_EQ	• 轉換結果為0時，ON。
負數旗標	P_N	• 轉換結果最上位位元為1時，ON。

功能

■ NEG

S所指定的16位元BIN資料被反相(0→1、1→0)後再加1，結果儲存於D所指定的CH當中。

注意：16進位#8000的轉換結果仍然是16進位#8000。

$$\overline{(S)} \xrightarrow[\text{(位元反相後 + 1)}]{\text{2的補數}} (D)$$

■ NEGL

S所指定的32位元BIN資料被反相(0→1、1→0)後再加1，結果儲存於D+1、D所指定的CH當中。

注意：16進位#80000000的轉換結果仍然是16進位#80000000。

$$\overline{(S+1\text{、}S)} \xrightarrow[\text{(位元反相後 + 1)}]{\text{2的補數}} (D+1\text{、}D)$$

提示

- 位元反相後加1的動作，與0減掉S所得到的結果相同。

程式例

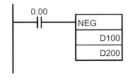

當條件接點0.00=ON時，D100的內容取2的補數輸出至D200當中。

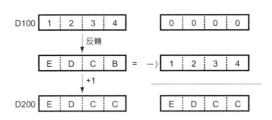

當條件接點0.00=ON時，D101、D100的內容取2的補數輸出至D201、D200當中。

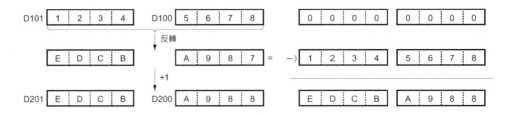

SIGN

指令名稱	指令記號	指令的各種組合	Fun No.	功能
符號擴張	SIGN	@SIGN	600	1個CH帶±符號的BIN資料擴充成2個CH

記號	SIGN
	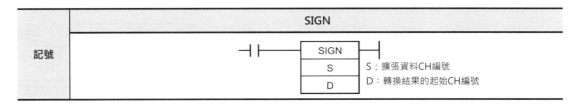 S：擴張資料CH編號 D：轉換結果的起始CH編號

可使用的程式

區域	功能區塊	區塊程式	工程步進程式	副程式	中斷任務程式	SFC動作/轉移條件
使用	○	○	○	○	○	○

運算元的說明

運算元	內容	資料型態	容量
S	擴張資料CH編號	WORD	1
D	轉換結果的起始CH編號	UNIT	2

D：轉換結果的起始CH編號
 D：S的內容
 D+1：16進位#0000或16進位#FFFF

注意：D~D+1必須指定同一類別的元件。

■ 運算元種類

內容	CH位址								間接DM/EM		常數	暫存器			TK	條件旗標	時鐘脈衝	TR
	CIO	WR	HR	AR	T	C	DM	EM	@DM @EM	*DM *EM		DR	IR直接	IR間接				
S	○	○	○	○	○	○	○	○	○	○	○	○		○	—	—	—	
D												—	—					—

相關條件旗標

名稱	標籤	內容
異常旗標	P_ER	• OFF
＝旗標	P_EQ	• 擴張結果為0時，ON。
負數旗標	P_N	• 擴張結果最上位位元為1時，ON。

功能

S的符號位元(MSB)內容為1時，S的內容被傳送至D當中，而D+1的內容被寫入#FFFF、S的符號位元(MSB)內容為0時，S的內容被傳送至D當中，而D+1的內容被寫入#0000。如此，S指定附正負符號的1個CH內容被擴充成D+1, D附正負符號的2個CH當中。

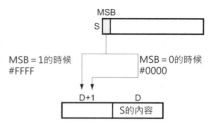

程式例

當條件接點0.00=ON時，D100的內容擴充成2個CH輸出至D201、D200當中。

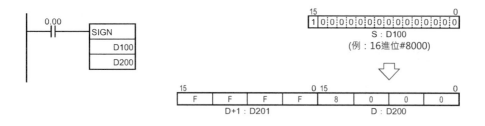

MLPX

指令名稱	指令記號	指令的各種組合	Fun No.	功能
4→16/8→256解碼	MLPX	@MLPX	076	將數值解碼成位元排列順序

記號	MLPX		
		MLPX	S：擴張資料CH編號
	⊣ ⊢	S	K：控制資料(指定位數)
		K	D：轉換結果的起始CH編號
		D	

可使用的程式

區域	功能區塊	區塊程式	工程步進程式	副程式	中斷任務程式	SFC動作/轉移條件
使用	○	○	○	○	○	○

運算元的說明

運算元	內容	資料型態	容量
S	轉換資料CH編號	UINT	1
K	控制資料(指定位數)	UINT	1
D	轉換結果的起始CH編號	UINT	可變

■ 4→16解碼時

S：轉換資料CH編號

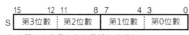

指定開始位數及位數數目即為解碼對象
(第3位數的下一位數為第0位數)

D：轉換結果的起始CH編號

    D：解碼1位數時的結果

    D+1：解碼2位數時的結果

    D+2：解碼3位數時的結果

    D+3：解碼4位數時的結果

注意：D~D+3必須指定同一類別的元件。

K：控制資料

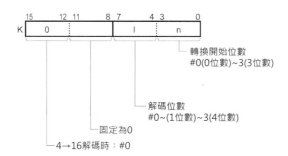

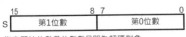

■ 8→256解碼時
S：轉換資料CH編號

```
     15        8 7         0
S  [  第1位數  |  第0位數  ]
```
指定開始位數及位數數目即為解碼對象
(第1位數的下一位數為第0位數)

D：轉換結果的起始CH編號
　　D+15~D：解碼1位數時的結果
　　D+31~D+16：解碼2位數時的結果
注意：D~D+31必須指定同一類別的元件。

K：控制資料

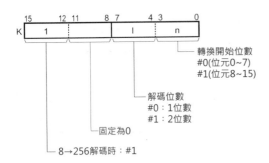

```
     15   12 11   8 7   4 3      0
K  [  1  |      |   | l |   n    ]
```

　　　　　　　　　　└─ 轉換開始位數
　　　　　　　　　　　　#0(位元0~7)
　　　　　　　　　　　　#1(位元8~15)

　　　　　　└─ 解碼位數
　　　　　　　　#0：1位數
　　　　　　　　#1：2位數

　　　└─ 固定為0

└─ 8→256解碼時：#1

■ 運算元種類

內容	CH位址								間接DM/EM		常數	暫存器			TK	條件旗標	時鐘脈衝	TR
	CIO	WR	HR	AR	T	C	DM	EM	@DM@EM	*DM*EM		DR	IR直接	IR間接				
S	○	○	○	○	○	○	○	○	○	○	—	○	—	○	—	—	—	—
K											○							
D											—	—						

相關條件旗標

名稱	標籤	內容
異常旗標	P_ER	• K的內容超出範圍時，ON。

功能

由K來指定4→16或8→256解碼。

■ 4→16解碼時
S指定解碼CH、K指定解碼的開始位數及總共幾位數，被指定的位數以1位數(4位元)對1個CH(16位元)的格式，將位數內容((16進位#0~F))解碼成位元排列順序輸出至D所指定的CH當中，解碼之後的位元內容為1、其餘的15個位元全部為0。

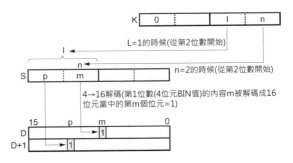

```
K  [  0  |      |   | l |   n    ]
```
　　　　　　　　　　L=1的時候(從第2位數開始)

　　　　l
　　　　　n
　　　　　　　　　　　n=2的時候(從第2位數開始)
S [p | m |]

4→16解碼(第1位數(4位元BIN值)的內容m被解碼成16位元當中的第m個位元=1)

```
     15    p   m        0
D  [         | 1 |      ]
D+1[     | 1 |          ]
```

■ 8→256解碼時

S指定解碼CH、K指定解碼的開始位數及總共幾位數，被指定的位數以1位數(8位元)對16個CH(256位元)的格式，將位數內容(16進#00~FF)解碼成位元排列順序輸出至D所指定的16CH當中，解碼之後的位元內容為1、其餘的255個位元全部為0。

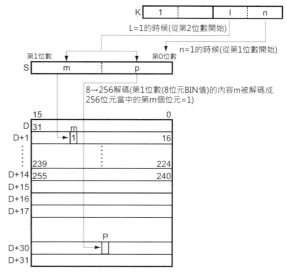

提示

* 4→16解碼動作如右圖所示，4位元的BIN值(0~15)被解碼成位元的排列順序，於16位元中，解碼後的該位元ON、其餘的15個位元全部為0。

* 8→256解碼動作如右圖所示，8位元的BIN值(0~255)被解碼成位元的排列順序，於256位元中，解碼後的該位元ON、其餘的255個位元全部為0。

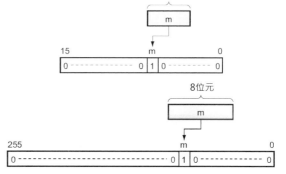

使用時的注意事項

* 4→16解碼時

  解碼位數不只一位數的時候，以一位數(4個位元)對1個CH(16個位元)的順序作多位數的解碼動作。

* 8→256解碼時

  解碼位數不只一位數的時候，以一位數(8個位元)對16個CH(256個位元)的順序作多位數的解碼動作。

程式例

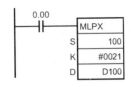

- 4→16解碼

  當條件接點0.00=ON時，D100的第1位數開始算的3位數(由K來設定)的各個數值(16進數)被解碼成位元排列順序並顯示於D100~D102等3個CH當中。

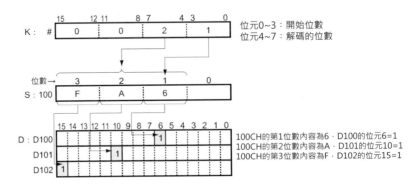

位元0~3：開始位數
位元4~7：解碼的位數

100CH的第1位數內容為6，D100的位元6=1
100CH的第2位數內容為A，D101的位元10=1
100CH的第3位數內容為F，D102的位元15=1

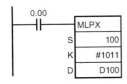

- 8→256解碼

  當條件接點0.00=ON時，D100的上位位元組開始算的兩個位元組(由K來設定)的各個數值(16進數)被解碼成位元排列順序並顯示於D100~D115及D116~D131的各256個位元當中。

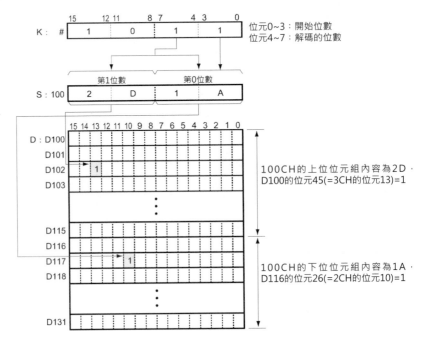

位元0~3：開始位數
位元4~7：解碼的位數

100CH的上位位元組內容為2D，D100的位元45(=3CH的位元13)=1

100CH的下位位元組內容為1A，D116的位元26(=2CH的位元10)=1

■ 多個位數解碼例

• 4→16解碼例

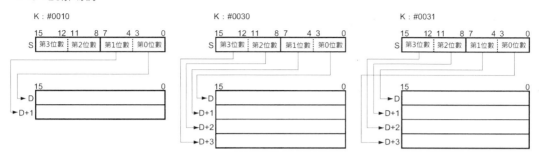

• 8→256解碼例

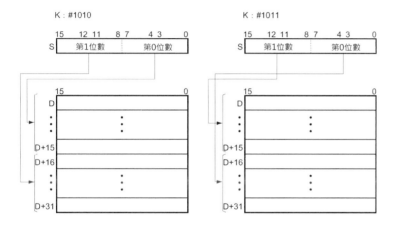

DMPX

指令名稱	指令記號	指令的各種組合	Fun No.	功能
16→4/256→8編碼	DMPX	@DMPX	077	將位元排列順序編碼成數值

		DMPX
記號		 ─┤├─ DMPX 　　　　S 　　　　D 　　　　K S：轉換資料的起始CH編號 D：轉換結果CH編號 K：控制資料(指定位數)

可使用的程式

區域	功能區塊	區塊程式	工程步進程式	副程式	中斷任務程式	SFC動作/轉移條件
使用	○	○	○	○	○	○

運算元的說明

運算元	內容	資料型態	容量
S	轉換資料的起始CH編號	UINT	可變
D	轉換結果CH編號	UINT	1
K	控制資料(指定位數)	UINT	1

■ 16→4解碼時

S：轉換資料的起始CH編號
　S: 被編碼的第1個CH
　S+1: 被編碼的第2個CH
　S+2: 被編碼的第3個CH
　S+3: 被編碼的第4個CH

D：轉換目的CH編號

15 12	11 8	7 4	3 0
第3位數	第2位數	第1位數	第0位數

S~S+3各CH的編碼結果被顯示於指定的位
數中(第3位數的下一位數為第0位數)

注意：S~S+3必須指定同一類別的元件。

K：控制資料

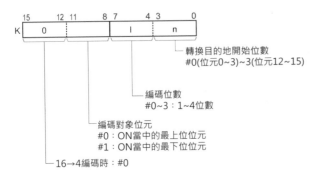

轉換目的地開始位數
#0(位元0~3)~3(位元12~15)

編碼位數
#0~3：1~4位數

編碼對象位元
#0：ON當中的最上位位元
#1：ON當中的最下位位元

16→4編碼時：#0

■ 256→8編碼時

S：轉換資料的起始CH編號
　　S+15~S：被編碼第0位數的對象CH
　　S+31~S16：被編碼第1位數的對象CH

K：控制資料

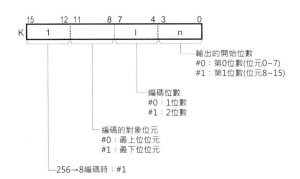

　　　　　　　　　　　　輸出的開始位數
　　　　　　　　　　　　#0：第0位數(位元0~7)
　　　　　　　　　　　　#1：第1位數(位元8~15)

　　　　　　　　　　編碼位數
　　　　　　　　　　#0：1位數
　　　　　　　　　　#1：2位數

　　　　　　　　編碼的對象位元
　　　　　　　　#0：最上位位元
　　　　　　　　#1：最下位位元

　　　　256→8編碼時：#1

D：編碼結果的起始CH編號

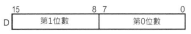

S~S+15、S+16~S+31各編碼結果被輸出至
D開始位數的兩位數當中(開始位數若是第1
位數的話，下一位數則是第0位數)

注意：S~S+31必須指定同一類別的元件。

■ 運算元種類

內容	CH位址								間接DM/EM @DM/@EM *DM/*EM	常數	暫存器			TK	條件旗標	時鐘脈衝	TR
	CIO	WR	HR	AR	T	C	DM	EM			DR	IR直接	IR間接				
S	○	○	○	○	○	○	○	○	○	—	—	—	○	—	—	—	—	—
D	○	○	○	○	○	○	○	○	○	○	—	○						
K											○	○						

相關條件旗標

名稱	標籤	內容
異常旗標	P_ER	• S所指定的CH內容為0時(編碼位元不存在)，ON。 • K的內容超出範圍時，ON。

功能

由K來指定16→4或256→8編碼。

■ 16→4編碼時

S指定編碼的起始CH編號、K的L指定編碼位數，被編碼各CH當中為1的最上位位元原編號(0~15)被轉成數值並輸出至D開始位數的幾位數當中(開始位數由K的n來指定、幾位數由K的L來指定)。

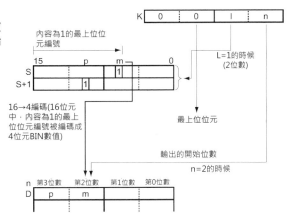

■ 256→8編碼時

S指定編碼的起始CH編號、K的L指定編碼位數，被編碼各16CH當中為1的最上位位原編號(0~255)被轉成數值(16進#00~FF)並輸出至D開始位數(由K的n來指定、8位元)的幾位數當中(幾位數由K的L來指定)。

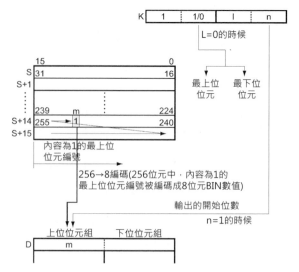

提示

- 16→4編碼動作如右圖所示，16位元中為1的最上位位元或最下位位元編號(m)被編碼成4位元的BIN值(0~15)。

- 256→8編碼動作如右圖所示，256位元中為1的最上位位元或最下位位元編號(m)被編碼成8位元的BIN值(0~15)。

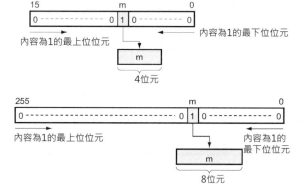

使用時的注意事項

- 16→4編碼時
  編碼後，目的地位數以外的資料不變。
- 256→8編碼時
  編碼後，目的地位數以外的資料不變。

程式例

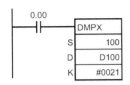

• 16→4編碼
當條件接點0.00=ON時,100CH~102CH各CH當中為1的最高為原編號被編碼成3位數的16進數值並輸出至D100的第1位數~第3位數當中。

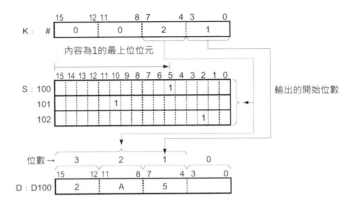

■ 多個位數編碼例

• 16→4編碼例

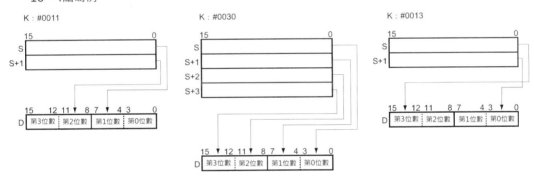

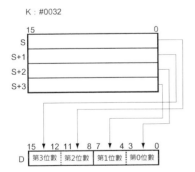

- 256→8編碼例

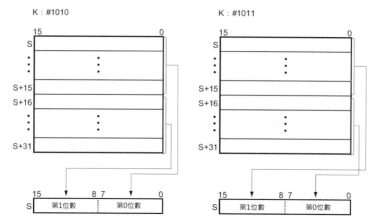

使用複數個DMPX指令做分割也可以。
(例) 指定4位數16→4編碼的時候

  DMPX D0 D100 #0030
     ↓
  DMPX D0 D100 #0000
  DMPX D1 D100 #0001
  DMPX D2 D100 #0002
  DMPX D3 D100 #0003

ASC

指令名稱	指令記號	指令的各種組合	Fun No.	功能
ASCII碼轉換	ASC	@ASC	086	將16位元的位數資料轉成ASCII碼

記號	ASC			

記號部分：

ASC
S : 轉換資料CH編號
K : 指定位數的資料
D : 轉換結果的起始CH編號

S : 轉換資料CH編號
K : 指定位數的資料
D : 轉換結果的起始CH編號

可使用的程式

區域	功能區塊	區塊程式	工程步進程式	副程式	中斷任務程式	SFC動作/轉移條件
使用	○	○	○	○	○	○

運算元的說明

運算元	內容	資料型態	容量
S	轉換資料CH編號	UINT	1
K	指定位數	UINT	1
D	轉換結果的起始CH編號	UINT	可變

S：轉換資料CH編號

```
       15  12 11    8 7    4 3      0
    S  │第3位數│第2位數│第1位數│第0位數│
```

轉換的位數內容以16進資料型態被轉成
ASCII碼(第3位數的下一位數為第0位數)

D：轉換結果的起始CH編號

```
       15              8 7              0
    D   │  上位位元組   │   下位位元組   │
   D+1  │  上位位元組   │   下位位元組   │
   D+2  │  上位位元組   │   下位位元組   │
```

儲存ASCII碼時是由D的開始輸出位元組往D+1 CH端,
並以下位位元組→上位位元組的順序加以儲存。

注意：D~D+2必須指定同一類別的元件。

K：控制資料

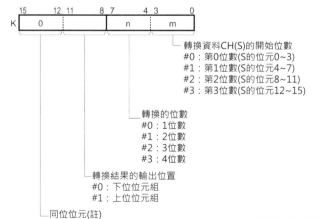

```
      15   12 11    8 7    4 3      0
    K  │ 0  │      │  n   │   m    │
```

└─ 轉換資料CH(S)的開始位數
#0：第0位數(S的位元0~3)
#1：第1位數(S的位元4~7)
#2：第2位數(S的位元8~11)
#3：第3位數(S的位元12~15)

└─ 轉換的位數
#0：1位數
#1：2位數
#2：3位數
#3：4位數

└─ 轉換結果的輸出位置
#0：下位位元組
#1：上位位元組

└─ 同位位元(註)
#0：無
#1：偶數
#2：奇數

(註) 轉換結果8位元當中,內容為1位元數總和的檢查,
檢查結果再調整最上位位元的內容。

內容	CH位址								間接DM/EM		常數	暫存器			TK	條件旗標	時鐘脈衝	TR
	CIO	WR	HR	AR	T	C	DM	EM	@DM @EM	*DM *EM		DR	IR直接	IR間接				
S											—	○						
K	○	○	○	○	○	○	○	○	○	○	○		—	○	—	—	—	—
D											—	—						

相關條件旗標

名稱	標籤	內容
異常旗標	P_ER	• K的內容超出範圍時，ON。

功能

S的4位16進數值，從轉換開始位數(K的m)開始算的幾位數(K的n)被轉成8位元的ASCII碼，顯示於D所指定CH的開始位數(由K的位元8~11內容來指定)當中。

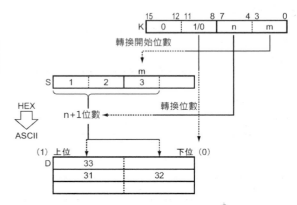

提示

- 為了驗證傳送的ASCII的8個資料位元是否正確，一般都是使用同位位元檢查(Parity check)來確認，8個資料位元的最上位位元為附加位元，資料位元內為1的總和數與設定的偶數/奇數相同時，附加位元為0、不同時為1，此為同位位元檢查。
- CJ2 CPU模組及ver.4.0之後的CS1-H/CJ1-H CPU模組可使用4位數/8位數/16位數→ASCII碼轉換指令(STR4/STR8/STR16)。

使用時的注意事項

- 指定多位數作轉換時，由開始位數→上位位數的順序(第3位數的下一位數為第0位數)作轉換，轉換結果也是以指定位置→上位位元組的順序來儲存ASCII碼。
- 轉換結果CH內的其他位元組資料不變。
- 轉換結果CH請勿超過該元件的編號範圍。

程式例

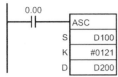

當條件接點0.00=ON時，D100以16進4位數型態，根據控制資料的指定，D100的第1位數~第3位數被轉成ASCII碼並暫存於D200的上位位元組開始算的3個位元組當中。

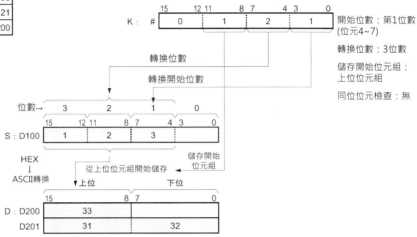

K：#
| 15 | 12 11 | 8 7 | 4 3 | 0 |
| 0 | 1 | 2 | 1 |

開始位數：第1位數(位元4~7)

轉換位數：3位數

儲存開始位元組：上位位元組

同位位元檢查：無

轉換位數
轉換開始位數

位數→ 3 2 1 0

S：D100
| 15 | 12 11 | 8 7 | 4 3 | 0 |
| 1 | 2 | 3 | |

HEX
↓
ASCII轉換

儲存開始位元組
從上位位元組開始儲存
上位 下位

	15	8 7	0
D：D200	33		
D201	31	32	

■ ASCII碼的轉換例

| 位數內容 | | | | | 轉換後的資料 | | | | | | | |
數值	位元內容				碼		(MSB)	位元內容				(LSB)
0	0	0	0	0	#30	＊	0	1	1	0	0	0	0
1	0	0	0	1	#31	＊	0	1	1	0	0	0	1
2	0	0	1	0	#32	＊	0	1	1	0	0	1	0
3	0	0	1	1	#33	＊	0	1	1	0	0	1	1
4	0	1	0	0	#34	＊	0	1	1	0	1	0	0
5	0	1	0	1	#35	＊	0	1	1	0	1	0	1
6	0	1	1	0	#36	＊	0	1	1	0	1	1	0
7	0	1	1	1	#37	＊	0	1	1	0	1	1	1
8	1	0	0	0	#38	＊	0	1	1	1	0	0	0
9	1	0	0	1	#39	＊	0	1	1	1	0	0	1
A	1	0	1	0	#41	＊	1	0	0	0	0	0	1
B	1	0	1	1	#42	＊	1	0	0	0	0	1	0
C	1	1	0	0	#43	＊	1	0	0	0	0	1	1
D	1	1	0	1	#44	＊	1	0	0	0	1	0	0
E	1	1	1	0	#45	＊	1	0	0	0	1	0	1
F	1	1	1	1	#46	＊	1	0	0	0	1	1	0

＊同位位元 - 有指定同位位元檢查的話，同位位元內容會跟著變化。

■ 同位位元檢查與同位位元的內容

- 同位位元檢查設定 0：不做同位位元檢查
  同位位元內容為0。

- 同位位元檢查設定 1：偶數位元
  7個資料位元當中，內容為1的位元總數若為奇數時，同位位元內容為1、內容為1的位元總數若為偶數時，同位位元內容為0，也就是說，最上位位元+7個資料位元當中，內容為1的總數必須是偶數。

- 同位位元檢查設定 2：奇數位元
  7個資料位元當中，內容為1的位元總數若為偶數時，同位位元內容為1、內容為1的位元總數若為奇數時，同位位元內容為0，也就是說，最上位位元+7個資料位元當中，內容為1的總數必須是奇數。

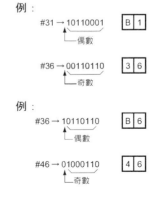

例：

#31 → 10110001　B 1
└─偶數

#36 → 00110110　3 6
└─奇數

例：

#36 → 10110110　B 6
└─偶數

#46 → 01000110　4 6
└─奇數

313

■ 多位數的ASCII碼轉換例

K：#0011

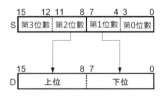

K：#0112

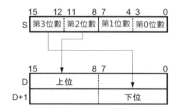

K：#0030

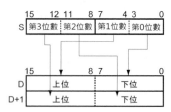

K：#0130

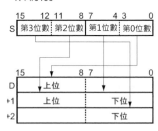

HEX

指令名稱	指令記號	指令的各種組合	Fun No.	功能
ASCII碼→HEX轉換	HEX	@HEX	162	將8位元的ASCII碼轉換成16進制數值

記號	HEX

HEX
S
C
D

S：轉換資料的起始CH編號
C：控制資料
D：轉換結果的起始CH編號

可使用的程式

區域	功能區塊	區塊程式	工程步進程式	副程式	中斷任務程式	SFC動作/轉移條件
使用	○	○	○	○	○	○

運算元的說明

運算元	內容	資料型態	容量
S	轉換資料的起始CH編號	UINT	可變
C	控制資料	UINT	1
D	轉換結果的起始CH編號	UINT	1

S：轉換資料的起始CH編號

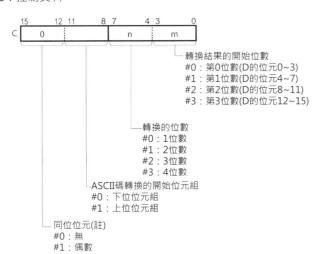

以轉換開始位元組→上位位元組的順序執行
HEX碼的轉換(上位位元組的下一個位元組為下
位位元組)

D：轉換結果的起始CH編號

從指定的開始位數→上位位數的順序來儲存HEX碼
(第3位數的下一位數為第0位數)。

C：控制資料

轉換結果的開始位數
#0：第0位數(D的位元0~3)
#1：第1位數(D的位元4~7)
#2：第2位數(D的位元8~11)
#3：第3位數(D的位元12~15)

轉換的位數
#0：1位數
#1：2位數
#2：3位數
#3：4位數

ASCII碼轉換的開始位元組
#0：下位位元組
#1：上位位元組

同位位元(註)
#0：無
#1：偶數
#2：奇數

(註) S轉換內容8位元當中，內容為1位元數總和的檢查，
檢查結果再調整最上位位元的內容。

■ 運算元種類

元件	CH位址								間接DM/EM		常數	暫存器			TK	條件旗標	時鐘脈衝	TR
	CIO	WR	HR	AR	T	C	DM	EM	@DM @EM	*DM *EM		DR	IR直接	IR間接				
S											—	—						
C	○	○	○	○	○	○	○	○	○	○	○	○	—	○	—	—	—	—
D											—	—						

相關條件旗標

名稱	標籤	內容
異常旗標	P_ER	• S的ASCII資料出現同位位元檢查錯誤時，ON。 • S的ASCII資料無法轉換時，ON。 • C的內容超出範圍時，ON。

功能

S的16位元資料以上下8位元資料的ASCII資料型態被轉成16進數值。控制資料C的位元8~11用來設定被轉換ASCII碼的位元組位置、位元0~3用來設定目的地的開始位數、位元4~7用來設定目的地的轉換位數。ASCII碼資料的最上位位元為同位位元，同位位元的內容跟著偶數或奇數位元的檢查而變化。

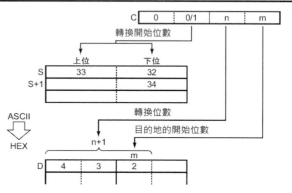

提示

• 為了驗證傳送的ASCII的8個資料位元是否正確，一般都是使用同位位元檢查(Parity check)來確認，8個資料位元的最上位位元為附加位元，資料位元內為1的總和數與設定的偶數/奇數相同時，附加位元為0、不同時為1，此為同位位元檢查。

• CJ2 CPU模組及ver.4.0之後的CS1-H/CJ1-H CPU模組可使用ASCII碼→4位數/8位數/16位數HEX碼轉換指令(NUM4/ NUM 8/ NUM 16)。

使用時的注意事項

• 指定多位數作轉換時，由開始位數→上位位元組的順序(ASCII碼)被轉換，轉換結果也是以開始位數→上位位數的方向(第3位數的下一位數為第0位數)作HEX碼的轉換。

• 轉換結果CH內的其他位數資料不變。

• S所指定的ASCII碼內容必須符合下列範圍。

  • ASCII碼16進#30(數字為0) ~ ASCII碼16進#39(數字為9)。

  • ASCII碼16進#41(數字為A) ~ ASCII碼16進#46(數字為F) (不含同位位元)。

程式例

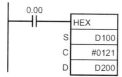

當條件接點0.00=ON時，根據控制資料#0121的位置指定，從D100上位位元組開始算的3個位元組的ASCII碼被轉成HEX碼(16進數值)，並暫存於D200的第1位數~第3位數當中。

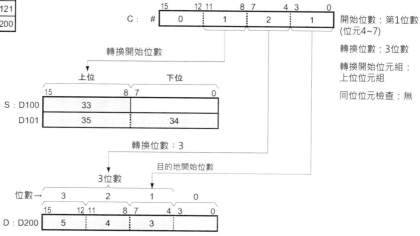

開始位數：第1位數
(位元4~7)

轉換位數：3位數

轉換開始位元組：
上位位元組

同位位元檢查：無

■ 關於同位位元檢查

0：無同位位元檢查

此種設定下，同位位元內容必須為0方能執行本指令，同位位元內容若為1的情況下，異常旗標ON、轉換動作不被執行。

1：偶數位元

此種設定下，轉換資料(8位元)內，為1的位元總數必須是偶數方能執行本指令。為1的位元總數若是奇數的話，異常旗標ON、轉換動作不被執行。

```
       #31
  [ 1 0 1 1 0 0 0 1 ]    →      「1」         [ 0 0 1 1 0 0 0 1 ]    →      不被轉換
   「1」的個數為偶數      轉換                 「1」的個數為奇數      轉換
```

2：奇數位元

此種設定下，轉換資料(8位元)內，為1的位元總數必須是奇數方能執行本指令。為1的位元總數若是偶數的話，異常旗標ON、轉換動作不被執行。

```
       #41
  [ 1 1 0 0 0 0 0 1 ]    →      「A」         [ 0 1 0 0 0 0 0 1 ]    →      不被轉換
   「1」的個數為奇數      轉換                 「1」的個數為偶數      轉換
```

轉換例

ASCII 碼	位數內容								轉換後的資料(HEX碼)					
	(MSB)			位元內容				(LSB)	數值			位元內容		
$30	*	0	1	1	0	0	0	0	0	0	0	0	0
$31	*	0	1	1	0	0	0	1	1	0	0	0	1
$32	*	0	1	1	0	0	1	0	2	0	0	1	0
$33	*	0	1	1	0	0	1	1	3	0	0	1	1
$34	*	0	1	1	0	1	0	0	4	0	1	0	0
$35	*	0	1	1	0	1	0	1	5	0	1	0	1
$36	*	0	1	1	0	1	1	0	6	0	1	1	0
$37	*	0	1	1	0	1	1	1	7	0	1	1	1
$38	*	0	1	1	1	0	0	0	8	1	0	0	0
$39	*	0	1	1	1	0	0	1	9	1	0	0	1
$41	*	1	0	0	0	0	0	1	A	1	0	1	0
$42	*	1	0	0	0	0	1	0	B	1	0	1	1
$43	*	1	0	0	0	0	1	1	C	1	1	0	0

ASCII碼	位數內容 (MSB)		位元內容			(LSB)		轉換後的資料(HEX碼) 數值	位元內容			
$44	*	1	0	0	0	1	0	0	D	1	1	0	1
$45	*	1	0	0	0	1	0	1	E	1	1	1	0
$46	*	1	0	0	0	1	1	0	F	1	1	1	1

*：同位位元-有指定同位位元檢查的話，同位位元內容會跟著變化。

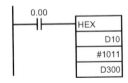

當條件接點0.00=ON時，根據控制資料#1011的位置指定，從D10下位位元組開始算的2個位元組以ASCII碼型態被轉成HEX碼(16進數值)，並暫存於D300的第1位數~第2位數當中。

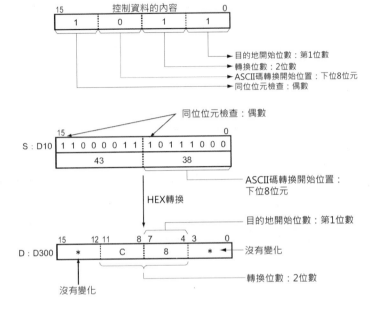

■ 多元組的ASCII碼→HEX碼轉換例

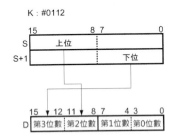

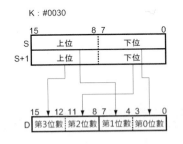

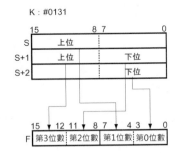

LINE

指令名稱	指令記號	指令的各種組合	Fun No.	功能
位元列→位元行轉換	LINE	@LINE	063	將16CH當中的某一個位元順序排列至指定的CH當中

記號	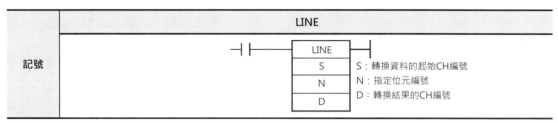

可使用的程式

區域	功能區塊	區塊程式	工程步進程式	副程式	中斷任務程式	SFC動作/轉移條件
使用	○	○	○	○	○	○

運算元的說明

運算元	內容	資料型態	容量
S	轉換資料的起始CH編號	WORD	16
N	指定位元編號	UINT	1
D	轉換結果的CH編號	UINT	1

S：轉換資料的起始CH編號

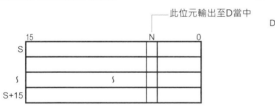

注意：S～S+15必須指定同一個元件區域。

D：轉換結果的CH編號

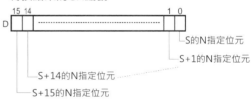

N：指定位元編號
10進的&0~15或16進的#0000~000F

■ 運算元種類

元件	CH位址								間接DM/EM		常數	暫存器			TK	條件旗標	時鐘脈衝	TR
	CIO	WR	HR	AR	T	C	DM	EM	@DM @EM	*DM *EM		DR	IR直接	IR間接				
S												—						
C	○	○	○	○	○	○	○	○	○	○	○		—	○	—	—	—	—
D												—						

相關條件旗標

名稱	標籤	內容
異常旗標	P_ER	• N所指定的編號並非10進的&0~15或16進的#0000~000F範圍內時，ON。
=旗標	P_EQ	• 轉換結果為0的時候，ON。

功能

S所指定的CH編號開始算的16CH當中的某一位元(由N指定)順序排列傳送至D所指定的CH當中。

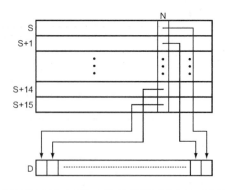

程式例

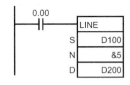

當條件接點0.00=ON時，D100~D115各CH位元5的內容被排列成位元0~15的順序傳送至D200當中。

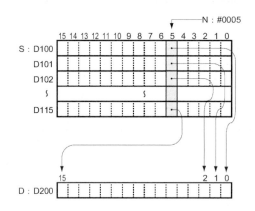

COLM

指令名稱	指令記號	指令的各種組合	Fun No.	功能
位元行→位元列轉換	COLM	@COLM	064	將1個CH內16位元的內容依照順序傳送至16CH當中的某一個位元

記號	COLM

記號

COLM
S
D
N

S：轉換資料的CH編號
D：轉換結果的起始CH編號
N：指定位元編號

可使用的程式

區域	功能區塊	區塊程式	工程步進程式	副程式	中斷任務程式	SFC動作/轉移條件
使用	○	○	○	○	○	○

運算元的說明

運算元	內容	資料型態	容量
S	轉換資料的CH編號	WORD	1
D	轉換結果的起始CH編號	WORD	16
N	指定位元編號	UINT	1

S：轉換資料的CH編號

D：轉換結果的起始CH編號

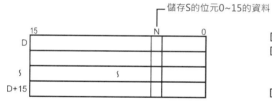

儲存S的位元0~15的資料

D的N位元內容輸出至S的位元0
D+1的N位元內容輸出至S+1的位元0
　　　：
　　　：
D+15的N位元內容輸出至S+15的位元0

N：指定位元編號
10進的&0~15或16進的#0000~000F

注意：D~D+15必須指定同一個元件區域。

■ 運算元種類

元件	CH位址								間接DM/EM	常數	暫存器			TK	條件旗標	時鐘脈衝	TR
	CIO	WR	HR	AR	T	C	DM	EM	@DM @EM / *DM *EM		DR	IR直接	IR間接				
S										○	○						
D	○	○	○	○	○	○	○	○	○	○	—	—	○	—	—	—	—
N										○	○						

321

相關條件旗標

名稱	標籤	內容
異常旗標	P_ER	• N所指定的編號並非10進的&0~15或16進的#0000~000F範圍內時,ON。
=旗標	P_EQ	• 轉換結果,D~D+15的N位元內容全部為0的時候,ON。

功能

S所指定的CH編號內的16個位元(位元0~位元15)內容照順序排列傳送至D所指定CH編號開始算16CH的N位元(由N指定)編號當中。

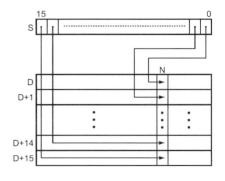

程式例

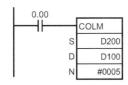

當條件接點0.00=ON時,D200內的16個位元(位元0~位元15)內容照順序排列傳送至D100~D115各CH的位元5當中。

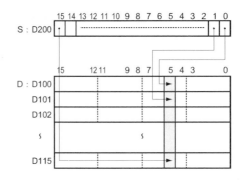

BINS/BISL

指令名稱	指令記號	指令的各種組合	Fun No.	功能
帶±符號BCD→BIN轉換	BINS	@BINS	470	帶±符號4位數BCD資料轉換BIN資料
帶±符號BCD→BIN倍長轉換	BISL	@BISL	472	帶±符號8位數BCD資料轉換BIN資料

	BINS	BISL
記號	BINS C S D C：指定資料型式 S：轉換資料CH編號 D：轉換結果CH編號	BISL C S D C：指定資料型式 S：轉換資料CH編號 D：轉換結果CH編號

可使用的程式

區域	功能區塊	區塊程式	工程步進程式	副程式	中斷任務程式	SFC動作/轉移條件
使用	○	○	○	○	○	○

運算元的說明

運算元	內容	資料型態		容量	
		BINS	BISL	BINS	BISL
C	指定資料型式	UINT	UINT	1	1
S	轉換資料CH編號	WORD	DWORD	1	2
D	轉換結果CH編號	INT	DINT	1	2

C：指定資料型式
　　10進&0~3或16進#0000~0003

S：轉換資料CH編號
　■ BINS

- C=0的時候
  S的值：-999~999(BCD)

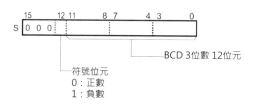

- C=1的時候
  S的值：-7999~7999(BCD)

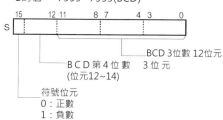

- C=2的時候
  S的值：-999~9999(BCD)

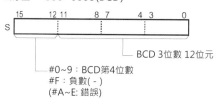

- C=3的時候
  S的值：-1999~9999(BCD)

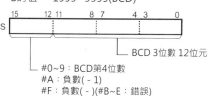

■ BISL

- C=0的時候
  S的值：-9999999~9999999(BCD)

- C=1的時候
  S的值：-79999999~79999999(BCD)

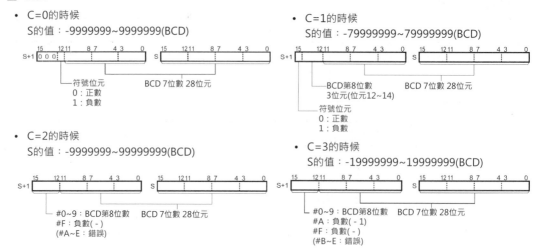

- C=2的時候
  S的值：-9999999~99999999(BCD)

- C=3的時候
  S的值：-19999999~19999999(BCD)

■ 運算元種類

- BINS

| 元件 | CH位址 | | | | | | | | 間接DM/EM | | 常數 | 暫存器 | | | TK | 條件旗標 | 時鐘脈衝 | TR |
	CIO	WR	HR	AR	T	C	DM	EM	@DM @EM	*DM *EM		DR	IR直接	IR間接				
C											○							
S	○	○	○	○	○	○	○	○	○	○	—	○	—	○	—	—	—	—
D																		

- BISL

| 元件 | CH位址 | | | | | | | | 間接DM/EM | | 常數 | 暫存器 | | | TK | 條件旗標 | 時鐘脈衝 | TR |
	CIO	WR	HR	AR	T	C	DM	EM	@DM @EM	*DM *EM		DR	IR直接	IR間接				
C											○	○						
S	○	○	○	○	○	○	○	○	○	○	—	—	—	○	—	—	—	—
D																		

相關條件旗標

名稱	標籤	內容
異常旗標	P_ER	• 轉換資料的最上位位數內容為A~E時，ON。(C設定為2時) • 轉換資料的最上位位數內容為B~E時，ON。(C設定為3時) • C的內容並非0~3的範圍內時，ON。 • S的內容並非BCD碼的時候，ON。
=旗標	P_EQ	• 轉換的結果為0時，ON。
負數旗標	P_N	• 轉換的結果，最上位位元為1時，ON。

功能

■ BINS

S所指定的4位數BCD資料以C所指定的資料型態(附正負符號)被轉成16位元BIN資料後儲存於D所指定的CH當中。

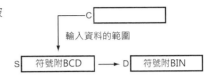

指定資料型態的編號	轉換資料(BCD)	轉換結果資料(16進BIN)
C	S	D
0	−999～−1	#FC19～FFFF
	0～999	#0000～03E7
1	−7999～−1	#E0C1～FFFF
	0～7999	#0000～1F3F
2	−999～−1	#FC19～FFFF
	0～9999	#0000～270F
3	−1999～−1	#F831～FFFF
	0～9999	#0000～270F

■ BISL

將 S+1，S轉換為附正負符號的BIN資料(32位元)以做為以C所指定之資料型態的BCD資料(附正負符號)，並將結果輸出至D+1、D。其結果為負值時，將以2的補數形式表現。

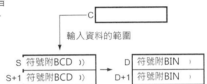

指定資料型態的編號	轉換資料(BCD)	轉換結果資料(16進BIN)
C	S	D
0	−9999999～−1	#FF676981～FFFFFFFF
	0～9999999	#00000000～0098967F
1	−79999999～−1	#FB3B4C01～FFFFFFFF
	0～79999999	#00000000～04C4B3FF
2	−9999999～−1	#FF676981～FFFFFFFF
	0～99999999	#00000000～05F5E0FF
3	−19999999～−1	#FECED301～FFFFFFFF
	0～99999999	#00000000～05F5E0FF

提示

• 高功能I/O模組當中，有些資料以附正負符號的BCD碼輸出，此種情況下，可應用BINS/BISL指令將資料轉成BIN資料來使用。

程式例

- BINS指令的動作

  當條件接點0.00=ON時，D100的內容以#0000所指定的資料型式(附正負符號的BCD)轉成16位元BIN資料後儲存於D200當中。

S：D100

| 1123 | 附正負符號的BCD資料
(-123) |

D：D200

| FF85 | 附正負符號的BIN資料 |

  當條件接點0.01=ON時，D300的內容以#0003所指定的資料型式(附正負符號的BCD)轉成16位元BIN資料後儲存於D400當中。

S：D300

| A369 | 附正負符號的BCD資料
(-1369) |

D：D400

| FAA7 | 附正負符號的BIN資料 |

- BISL指令的動作

  當條件接點0.00=ON時，D101、D100的內容以#0002所指定的資料型式(附正負符號的BCD)轉成32位元BIN資料後儲存於D201、D200當中。

S+1：D101　　S：D100

| F345 | 6789 | 附正負符號的8位數BCD資料
(-3456.789) |

D+1：D201　　D：D200

| FFCB | 40EB | 附正負符號的32位元BIN資料 |

BCDS/BDSL

指令名稱	指令記號	指令的各種組合	Fun No.	功能
帶±符號BIN→BCD轉換	BCDS	@BCDS	471	帶±符號16位元BIN資料轉換成4位數BCD資料
帶±符號BIN→BCD倍長轉換	BDSL	@BDSL	473	帶±符號32位元BIN資料轉換成8位數BCD資料

	BCDS	BDSL
記號	┤├─┌BCDS┐─┤├ 　　　│ C │ C：指定資料型式 　　　│ S │ S：轉換資料CH編號 　　　│ D │ D：轉換結果CH編號	┤├─┌BDSL┐─┤├ 　　　│ C │ C：指定資料型式 　　　│ S │ S：轉換資料起始CH編號 　　　│ D │ D：轉換結果起始CH編號

可使用的程式

區域	功能區塊	區塊程式	工程步進程式	副程式	中斷任務程式	SFC動作/轉移條件
使用	○	○	○	○	○	○

運算元的說明

運算元	內容	資料型態 BCDS	資料型態 BDSL	容量 BCDS	容量 BDSL
C	指定資料型式	UINT	UINT	1	1
S	轉換資料CH編號	INT	DINT	1	2
D	轉換結果CH編號	WORD	DWORD	1	2

C：指定資料型式
　10進&0~3或16進#0000~0003

S：轉換資料CH編號

- BCDS

指定資料型式C	轉換資料S
0	10進−999~−1 16進#FC19~FFFF
	10進 0~+999 16進#0000~03E7
1	10進−7999~−1 16進#E0C1~FFFF
	10進 0~+7999 16進#0000~1F3F
2	10進−999~−1 16進#FC19~FFFF
	10進 0~+9999 16進#0000~270F
3	10進−1999~−1 16進#F831~FFFF
	10進 0~+9999 16進#0000~270F

- BDSL

指定資料型式C	轉換資料S
0	10進−9999999~−1 16進#FF676981~FFFFFFFF
	10進 0~9999999 16進#00000000~0098967F
1	10進−79999999~−1 16進#FB3B4C01~FFFFFFFF
	10進 0~79999999 16進#00000000~04C4B3FF
2	10進−9999999~−1 16進#FF676981~FFFFFFFF
	10進 0~99999999 16進#00000000~05F5E0FF
3	10進−19999999~−1 16進#FECED301~FFFFFFFF
	10進 0~99999999 16進#00000000~05F5E0FF

D：轉換結果CH編號

■ BCDS

- C=0的時候　D的值：-999~999(BCD)

- C=1的時候　D的值：-7999~7999(BCD)

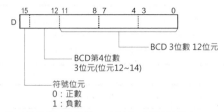

- C=2的時候　D的值：-999~9999(BCD)

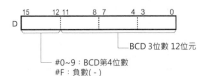

- C=3的時候　D的值：-1999~9999(BCD)

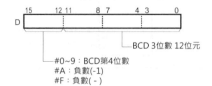

■ BDSL

- C=0的時候
  D的值：-9999999~9999999(BCD)

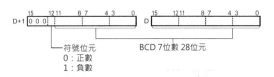

- C=1的時候
  D的值：-79999999~79999999(BCD)

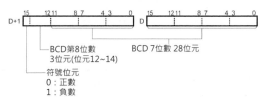

- C=2的時候
  D的值：-9999999~99999999(BCD)

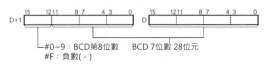

- C=3的時候
  D的值：-19999999~99999999(BCD)

■ **運算元種類**

- BCDS

元件	CH位址								間接DM/EM		常數	暫存器			TK	條件旗標	時鐘脈衝	TR
	CIO	WR	HR	AR	T	C	DM	EM	@DM @EM	*DM *EM		DR	IR直接	IR間接				
C											○							
S	○	○	○	○	○	○	○	○	○	○	—	○	—	○	—	—	—	—
D																		

- BDSL

元件	CH位址								間接DM/EM		常數	暫存器			TK	條件旗標	時鐘脈衝	TR
	CIO	WR	HR	AR	T	C	DM	EM	@DM @EM	*DM *EM		DR	IR直接	IR間接				
C											○	○						
S	○	○	○	○	○	○	○	○	○	○	—	—	—	○	—	—	—	—
D																		

相關條件旗標

名稱	標籤	內容	
		BCDS	BDSL
異常旗標	P_ER	• 轉換資料並非16進#0000~03E7或16進#FC19~FFFF的範圍內時，ON。(C設定為0時) • 轉換資料並非16進#0000~1F3F或16進#E0C1~FFFF的範圍內時，ON。(C設定為1時) • 轉換資料並非16進#0000~270F或16進#FC19~FFFF的範圍內時，ON。(C設定為2時) • 轉換資料並非16進#0000~270F或16進#F831~FFFF的範圍內時，ON。(C設定為3時) • C的內容並非0~3的範圍內時，ON。	• 轉換資料並非16進#00000000~0098967F或16進#FF676981~FFFFFFFF的範圍內時，ON。(C設定為0時) • 轉換資料並非16進#00000000~04C4B3FF或16進#FB3B4C01~FFFFFFFF的範圍內時，ON。(C設定為1時) • 轉換資料並非16進#00000000~05F5E0FF或16進#FF676981~FFFFFFFF的範圍內時，ON。(C設定為2時) • 轉換資料並非16進#00000000~05F5E0FF或16進#FECED301~FFFFFFFF的範圍內時，ON。(C設定為3時) • C的內容並非0~3的範圍內時，ON。
＝旗標	P_EQ	• 轉換的結果為0時，ON。	
負數旗標	P_N	• 轉換的結果，最上位位元為1時，ON。(C設定為0、1時) • 轉換的結果，最上位位數為16進#F時，ON。(C設定為2時)	

功能

■ BCDS

S所指定的16位元BIN資料以C所指定的資料型態(附正負符號)被轉成4位數BCD資料後儲存於D所指定的CH當中。

指定資料型態的編號	轉換資料(BIN)	轉換結果資料(16進BCD)
C	S	D
0	10進－999～－1 16進#FC19～FFFF	－999～－1
	10進 0～+999 16進#0000～03E7	0～999
1	10進－7999～－1 16進#E0C1～FFFF	－7999～－1
	10進 0～+7999 16進#0000～1F3F	0～7999
2	10進－999～－1 16進#FC19～FFFF	－999～－1
	10進 0～+9999 16進#0000～270F	0～9999
3	10進－1999～－1 16進#F831～FFFF	－1999～－1
	10進 0～+9999 16進#0000～270F	0～9999

■ BDSL
S+1, S所指定的32位元BIN資料以C所指定的資料
型態(附正負符號)被轉成8位數BCD資料後儲存於
D+1, D所指定的CH當中。

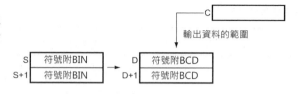

指定資料型態的編號	轉換結果資料(16進BIN)	轉換資料(BCD)
C	S	D
0	10 進 −9999999〜−1 16 進#FF676981〜FFFFFFFF	−9999999〜−1
	10 進 0〜9999999 16 進#00000000〜0098967F	0〜9999999
1	10 進 −79999999〜−1 16 進#FB3B4C01〜FFFFFFFF	−79999999〜−1
	10 進 0〜79999999 16 進#00000000〜04C4B3FF	0〜79999999
2	10 進 −9999999〜−1 16 進#FF676981〜FFFFFFFF	−9999999〜−1
	10 進 0〜99999999 16 進#00000000〜05F5E0FF	0〜99999999
3	10 進 −19999999〜−1 16 進#FECED301〜FFFFFFFF	−19999999〜−1
	10 進 0〜99999999 16 進#00000000〜05F5E0FF	0〜99999999

使用時的注意事項

• 符號附的BCD碼亦可顯示 − 0或+0。

提示

• 高功能I/O模組當中，有些資料必須以附正負符號的BCD碼輸入時，可應用BCDS/BDSL指令將資料轉成BCD碼來輸入。

程式例

■ BCDS指令
當條件接點0.00=ON時，D100的內容以#0001所指定的資料格式(附正負符號的16位元BIN資料)轉成BCD碼之後儲存於D200當中。

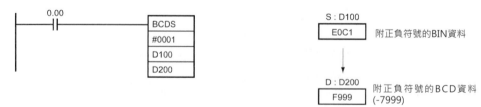

■ BDSL指令
當條件接點0.00=ON時，D101、D100的內容以#0002所指定的資料型式(附正負符號的32位元BIN資料)轉成8位數BCD碼之後儲存於D201、D200當中。

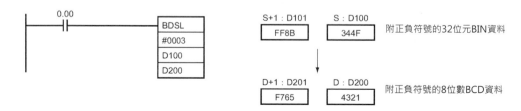

GRY

指令名稱	指令記號	指令的各種組合	Fun No.	功能
格雷碼轉換	GRY	@GRY	474	CH內的格雷2進碼以指定的解析度轉換成BIN、BCD或角度資料

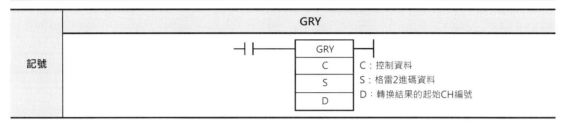

記號	GRY
	GRY C S D C：控制資料 S：格雷2進碼資料 D：轉換結果的起始CH編號

可使用的程式

區域	功能區塊	區塊程式	工程步進程式	副程式	中斷任務程式	SFC動作/轉移條件
使用	○	○	○	○	○	○

運算元的說明

運算元	內容	資料型態	容量
C	控制資料	—	3
S	格雷2進碼資料	—	1
D	轉換結果的起始CH編號	—	2

C：控制資料

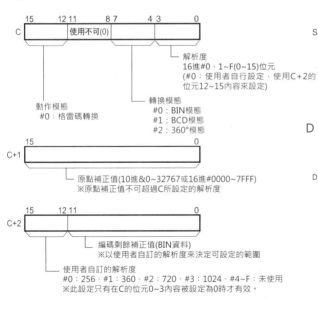

動作模態
#0：格雷碼轉換

轉換模態
#0：BIN模態
#1：BCD模態
#2：360°模態

解析度
16進#0、1~F(0~15)位元
(#0：使用者自行設定，使用C+2的位元12~15內容來設定)

原點補正值(10進&0~32767或16進#0000~7FFF)
※原點補正值不超過C所設定的解析度

編碼剩餘補正值(BIN資料)
※以使用者自訂的解析度來決定可設定的範圍

使用者自訂的解析度
#0：256、#1：360、#2：720、#3：1024、#4~F：未使用
※此設定只有在C的位元0~3內容被設定為0時才有效。

S：格雷2進碼資料

格雷2進碼資料
由C的位元0~3的內容來設定解析度。
※設定內容超出範圍時，該設定值無效。
(例：設定#8的時候，S若為#FFFF，S被視為#00FF)

D：轉換結果的起始CH編號

以控制資料C的位元0~3設定解析度，位元4~7設定轉換模態下，轉換結果被輸出至D所指定的起始CH，以下位→上位的順序來顯示轉換的結果資料。
BIN模態時：10進&0~32767或16進#0000~7FFF
BCD模態時：#00000000~#00032767
360°模態時：#00000000~#00003599(0.0~359.9°、0.1°為單位的BCD資料)

■ 運算元種類

| 元件 | CH位址 | | | | | | | | 間接DM/EM | 常數 | 暫存器 | | | | TK | 條件旗標 | 時鐘脈衝 | TR |
	CIO	WR	HR	AR	T	C	DM	EM	@DM @EM	*DM *EM		DR	IR直接	IR間接				
C											—	—						
S	○	○	○	○	○	○	○	○	○	○	○	○		○	—	—	—	—
D											—	—						

相關條件旗標

名稱	標籤	內容
異常旗標	P_ER	• C的動作模態 (位元12~15)內容並非0(格雷碼轉換)時，ON。 • C+1的原點補正值超過解析度設定值(包含使用者自訂)時，ON。 • C的轉換模態(位元4~7)設定值超出0(BIN)、1(BCD)、2(360°)的範圍時，ON。 • C的解析度(位元0~3)設定為0(使用者自訂)時，編碼剩餘值補正值的設定超過使用者自訂的解析度時，ON。 • C的解析度(位元0~3)設定為0(使用者自訂)時，BIN碼的轉換結果 < 編碼剩餘值補正值時，ON。 • C的解析度(位元0~3)設定為0(使用者自訂)時，BIN碼的轉換結果 < 解析度時，ON。
=旗標	P_EQ	• OFF
負數旗標	P_N	• OFF

功能

S所指定CH內的格雷2進碼資料被轉換成BIN資料以C所指定的解析度及轉換模態(BIN、BCD、360°)來轉換資料，並儲存於D所指定的CH當中。

轉換模態	內容
BIN模態	格雷2進碼資料被轉換成BIN資料(16進#00000000~00007FFF)，加上原點及剩餘補正值之後，輸出至D當中。
BCD模態	格雷2進碼資料被轉換成BIN資料，加上原點及剩餘補正值之後，以BCD碼(BCD#00000000~00032767)的型態輸出至D當中。
360°模態	格雷2進碼資料被轉換成BIN資料，加上原點及剩餘補正值之後，再轉換成角度資料(BCD#00000000~00003599)輸出至D當中。

提示

• 當格雷2進碼輸出的絕對值編碼器(2n的脈波輸出)連接於PLC的DC輸入模組時，使用本指令來讀取絕對值編碼器的現在值。

注意：S所指定的CH若是輸入模組的CH時，一次掃描時間才可讀取一次輸入值。

程式例

當條件接點0.00=ON時，10CH的格雷2進碼以控制資料(D0)所指定的條件，將輸入資料轉換成指定的資料格式(BIN、BCD、360°)後儲存於D200當中。

(例1)
8位元的解析度、轉換成BIN資料、原點補正16進#001A的時候。

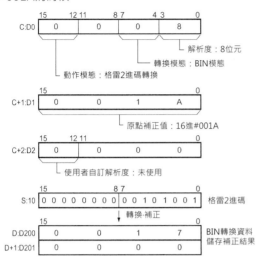

(例2)
10位元的解析度、轉換成角度(°)資料、原點補正16進#0151的時候。

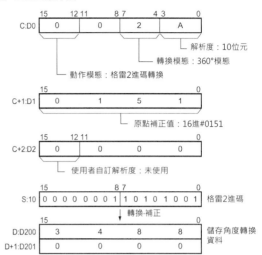

(例3)
使用OMRON至絕對值編碼器E6C2-AG5C (解析度：360/轉一圈、編碼器剩餘補正值76、轉換成BCD資料、原點補正16進#0000的時候。

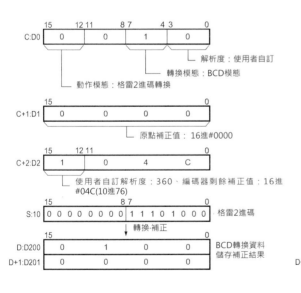

(例4)
使用OMRON至絕對值編碼器E6C2-AG5C (解析度：360/轉一圈、編碼器剩餘補正值76、轉換成BCD資料、原點補正16進#000A的時候。

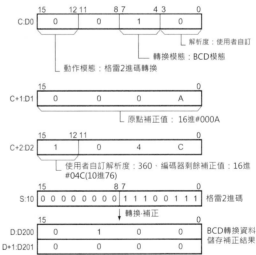

GRAY_BIN/GRAY_BINL

指令名稱	指令記號	指令的各種組合	Fun No.	功能
格雷碼→BIN轉換	GRAY_BIN	@GRAY_BIN	478	1CH的格雷碼轉換成16位元的BIN資料
格雷碼→BIN倍長轉換	GRAY_BINL	@GRAY_BINL	479	2CH的格雷碼轉換成32位元的BIN資料

	GRAY_BIN	GRAY_BINL
記號	GRAY_BIN S D S：格雷碼資料 D：BIN資料	GRAY_BINL S D S：格雷碼資料 D：BIN資料

可使用的程式

區域	功能區塊	區塊程式	工程步進程式	副程式	中斷任務程式	SFC動作/轉移條件
使用	○	○	○	○	○	○

運算元的說明

運算元	內容	資料型態		容量	
		GRAY_BIN	GRAY_BINL	GRAY_BIN	GRAY_BINL
S	格雷碼資料	WORD	DWORD	1	2
D	BIN資料	WORD	DWORD	1	2

■ 運算元種類

元件	CH位址								間接DM/EM		常數	暫存器			TK	條件旗標	時鐘脈衝	TR
	CIO	WR	HR	AR	T	C	DM	EM	@DM @EM	*DM *EM		DR	IR直接	IR間接				
S	○	○	○	○	○	○	○	○	○	○	○	○	—	○	—	—	—	—
D											—							

相關條件旗標

名稱	標籤	內容
異常旗標	P_ER	• 轉換結果為負數時(格雷碼為#8000~#FFFF)，ON。
＝旗標	P_EQ	• 沒有變化
負數旗標	P_N	• 沒有變化

功能

■ GRAY→BIN
S指定1個CH內的格雷碼資料被轉換成16位元BIN資料儲存於D所指定的1個CH當中。

■ GRAY→BINL
S指定2個CH內的格雷碼資料被轉換成32位元BIN資料儲存於D所指定的2個CH當中。

程式例

■ GRAY→BIN

當條件接點0.00=ON時，D0內的格雷碼被轉成16位元的BIN資料儲存於D10當中。

■ GRAY→BINL

當條件接點0.00=ON時，D1、D0內的格雷碼被轉成32位元的BIN資料儲存於D11、D10當中。

```
       0.00
     ──┤↑├──┌─────────────┐
              │ GRAY_BINL   │
              │         D0  │
              │         D10 │
              └─────────────┘

   D0 ┌──────────┐   指令執行結果    D10 ┌──────────┐
      │ #12150918│ ───────────────→     │ #1C19F1EF│
      └──────────┘                      └──────────┘
```

BIN_GRAY/BIN_GRAYL

指令名稱	指令記號	指令的各種組合	Fun No.	功能
BIN→格雷碼轉換	BIN_GRAY	@BIN_GRAY	480	16位元的BIN資料轉換成1CH的格雷碼
BIN→格雷碼倍長轉換	BIN_GRAYL	@BIN_GRAYL	481	32位元的BIN資料轉換成2CH的格雷碼

記號	BIN_GRAY		BIN_GRAYL	
	BIN_GRAY S D	S：BIN資料 D：格雷碼資料	BIN_GRAYL S D	S：BIN資料 D：格雷碼資料

可使用的程式

區域	功能區塊	區塊程式	工程步進程式	副程式	中斷任務程式	SFC動作/轉移條件
使用	○	○	○	○	○	○

運算元的說明

運算元	內容	資料型態		容量	
		BIN_GRAY	BIN_GRAYL	BIN_GRAY	BIN_GRAYL
S	BIN資料	WORD	DWORD	1	2
D	格雷碼資料	WORD	DWORD	1	2

■ 運算元種類

元件	CH位址								間接DM/EM		常數	暫存器			TK	條件旗標	時鐘脈衝	TR
	CIO	WR	HR	AR	T	C	DM	EM	@DM @EM	*DM *EM		DR	IR直接	IR間接				
S D	○	○	○	○	○	○	○	○	○	○	○ —	○	—	○	—	—	—	—

相關條件旗標

名稱	標籤	內容
異常旗標	P_ER	• BIN資料為負數時(格雷碼為#8000~#FFFF)，ON。
=旗標	P_EQ	• 沒有變化
負數旗標	P_N	• 沒有變化

功能

■ BIN_GRAY
S指定1個CH內的16位元BIN資料被轉成格雷碼資料儲存於D所指定的1個CH當中。

■ BIN_GRAYL
S指定2個CH內的32位元BIN資料被轉成格雷碼資料儲存於D所指定的2個CH當中。

程式例

■ BIN→GRAY

當條件接點0.01=ON時，D10內的16位元BIN資料被轉成格雷碼儲存於D0當中。

```
      0.01
     ─┤↑├─    ┌─────────┐
              │ BIN_GRAY│
              ├─────────┤
              │   D10   │
              ├─────────┤
              │   D0    │
              └─────────┘
```

D10 │ #11DF │ ─── 指令執行結果 ──→ D0 │ #1930 │

■ BIN→GRAYL

當條件接點0.01=ON時，D11、D10內的32位元BIN資料被轉成格雷碼儲存於D1、D0當中。

```
      0.01
     ─┤↑├─    ┌──────────┐
              │ BIN_GRAYL│
              ├──────────┤
              │   D10    │
              ├──────────┤
              │   D0     │
              └──────────┘
```

D10 │ #1C19F1EF │ ─── 指令執行結果 ──→ D0 │ #12150918 │

STR4/STR8/STR16

指令名稱	指令記號	指令的各種組合	Fun No.	功能
4位數數值→ASC II碼資料轉換	STR4	@STR4	601	16進4位數資料被轉換成4個ASCII碼(文字)
8位數數值→ASC II碼資料轉換	STR8	@STR8	602	16進8位數資料被轉換成8個ASCII碼(文字)
16位數數值→ASC II碼資料轉換	STR16	@STR16	603	16進16位數資料被轉換成16個ASCII碼(文字)

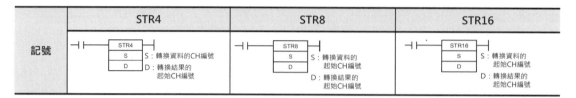

記號	STR4	STR8	STR16
	STR4 / S / D / S：轉換資料的CH編號 / D：轉換結果的起始CH編號	STR8 / S / D / S：轉換資料的起始CH編號 / D：轉換結果的起始CH編號	STR16 / S / D / S：轉換資料的起始CH編號 / D：轉換結果的起始CH編號

可使用的程式

區域	功能區塊	區塊程式	工程步進程式	副程式	中斷任務程式	SFC動作/轉移條件
使用	○	○	○	○	○	○

運算元的說明

運算元	內容	資料型態			容量		
		STR4	STR8	STR16	STR4	STR8	STR16
S	轉換資料的CH編號	UINT	UDINT	ULINT	1	2	4
D	轉換結果的起始CH編號	WORD	WORD	WORD	2	4	8

■ 運算元種類

• STR4, STR8

元件	CH位址								間接DM/EM		常數	暫存器			TK	條件旗標	時鐘脈衝	TR
	CIO	WR	HR	AR	T	C	DM	EM	@DM @EM	*DM *EM		DR	IR直接	IR間接				
S	○	○	○	○	○	○	○	○	○	○	○	—	—	○	—	—	—	—
D											—							

• STR16

元件	CH位址								間接DM/EM		常數	暫存器			TK	條件旗標	時鐘脈衝	TR
	CIO	WR	HR	AR	T	C	DM	EM	@DM @EM	*DM *EM		DR	IR直接	IR間接				
S	○	○	○	○	○	○	○	○	○	○	—	—	—	○	—	—	—	—
D																		

相關條件旗標

名稱	標籤	內容
異常旗標	P_ER	• OFF。
=旗標	P_EQ	• 轉換結果為0時，ON。
負數旗標	P_N	• 轉換結果，最上位位元為1時，ON。

功能

■ STR4

S所指定的數值資料(16進4位數#0000~FFFF)被轉換成ASCII碼(4個字)，結果儲存於D+1、D當中。

15 12	11 8	7 4	3 0
S 1	2	3	4

16進：#1234

⇩

ASCII

15	8	7	0
D	31		32
D+1	33		34

■ STR8

S所指定的數值資料(16進8位數#00000000~FFFFFFFF)被轉換成ASCII碼(8個字)，結果儲存於D+3、D+2、D+1、D當中。

15 12	11 8	7 4	3 0
S 5	6	7	8
S+1 1	2	3	4

16進：#12345678

⇩

ASCII

15	8	7	0
D	31		32
D+1	33		34
D+2	35		36
D+3	37		38

■ STR16

S所指定的數值資料(16進16位數#0000000000000000~FFFFFFFFFFFFFFFF)被轉換成ASCII碼(16個字)，結果儲存於D+7、D+6、D+5、D+4、D+3、D+2、D+1、D當中。

15 12	11 8	7 4	3 0
S C	D	E	F
S+1 8	9	A	B
S+2 4	5	6	7
S+3 0	1	2	3

16進：#0123456789ABCDEF

⇩

ASCII

15	8	7	0
D	30		31
D+1	32		33
D+2	34		35
D+3	36		37
D+4	38		39
D+5	41		42
D+6	43		44
D+7	45		46

程式例

■ 3個CH的數值轉成ASCII碼資料的時候

當條件接點0.00=ON時,D10開始算的3個CH內的數值資料被轉成ASCII碼(12個字),結果儲存於D100開始算的6個CH當中。

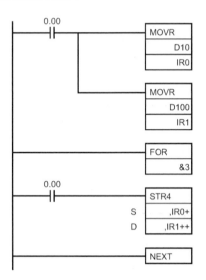

	15	12 11	8 7	4 3	0
S:D10	0	1	2	3	
S+1:D11	4	5	6	7	
S+2:D12	8	9	A	B	

16進
⇩
ASCII

	15	8 7	0
D:D100	30	31	
D+1:D101	32	33	
D+2:D102	34	35	
D+3:D103	36	37	
D+4:D104	38	39	
D+5:D105	41	42	

■ 10進數值資料,以BCD碼格式轉成ASCII碼資料的時候

當條件接點0.01=ON時,D0的數值(例: 10進&1234)轉換成BCD碼並儲存於D10裡,之後,D10的數值被轉成ASCII碼並儲存於D101、D100當中。

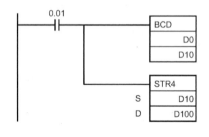

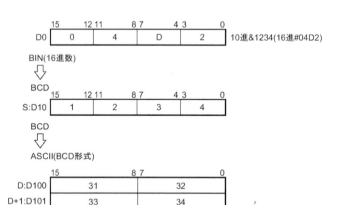

	15	12 11	8 7	4 3	0
D0	0	4	D	2	

10進&1234(16進#04D2)

BIN(16進數)
⇩
BCD

	15	12 11	8 7	4 3	0
S:D10	1	2	3	4	

BCD
⇩
ASCII(BCD形式)

	15	8 7	0
D:D100	31	32	
D+1:D101	33	34	

NUM4/NUM8/NUM16

指令名稱	指令記號	指令的各種組合	Fun No.	功能
ASC II碼資料→4位數數值轉換	NUM4	@NUM4	604	4個ASCII碼(文字)被轉換成16進4位數資料
ASC II碼資料→8位數數值轉換	NUM8	@NUM8	605	8個ASCII碼(文字)被轉換成16進8位數資料
ASC II碼資料→16位數數值轉換	NUM16	@NUM16	606	16個ASCII碼(文字)被轉換成16進16位數資料

	NUM4	NUM8	NUM16
記號	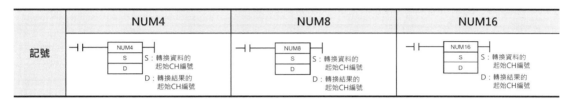		

NUM4 — S：轉換資料的起始CH編號　D：轉換結果的起始CH編號

NUM8 — S：轉換資料的起始CH編號　D：轉換結果的起始CH編號

NUM16 — S：轉換資料的起始CH編號　D：轉換結果的起始CH編號

可使用的程式

區域	功能區塊	區塊程式	工程步進程式	副程式	中斷任務程式	SFC動作/轉移條件
使用	○	○	○	○	○	○

運算元的說明

運算元	內容	資料型態			容量		
		NUM4	NUM8	NUM16	NUM4	NUM8	NUM16
S	轉換資料的起始CH編號	WORD	WORD	WORD	2	4	8
D	轉換結果的起始CH編號	UINT	UDINT	ULINT	1	2	4

■ 運算元種類

元件	CH位址								間接DM/EM		常數	暫存器			TK	條件旗標	時鐘脈衝	TR
	CIO	WR	HR	AR	T	C	DM	EM	@DM @EM	*DM *EM		DR	IR直接	IR間接				
S																		
D	○	○	○	○	○	○	○	○	○	○	—	—	—	—	○	—	—	—

相關條件旗標

名稱	標籤	內容
異常旗標	P_ER	• 轉換資料並非0~9、a~f、A~F的16進ASCII碼時，ON。
＝旗標	P_EQ	• 轉換結果為0時，ON。
負數旗標	P_N	• 轉換結果，最上位位元為1時，ON。

功能

■ NUM4

- S+1、S所指定的ASCII碼(4個字)被轉換成數值資料(16進4位數)，結果儲存於D當中。
- ASCII碼資料中若是有16進數以外的數值出現時，異常旗標ON、指令不被執行。

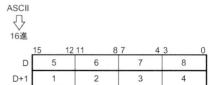

■ NUM8

- S+3、S+2、S+1、S所指定的ASCII碼(8個字)被轉換成數值資料(16進8位數)，結果儲存於D+1、D當中。
- ASCII碼資料中若是有16進數以外的數值出現時，異常旗標ON、指令不被執行。

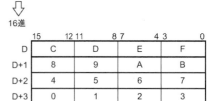

■ NUM16

- S+7、S+6、S+5、S+4、S+3、S+2、S+1、S所指定的ASCII碼(16個字)被轉換成數值資料(16進16位數)，結果儲存於D+3、D+2、D+1、D當中。
- ASCII碼資料中若是有16進數以外的數值出現時，異常旗標ON、指令不被執行。

	15		8	7		0
S		30			31	
S+1		32			33	
S+2		34			35	
S+3		36			37	
S+4		38			39	
S+5		41			42	
S+6		43			44	
S+7		45			46	

ASCII
⇩
16進

	15	12	11	8	7	4	3	0
D	C		D		E		F	
D+1	8		9		A		B	
D+2	4		5		6		7	
D+3	0		1		2		3	

程式例

■ 3組4個字ASCII碼被轉成數值資料的時候

當條件接點0.00=ON時，D10開始算的6個CH內的ASCII碼被轉成12位數數值(3個CH)，結果儲存於D100開始算的3個CH當中。

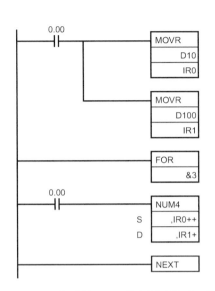

S:D10	15 31 8 7 32 0

	15	8 7	0
S:D10	31	32	
S+1:D11	41	42	
S+2:D12	38	39	
S+3:D13	45	46	
S+4:D14	30	30	
S+5:D15	30	30	

ASCII
⇩
16進

	15	12 11	8 7	4 3	0
D:D100	1	2	A	B	
D+1:D101	8	9	E	F	
D+2:D102	0	0	0	0	

■ BCD碼格式的ASCII碼資料被轉成10進數值的時候

當條件接點0.01=ON時，D1、D0的ASCII碼資料被轉成4位數BCD碼儲存於D10裡，之後，D10的BCD碼被轉換成BIN碼並儲存於D100當中。

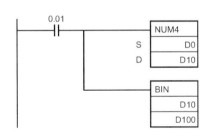

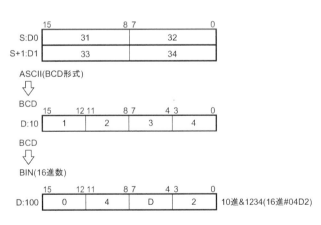

	15	8 7	0
S:D0	31	32	
S+1:D1	33	34	

ASCII(BCD形式)
⇩
BCD

	15	12 11	8 7	4 3	0
D:10	1	2	3	4	

BCD
⇩
BIN(16進數)

	15	12 11	8 7	4 3	0	
D:100	0	4	D	2		10進&1234(16進#04D2)

邏輯閘指令

指令記號	指令名稱	Fun No.	頁
ANDW	及閘	034	346
ANDL	倍長及閘	610	
ORW	或閘	035	348
ORWL	倍長或閘	611	
XORW	互斥或閘	036	350
XORL	倍長互斥或閘	612	
XNRW	位元反相互斥或閘	037	352
XNRL	倍長位元反相互斥或閘	613	
COM	位元反相	029	354
COML	倍長位元反相	614	

ANDW/ANDL

指令名稱	指令記號	指令的各種組合	Fun No.	功能
及閘	ANDW	@ANDW	034	16位元與16位元資料邏輯積
倍長及閘	ANDL	@ANDL	610	32位元與32位元資料邏輯積

記號	ANDW	ANDL
	ANDW S1 S2 D S1：運算資料1 S2：運算資料2 D：運算結果輸出CH編號	ANDL S1 S2 D S1：運算資料1起始CH編號 S2：運算資料2起始CH編號 D：運算結果輸出的起始CH編號

可使用的程式

區域	功能區塊	區塊程式	工程步進程式	副程式	中斷插入程式	SFC動作/轉移條件
使用	○	○	○	○	○	○

運算元的說明

運算元	內容	資料型態 ANDW	資料型態 ANDL	容量 ANDW	容量 ANDL
S1	ANDW：運算資料1 ANDL：運算資料1起始CH編號	WORD	DWORD	1	2
S2	ANDW：運算資料2 ANDL：運算資料2起始CH編號	WORD	DWORD	1	2
D	運算結果輸出CH編號	WORD	DWORD	1	2

■ 運算元種類

內容		CIO	WR	HR	AR	T	C	DM	EM	@DM @EM	*DM *EM	常數	DR	IR直接	IR間接	TK	條件旗標	時鐘脈衝	TR
ANDW	S1,S2	○	○	○	○	○	○	○	○	○	○	○	○	—	○	—	—	—	—
	D											—							
ANDL	S1,S2	○	○	○	○	○	○	○	○	○	○	○	—	—	○	—	—	—	—
	D											—							

相關條件旗標

名稱	標籤	內容
異常旗標	P_ER	• OFF
=旗標	P_EQ	• 運算結果為0時，ON。
負數旗標	P_N	• 運算結果的最上位位元為1時，ON。

功能

■ ANDW

S1指定的CH資料(16位元)與S2指定的CH資料(16位元)執行「及閘」動作，結果輸出至D所指定的CH編號中。

S1・S2→D

S1	S2	D
1	1	1
1	0	0
0	1	0
0	0	0

■ ANDL

S1指定的2個CH資料(32位元)與S2指定的2個CH資料(32位元)執行「及閘」動作，結果輸出至D+1、D所指定的CH編號中。

(S1+1、S1)・(S2+1、S2)→(D+1、D)

S1+1、S1	S2+1、S2	D+1、D
1	1	1
1	0	0
0	1	0
0	0	0

程式例

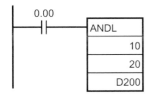

輸入條件0.00=ON的時候，11、10CH與21、20CH內的32位元資料執行「及閘」動作，結果輸出D201、D200當中。

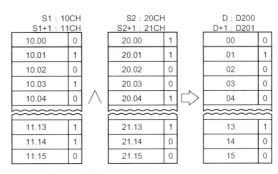

註：∧為「或閘」的符號

ORW/ORWL

指令名稱	指令記號	指令的各種組合	Fun No.	功能
或閘	ORW	@ORW	035	16位元與16位元資料邏輯和
倍長或閘	ORWL	@ORWL	611	32位元與32位元資料邏輯和

	ORW		ORWL	
記號	ORW S1 S2 D	S1：運算資料1 S2：運算資料2 D：運算結果輸出CH 編號	ORWL S1 S2 D	S1：運算資料1起始CH編號 S2：運算資料2起始CH編號 D：運算結果輸出的起始CH 編號

可使用的程式

區域	功能區塊	區塊程式	工程步進程式	副程式	中斷插入程式	SFC動作/轉移條件
使用	○	○	○	○	○	○

運算元的說明

運算元	內容	資料型態 ORW	資料型態 ORWL	容量 ORW	容量 ORWL
S1	ORW：運算資料1 ORWL：運算資料1起始CH編號	WORD	DWORD	1	2
S2	ORW：運算資料2 ORWL：運算資料2起始CH編號	WORD	DWORD	1	2
D	運算結果輸出CH編號	WORD	DWORD	1	2

■ 運算元種類

內容		CH位址 CIO	WR	HR	AR	T	C	DM	EM	間接DM/EM @DM @EM	*DM *EM	常數	暫存器 DR	IR直接	IR間接	TK	條件旗標	時鐘脈衝	TR
ORW	S1,S2	○	○	○	○	○	○	○	○	○	○	○	○	—	○	—	—	—	—
	D											—							
ORWL	S1,S2	○	○	○	○	○	○	○	○	○	○	○	—	—	○	—	—	—	—
	D											—							

相關條件旗標

名稱	標籤	內容
異常旗標	P_ER	• OFF
=旗標	P_EQ	• 運算結果為0時，ON。
負數旗標	P_N	• 運算結果的最上位位元為1時，ON。

功能

■ ORW

S1指定的CH資料(16位元)與S2指定的CH資料(16位元)執行「或閘」動作，結果輸出至D所指定的CH編號中。

S1＋S2→D

S1	S2	D
1	1	1
1	0	1
0	1	1
0	0	0

■ ORWL

S1指定的2個CH資料(32位元)與S2指定的2個CH資料(32位元)執行「或閘」動作，結果輸出至D+1、D所指定的CH編號中。

(S1+1、S1)＋(S2+1、S2)→(D+1、D)

S1+1、S1	S2+1、S2	D+1、D
1	1	1
1	0	1
0	1	1
0	0	0

程式例

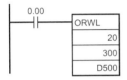

輸入條件0.00＝ON的時候，
21、20CH與301、300CH內的
32位元資料執行「或閘」動作，
結果輸出D501、D500當中。

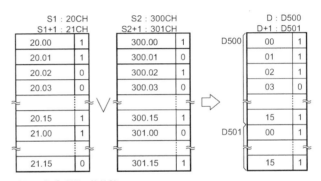

註：V為「或閘」的符號

XORW/XORL

指令名稱	指令記號	指令的各種組合	Fun No.	功能
互斥或閘	XORW	@XORW	036	16位元與16位元資料XOR演算
倍長互斥或閘	XORL	@XORL	612	32位元與32位元資料XOR演算

記號	XORW	XORL
	XORW S1 S2 D S1：運算資料1 S2：運算資料2 D：運算結果輸出CH 　　編號	XORL S1 S2 D S1：運算資料1起始CH編號 S2：運算資料2起始CH編號 D：運算結果輸出的起始CH 　　編號

可使用的程式

區域	功能區塊	區塊程式	工程步進程式	副程式	中斷插入程式	SFC動作/轉移條件
使用	○	○	○	○	○	○

運算元的說明

運算元	內容	資料型態 XORW	資料型態 XORL	容量 XORW	容量 XORL
S1	XORW：運算資料1 XORL：運算資料1起始CH編號	WORD	DWORD	1	2
S2	XORW：運算資料2 XORL：運算資料2起始CH編號	WORD	DWORD	1	2
D	XORW：演算結果的輸出CH編號 XORL：演算結果的輸出起始CH編號	WORD	DWORD	1	2

■ 運算元種類

內容		CIO	WR	HR	AR	T	C	DM	EM	@DM @EM	*DM *EM	常數	DR	IR直接	IR間接	TK	條件旗標	時鐘脈衝	TR
XORW	S1,S2	○	○	○	○	○	○	○	○	○	○	○	○	—	○	—	—	—	—
	D											—							
XORL	S1,S2	○	○	○	○	○	○	○	○	○	○	○	○	—	○	—	—	—	—
	D											—							

相關條件旗標

名稱	標籤	內容
異常旗標	P_ER	• OFF
＝旗標	P_EQ	• 運算結果為0時，ON。
負數旗標	P_N	• 運算結果的最上位位元為1時，ON。

功能

■ XORW

S1指定的CH資料(16位元)與S2指定的CH資料(16位元)執行「或閘」動作，結果輸出至D所指定的CH編號中。

$S1 \cdot \overline{S2} + \overline{S1} \cdot S2 \rightarrow D$

S1	S2	D
1	1	0
1	0	1
0	1	1
0	0	0

■ XORL

S1指定的2個CH資料(32位元)與S2指定的2個CH資料(32位元)執行「或閘」動作，結果輸出至D+1、D所指定的CH編號中。

$(S1+1、S1) \cdot \overline{(S2+1、S2)} + \overline{(S1+1、S1)} \cdot (S2+1、S2) \rightarrow (D+1、D)$

S1+1、S1	S2+1、S2	D+1、D
1	1	0
1	0	1
0	1	1
0	0	0

程式例

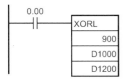

輸入條件0.00＝ON的時候，901、900CH與D1001、D1000內的32位元資料執行「互斥或閘」動作，結果輸出D1201、D1200當中。

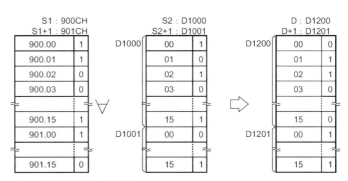

註：∀為「互斥或閘」的符號

351

XNRW/XNRL

指令名稱	指令記號	指令的各種組合	Fun No.	功能
位元反相互斥或閘	XNRW	@XNRW	037	16位元資料帶16位元資料反相互斥或閘
倍長位元反相互斥或閘	XNRL	@XNRL	613	32位元資料帶32位元資料反相互斥或閘

	XNRW	XNRL
記號	XNRW S1 S2 D S1：運算資料1 S2：運算資料2 D：運算結果輸出CH 編號	XNRL S1 S2 D S1：運算資料1起始CH編號 S2：運算資料2起始CH編號 D：運算結果輸出的起始CH 編號

可使用的程式

區域	功能區塊	區塊程式	工程步進程式	副程式	中斷插入程式	SFC動作/轉移條件
使用	○	○	○	○	○	○

運算元的說明

運算元	內容	資料型態 XNRW	資料型態 XNRL	容量 XNRW	容量 XNRL
S1	XNRW：運算資料1 XNRL：運算資料1起始CH編號	WORD	DWORD	1	2
S2	XNRW：運算資料2 XNRL：運算資料2起始CH編號	WORD	DWORD	1	2
D	運算結果輸出CH編號	WORD	DWORD	1	2

■ 運算元種類

內容		CIO	WR	HR	AR	T	C	DM	EM	@DM @EM	*DM *EM	常數	DR	IR直接	IR間接	TK	條件旗標	時鐘脈衝	TR
XNRW	S1,S2	○	○	○	○	○	○	○	○	○	○	○	○	—	○	—	—	—	—
	D											—							
XNRL	S1,S2	○	○	○	○	○	○	○	○	○	○	○	—	—	○	—	—	—	—
	D											—							

相關條件旗標

名稱	標籤	內容
異常旗標	P_ER	• OFF
=旗標	P_EQ	• 運算結果為0時，ON。
負數旗標	P_N	• 運算結果的最上位位元為1時，ON。

功能

■ XNRW

S1指定的CH資料(16位元)與S2指定的CH資料(16位元)執行「反相的互斥或閘」動作,結果輸出至D所指定的CH編號中。

$S1 \cdot S2 + \overline{S1} \cdot \overline{S2} \rightarrow D$

S1	S2	D
1	1	1
1	0	0
0	1	0
0	0	1

■ XNRL

S1指定的2個CH資料(32位元)與S2指定的2個CH資料(32位元)執行「反相的互斥或閘」動作,結果輸出至D+1、D所指定的CH編號中。

$(S1+1、S1) \cdot (S2+1、S2) + \overline{(S1+1、S1)} \cdot \overline{(S2+1、S2)} \rightarrow (D+1、D)$

S1+1、S1	S2+1、S2	D+1、D
1	1	1
1	0	0
0	1	0
0	0	1

程式例

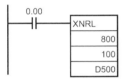

輸入條件0.00=ON的時候,801、800CH與101、100CH內的32位元資料執行「反相的互斥或閘」動作,結果輸出D501、D500當中。

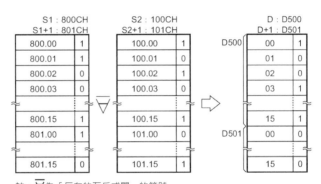

註：$\overline{\vee}$為「反向的互斥或閘」的符號

COM/COML

指令名稱	指令記號	指令的各種組合	Fun No.	功能
位元反相	COM	@COM	029	16位元資料位元反相
倍長位元反相	COML	@COML	614	32位元資料位元反相

記號	COM	COML
	 COM D D：位元反相的CH編號	COML D D：位元反相的起始CH編號

可使用的程式

區域	功能區塊	區塊程式	工程步進程式	副程式	中斷插入程式	SFC動作/轉移條件
使用	○	○	○	○	○	○

運算元的說明

運算元	內容	資料型態 COM	資料型態 COML	容量 COM	容量 COML
D	COM：位元反相的CH編號 COML：位元反相的起始CH編號	WORD	DWORD	1	2

■ 運算元種類

內容		CH位址 CIO	WR	HR	AR	T	C	DM	EM	間接DM/EM @DM @EM	*DM *EM	常數	暫存器 DR	IR直接	IR間接	TK	條件旗標	時鐘脈衝	TR
COM	D	○	○	○	○	○	○	○	○	○	○	—	○	—	○	—	—	—	—
COML	D	○	○	○	○	○	○	○	○	○	○	—	—	—	○	—	—	—	—

相關條件旗標

名稱	標籤	內容
異常旗標	P_ER	• OFF
＝旗標	P_EQ	• 運算結果為0時，ON。
負數旗標	P_N	• 運算結果的最上位位元為1時，ON。

功能

■ COM

D指定的CH資料(16位元)反相輸出。

注意：COM指令被執行時，每一次的掃描時間裡，指定CH內的位元就會反相一次。

$\overline{D} \rightarrow D$ $\begin{pmatrix} 1 \rightarrow 0 \\ 0 \rightarrow 1 \end{pmatrix}$

■ COML

D指定的CH資料(32位元)反相輸出。

注意：COML指令被執行時，每一次的掃描時間裡，指定CH內的位元就會反相一次。

$\overline{(D+1、D)} \rightarrow (D+1、D)$

程式例

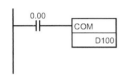

輸入條件0.00=ON一個掃瞄週期的時候，D100內的16位元資料全部反相一次。

	15	14	13	12	11	10	9	8	7	6	5	4	3	2	1	0
D100	1	0	0	1	0	0	0	1	0	0	0	1	0	0	0	1

↓

	15	14	13	12	11	10	9	8	7	6	5	4	3	2	1	0
D100	0	1	1	0	1	1	1	0	1	1	1	0	1	1	1	0

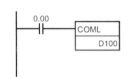

輸入條件0.00=ON一個掃瞄週期的時候，D101、D100內的32位元資料全部反相一次。

	15	14	13	12	11	10	9	8	7	6	5	4	3	2	1	0
D101	1	0	0	1	0	0	0	1	0	0	0	1	0	0	0	1

↓

	15	14	13	12	11	10	9	8	7	6	5	4	3	2	1	0
D100	0	1	1	0	1	1	1	0	1	1	1	0	1	1	1	0

	15	14	13	12	11	10	9	8	7	6	5	4	3	2	1	0
	1	0	0	1	0	0	0	1	0	0	0	1	0	0	0	1

↓

	15	14	13	12	11	10	9	8	7	6	5	4	3	2	1	0
	0	1	1	0	1	1	1	0	1	1	1	0	1	1	1	0

國家圖書館出版品預行編目資料

歐姆龍可程式控制器 CJ/CS/NSJ 系列指令應用大全.
基礎篇 / 台灣歐姆龍股份有限公司自動化學院編
　　輯小組編著. --初版. -- 新北市：全華圖書，
　2012.02
　　　面；　　公分
　　ISBN 978-957-21-8401-1(平裝)
　1. 自動控制
448.9　　　　　　　　　　　　101001783

歐姆龍可程式控制器 CJ/CS/NSJ 系列指令應用大全 (基礎篇)

作者 / 台灣歐姆龍股份有限公司自動化學院編輯小組

發行人 / 陳本源

出版者 / 全華圖書股份有限公司

郵政帳號 / 0100836-1 號

印刷者 / 一江印刷事業有限公司

初版一刷 / 2012 年 3 月

定價 / 新台幣 350 元

ISBN / 978-957-21-8401-1

全華圖書 / www.chwa.com.tw

全華網路書店 Open Tech / www.opentech.com.tw

若您對書籍內容、排版印刷有任何問題，歡迎來信指導 book@chwa.com.tw

臺北總公司(北區營業處)
地址：23671 新北市土城區忠義路 21 號
電話：(02) 2262-5666
傳真：(02) 6637-3695、6637-3696

南區營業處
地址：80769 高雄市三民區應安街 12 號
電話：(07) 862-9123
傳真：(07) 862-5562

中區營業處
地址：40256 臺中市南區樹義一巷 26 號
電話：(04) 2261-8485
傳真：(04) 3600-9806